U0790060

基础化学实验

主　编　陶文亮
副主编　汤洪敏　杨玉琼

科学出版社
北　京

内 容 简 介

本书系统地介绍了化学、药学、环境科学及相关专业本科生必须掌握的基础化学实验的基本原理、基本方法，以及常用实验装置和基本技能。本书主要分为三部分，第一部分为基础化学实验的基本原理、基本方法与基本操作，介绍了化学实验基础知识、常用实验仪器的使用和简单实验装置的安装调试；第二部分为无机化学实验、分析化学实验、有机化学实验、物理化学实验四个实验操作训练板块，每个板块分基础实验、综合实验和设计性实验三个层次，旨在通过递进式的实验训练，初步培养学生独立思考、分析问题和解决问题的能力；第三部分为附录，是基础化学实验中常用到的资料，方便学生在学习过程中进行相关信息的查阅。

本书适用于高等学校化学、药学、中药资源与开发、制药工程、环境科学、环境工程、生态工程等专业本科生，也可作为相关专业研究生的参考用书。

图书在版编目（CIP）数据

基础化学实验 / 陶文亮主编．—北京：科学出版社，2017.2
ISBN 978-7-03-051793-7

Ⅰ. ①基… Ⅱ. ①陶… Ⅲ. ①化学实验 Ⅳ. ①O6-3

中国版本图书馆 CIP 数据核字（2017）第 029850 号

责任编辑：陈雅娴 / 责任校对：韩 杨
责任印制：张 伟 / 封面设计：迷底书装

科 学 出 版 社 出版
北京东黄城根北街 16 号
邮政编码：100717
http://www.sciencep.com

北京中石油彩色印刷有限责任公司 印刷
科学出版社发行 各地新华书店经销

*

2017 年 2 月第 一 版 开本：720 × 1000 B5
2018 年 1 月第二次印刷 印张：14
字数：290 000

定价：39.00 元
（如有印装质量问题，我社负责调换）

前　言

实验教学是高等理、工、农、林院校最基本的教学形式之一。化学实验教学主要包括：无机化学实验、分析化学实验、有机化学实验、物理化学实验，这些实验内容是化学、药学、中药资源与开发、制药工程、环境科学、环境工程、生态工程等专业的基础实验内容。

编者根据上述专业对四大基础化学实验的基本要求，结合多年来的实验教学实践和改革经验，吸收其他实验教材中的优秀内容，编写了本书。本书将实验理论学习与实验操作技能有机整合，帮助学生掌握基础化学研究方法和基础实验操作技能，培养学生具有实事求是的科学作风和严谨踏实的科学态度，以及独立思考、分析问题和解决问题的能力，为后期的专业课程学习、专业实践以及未来工作奠定坚实的基础。

本书由长期担任化学实验教学的教师共同编写，是集体教学经验的结晶。无机化学实验、分析化学实验、有机化学实验和物理化学实验分别主严敏、何可群、汤洪敏、伍丹老师编写，基础化学实验的基本原理、基本方法与基本操作由副主编汤洪敏、杨玉琼编写。统稿工作以集体讨论和相互传阅的方式进行，主编最后修改定稿。

在本书编写过程中，得到了贵州民族大学化学与环境科学学院许多老师的大力支持，并提出不少修改意见，黎璐老师对本书的插图和版面编排做了大量工作，在此一并表示感谢。

限于编者的水平，书中难免存在疏漏，敬请同行不吝赐教，以便今后进一步改进。

编　者

2016 年 11 月

目　　录

第三部分　附　　录

第一部分

基础化学实验的基本原理、基本方法与基本操作

第 1 章　绪　　论

1.1　基础化学实验目的

基础化学实验教学包括无机化学实验、分析化学实验、有机化学实验和物理化学实验四门实验课程的教学。基础化学实验的目的：从实验中获得感性认识，经归纳总结，上升到理性认识，从而加深对理论课中基本原理和基本知识的理解；开拓学生思维，培养学生实事求是的科学作风、严谨的科学态度、相互协作的精神和勇于开拓的创新意识，以及独立思考、分析问题和解决问题的能力，为后期的专业课程学习、专业实践及未来工作奠定坚实的基础。

1.2　基础化学实验学习方法

基础化学实验是在教师的指导下由学生独立完成的，为很好地完成实验的各个环节，获得较好的实验效果，除具有坚实的理论基础外，还需要有正确的学习态度和学习方法。

1.2.1　实验前预习

实验前预习是做好实验的第一步，首先应认真阅读实验教材及相关理论参考资料，做到实验目的明确、实验原理清楚；熟悉实验内容和实验方法；清楚所用药品或试剂的等级和性质；牢记实验条件和实验中有关的注意事项，估计实验中可能发生的现象和预期的结果；明确实验数据处理方法和有关计算公式。在此基础上，简明、扼要地写出预习笔记。预习笔记包括以下内容：

(1) 实验的目的及要求。

(2) 反应及操作原理，写出主反应及可能出现的副反应反应式，并简述反应机理。

(3) 查阅实验手册或相关参考资料，列出主要试剂和产物的物化常数及性质，试剂的规格及用量。

(4) 画出主要反应装置图，并标出仪器名称。简述实验步骤及操作原理。

(5) 对于实验中可能出现的问题，特别是安全问题，要写出防范措施和解决办法。

1.2.2　实验操作

实验是培养独立工作和思维能力的重要环节，必须认真按教材规定的实验内容规范操作、独立地完成。实验记录是研究实验内容、书写实验报告和分析实验成败的依据，因此实验时一定要做好观察并如实记录实验全过程。学会做好实验记录是培养学生科学作风及实事求是精神的一个重要环节。实验过程需达到如下要求：

(1)按时进入实验室，认真听取指导教师讲解实验，认真回答问题。疑难问题要及时提出，并在教师指导下做好实验准备工作。

(2)实验中应保持良好的秩序。不迟到、早退，不大声喧哗、打闹，不随便走动，不乱拿仪器药品，爱护公共财物，保持实验室的卫生。

(3)实验仪器和装置装配完毕，须经指导教师检查同意后，方可接通电源进行实验。实验操作及仪器的使用要严格按照操作规程进行。

1.2.3 实验数据的记录

实验过程中要精力集中，仔细观察实验现象，实事求是地记录实验现象和实验数据，特别对如下内容：①加入原料的量、顺序；②随温度的升高，反应液颜色的变化，有无沉淀及气体出现；③产品的量和颜色、熔点、沸点和折光等数据，记录时要与操作一一对应，内容要简明准确，书写清楚。实验过程中，积极思考，发现异常现象应仔细查明原因，或请指导教师帮助分析处理。

实验记录本应标记页码，不要撕去任何一页，更不要擦抹及涂改，写错时可以准确地划去重写，记录时必须用钢笔或圆珠笔。实验中观察到的现象、结果和数据均应及时、如实地记在记录本上，绝对不可以用单片纸做记录或草稿。原始记录必须准确、简练、清楚。从实验开始就应养成这种良好的习惯。在含量实验中观测的数据，如称量物的质量、滴定管的读数、分光光度计的读数等，都应准确记下并填入设计好的数据表格中，并根据仪器的精密度准确记录有效数字。

1.2.4 实验数据的处理

算术平均值、相对偏差、平均偏差公式及结果表示示例如下。

算术平均值：
$$X_{平均}=\frac{1}{n}\sum X_i$$

相对偏差：
$$d_r=\frac{X_i-X_{平均}}{X_{平均}}$$

平均偏差：
$$\overline{d}=\frac{1}{n}\sum|X_i-X_{平均}|$$

结果表示示例：
$$X=X_{平均}\pm d$$

1.2.5 实验报告

实验报告是根据实验记录对实验进行的整理和总结，对实验中出现的问题从理论上加以分析和讨论，是使感性认识提高到理性认识的必要步骤。实验报告也能从一定角度反映学生的科学态度、实际水平与能力。因此，书写实验报告同样是化学实验课程的基本训练内容。

实验报告的内容包括实验目的、实验原理(反应式)、实验装置简图、简单操作步骤、主要试剂的规格和用量、产物的物理状态和产量、数据处理和结果讨论等部分。数据处理应有原始数据记录表和计算结果表示表，计算产率必须列出反应方程式和算式，结果讨论应包括对实验现象的分析解释、查阅文献的情况、对实验结果进行定性分析或定量计算、对实验的改进意见和做实验的心得体会等。书写实验报告要清晰、明了、逻辑性强。这是锻炼分析问题能力的重要环节，务必认真对待。

实验报告的形式可参照下列方式：

实验(编号、实验名称)

一、实验目的和要求

二、实验原理

三、试剂配制及仪器

四、操作步骤

五、实验结果(数据记录及处理)

六、讨论

在实验报告中，实验目的和要求、实验原理及操作步骤部分应简单扼要地叙述。但是，对于实验条件(试剂配制及仪器)和操作的关键环节必须写清楚。对于实验结果部分，应根据实验的要求将一定实验条件下获得的实验结果和数据进行整理、归纳、分析和对比，并尽量总结成各种图表，如原始数据及其处理的表格，标准曲线图及比较实验组与对照实验结果的图表等。另外，还应针对实验结果进行必要的说明和分析。讨论部分可以包括关于实验方法(或操作技术)和有关实验的一些问题，如实验的正常结果和异常现象，对思考题的探讨，对于实验设计的认识、体会和建议，以及对实验课的改进意见等。

如果实验失败，要根据实验记录查明原因，经教师准许后重做实验，也可在教师的指导下，做对照实验或自行设计实验进行核实。

实验记录和实验结果必须经教师审查，经教师同意后方可离开实验室。

1.3　基础化学实验室规则

(1)根据理论与实践统一的原则，课前要认真预习，明确实验目的，领会实验原理，了解实验内容、步骤和注意事项。

(2)遵守纪律，准时上课，对号就位，保持安静，听从指导。做实验必须穿实验服，否则不允许进实验室。实验课期间不能擅自离开实验室，不得随意更改座次。

禁止将食物带入实验室，上课后应及时将手机关闭。

(3) 每次实验课不得迟到。因病、因事缺席必须向指导教师请假。缺做的实验应予以补做，否则不得参加理论课程的考试。

(4) 了解消防设施和安全通道的位置。树立环境保护意识，节约水、电、材料，遇到事故应立即采取紧急措施，并及时向指导教师报告。

(5) 实验前应认真清理所要使用的仪器，并按顺序整齐排放。检查仪器的数量、破损情况，发现问题应及时报告指导教师。

(6) 指导教师讲解时，要认真听讲，积极思考。实验时严格按照规范的操作要求进行，仔细观察实验现象并及时记录。所有实验中的原始数据必须记录在实验记录本上，不得涂改、编造实验数据，严禁抄袭他人的实验记录。

(7) 爱护实验室的公共财物，损坏仪器要及时领取新仪器并照章赔偿。如果隐瞒不报，一经发现要加倍赔偿，并写书面检查。未经许可不准动用与本实验无关的仪器设备及物品，严禁将实验物品带出室外，借出物品必须办理登记手续。

(8) 使用精密仪器时必须严格按照操作规程进行操作，以免损坏仪器。如发现仪器有故障，应立即停止使用，报告指导教师，及时排除故障。使用后应在使用登记本上签字，养成良好的实验室工作习惯。

(9) 使用仪器、药品、试剂和各种物品必须注意节约，要严格按照规定称量或量取药品。已取出的试剂不能再放回原试剂瓶中，以免污染试剂。取用药品的用具应保持清洁、干燥。药品用完后应立即盖好瓶盖放回原处。公用的工具使用后应及时放回原处。

(10) 实验完毕，必须清洗玻璃仪器，按原定位置有序放置，清洁桌面，拖洗地面，洗净晾好毛巾。将纸屑、棉花、火柴梗等固体废物倒入废物篮内，废液倒入指定的废液缸，有毒废液由实验室统一处理。

(11) 值日生应认真做好实验室的清洁卫生，关好水、电、门、窗，打扫干净后报告指导教师，经检查合格并经允许后方可离开。如因违规操作或因未关水、电、气等造成事故，以致对国家财产造成损失，将逐级追查责任，按有关规定进行处理。

1.4 基础化学实验室安全常识及意外事故处理

在化学实验室里常常潜藏着发生爆炸、着火、中毒、灼伤、割伤、触电等事故的危险性，因此安全意识和防范措施非常重要。只要重视安全问题，实验中严格按照实验操作规程进行，加大安全措施，大多数事故是可以避免的。有些事故即使发生了，及时正确处理也能将损失降到最小。因此，如何防止事故的发生以及发生后如何急救，是每位化学实验工作者都必须具备的常识。

1.4.1　实验室安全常识

(1) 严禁在实验室内食宿，禁止使用实验室器皿盛装食物。

(2) 所用药品、标样、溶液都应有标签。绝对不要在容器内装入与标签不相符的物品。

(3) 酒精灯要点燃，不许直接接火，以免酒精溢出引燃。酒精灯用完后，即用灯帽盖上，忌用口吹灭。

(4) 使用易燃品和易爆品时，应远离火源，用完后立即塞紧瓶塞。易燃溶剂加热时，必须在水浴或沙浴中进行，避免明火。易燃品和易爆品不得在实验室中存放过多，也不可倒入下水道，以免集聚引起火灾。

(5) 用试管等加热药品时，管口不准朝向任何人，以免药品喷出伤人。

(6) 任何药品不能直接触及皮肤，不能直接闻味，不得入口尝试。

(7) 未经允许，各类药品不得随意混合或研磨，以免产生有害气体或发生爆炸。

(8) 稀释浓硫酸时，必须将酸缓慢地倒入水中，切忌将水倾入浓硫酸中，以免迸溅伤人。注意加热固液混合体时要不断搅拌，防止溅沸。

(9) 能产生有毒或有刺激性气体的实验需在通风橱内进行。在使用有毒药品时，有毒药品不得入口或接触伤口。用剩的有毒药品应交还指导教师，剩余的废液也不能随意倒入下水道，需倒入指定废液缸。

(10) 使用玻璃仪器时要轻拿轻放，以免破损造成伤害。将玻璃棒、玻璃管、温度计等插入或拔出胶塞、胶管时均应垫棉布，切不可强行插入或拔出，以免折断刺伤人。仪器故障或发生意外事件应立即向指导教师报告。

(11) 金属钠、钾、铝粉、电石、黄磷及金属氢化物使用和存放时要注意，尤其不能与水直接接触。

(12) 实验过程中保持通风状态，避免氢、乙烯、乙炔、苯、乙醇、乙醚、丙酮、乙酸乙酯、一氧化碳、煤气和氨气等可燃性气体积累达到与空气混合的爆炸极限。

(13) 实验中高度重视对过氧化物、高氯酸盐、叠氮铅、乙炔铜、三硝基甲苯等易爆物质的使用，避免受震或受热可能发生的热爆炸。

(14) 除了高温以外，液氮、强酸、强碱、强氧化剂、溴、磷、钠、钾、苯酚、乙酸等物质都会灼伤皮肤；应注意不要让其与皮肤接触，尤其防止溅入眼中。

(15) 汞不能直接暴露于空气中，应加水或其他液体覆盖；任何剩余量的汞均不能倒入下水道中；储汞容器必须是结实的厚壁器皿，且器皿应放在瓷盘上；装汞的容器应远离热源；万一汞掉在地上、台面或水槽中，应尽可能地用吸管将汞珠收集起来，再用能形成汞齐的金属片（Zn、Cu、Sn 等）在汞溅处多次扫过，最后用硫黄粉覆盖；手上若有伤口，切勿接触汞。

(16) 任何加热高温体不得直接用手移动或取用。

(17) 盛装过强腐蚀性、可燃性、有毒或易爆物品的器皿，应由操作者及时洗净。

(18) 湿手不能接触电器插头，人体不能与导电物体接触。电源裸露部分应有绝缘装置，电器外壳应接地线。不能用试电笔试高压电。实验结束后应切断电源。一旦有人触电，应首先切断电源，及时抢救。

(19) 不得擅自操作未经批准的实验。

(20) 熟悉实验室安全用具(消防器材、沙箱和急救药品)的放置位置和使用方法，安全用具不能挪用。

(21) 要建立安全员制度和安全登记本，健全岗位责任制，每天实验完毕应检查水、电、煤气、窗、门等，确保安全。

1.4.2　实验室常见事故的简单处理

1. 皮肤灼伤

(1) 酸灼伤。先用大量水冲洗，以免深度受伤，再用稀 $NaHCO_3$ 溶液或稀氨水浸洗，最后用水洗。

(2) 碱灼伤。先用大量水冲洗，再用 1%硼酸或 2%乙酸溶液浸洗，最后用水洗。

(3) 溴灼伤。凡用溴时都必须预先配制好适量的 20% $Na_2S_2O_3$ 溶液备用。一旦有溴沾到皮肤上，立即用 $Na_2S_2O_3$ 溶液冲洗，再用大量水冲洗干净，包上消毒纱布后就医。被溴灼伤后的伤口一般不易愈合，必须严加防范。

发生上述灼伤后，若创面起水泡，均不宜把水泡挑破。若伤势较重，应尽快送医院就诊。

2. 眼睛灼伤或掉进异物

一旦眼内溅入任何化学药品，立即用大量水缓缓彻底冲洗。洗眼时要保持眼皮张开，可由他人帮助翻开眼睑，持续冲洗 15 min。忌用稀酸中和溅入眼内的碱性物质，反之亦然。对因溅入碱金属、溴、磷、浓酸、浓碱或其他刺激性物质的眼睛灼伤者，急救后必须迅速送往医院检查治疗。

玻璃屑等进入眼睛内要尽量保持平静，绝不可用手揉擦，尽量不要转动眼球，可任其流泪，有时碎屑会随泪水流出。用纱布轻轻包住眼睛后，立即送医院处理。

3. 割伤

先取出伤口处的玻璃碎屑等异物，用水洗净伤口，挤出一点血，涂上红汞水后用消毒纱布包扎。也可在洗净的伤口上贴上“创可贴”，可立即止血，且易愈合。若严重割伤大量出血时，应先止血，让伤者平卧，抬高出血部位，压住附近动脉，或用绷带盖住伤口直接施压。若绷带被血浸透，不要换掉，再盖上一块施压，立即送医院治疗。

4. 烫伤

当被火焰、蒸气、红热的玻璃、铁器等烫伤时，若为轻微烫伤，可在伤处涂些鱼肝油或烫伤油膏或万花油后包扎。若起水泡不宜挑破，可在烫伤处涂抹烫伤油膏，必要时送医院治疗。

5. 中毒

有毒物质若为固体或液体，尚在嘴里的立即吐掉，用大量水漱口。如已部分吞咽，立即把手指伸入咽喉部，促使呕吐，后送医院就诊。

吸入气体或蒸气中毒者立即转移至室外，解开衣领和纽扣，呼吸新鲜空气，立即送医院急救。

6. 火灾

遇实验室着火不要惊慌，室内人员应积极有序参加灭火。常用灭火剂有水、沙子，常用灭火器有二氧化碳灭火器、四氯化碳灭火器、泡沫灭火器和干粉灭火器等，可根据起火的原因选择使用。以下几种情况不能用水灭火：

(1) 金属钠、钾、镁、铝粉、电石、过氧化钠着火，应用干沙灭火。

(2) 比水轻的易燃液体，如汽油、苯、丙酮等着火，可用泡沫灭火器。

(3) 有灼烧的金属或熔融物的地方着火时，应用干沙或干粉灭火器。

(4) 电器设备或带电系统着火，先切断电源，再用二氧化碳灭火器或四氯化碳灭火器。

(5) 当衣服着火时，切忌慌张跑动，应赶快脱下衣服或用相应的灭火器喷灭，或就地卧倒打滚，起到灭火作用。

7. 触电

触电后应立即切断电源，必要时进行人工呼吸并送医院就诊。

8. 实验室备用医药用品

实验室应备以下常用医药用品：

消毒剂：75%医用酒精，0.1%碘酒，3%过氧化氢，酒精棉球。

烫伤药：玉树油，蓝油烃，烫伤药，凡士林。

创伤药：红药水，龙胆汁，消炎粉。

化学灼伤药：5%碳酸氢钠溶液，1%硼酸，2%乙酸，氨水，2%硫酸铜溶液。

治疗用品：药棉，纱布，创可贴，绷带，镊子等。

第 2 章　基本知识和基本操作

2.1　基础化学实验常用仪器和装置简介

2.1.1　基础化学实验常用玻璃仪器

表 2-1 列出基础化学实验常用玻璃仪器。

表 2-1　基础化学实验常用玻璃仪器介绍

仪器图形与名称	主要用途	使用方法	注意事项
烧瓶			
 平底烧瓶	用作反应器（特别是不需加热的）	不适于长时间加热，当瓶内液体过少时，加热容易破裂	不能直接加热，一般用电热套或水浴加热
 圆底烧瓶  梨形烧瓶	用作在加热条件下进行的反应器	用于旋转浓缩液体	不能直接加热，一般用电热套或水浴加热，所装液体的量不应超过其容积的 1/2
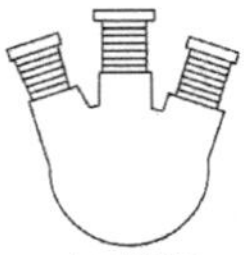 三口烧瓶	用于液体和固体或液体间的反应器、装配气体反应发生器、蒸馏或分馏液体	三个口可以同时加入多种反应物，或是连接冷凝管	不适宜用玻璃棒搅拌，不能直接加热，一般用电热套或水浴加热
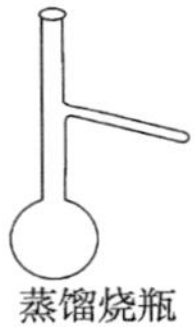 蒸馏烧瓶	用于蒸馏与分馏，也可用作气体发生器	可用其他热浴	不能直接加热，一般用电热套或水浴加热
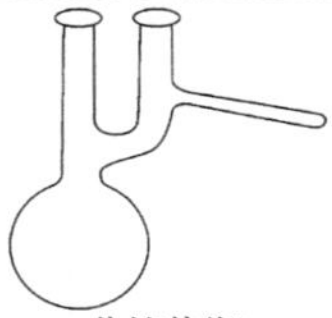 分馏烧瓶	用于一些有机化合物的分馏或分离，如加热时易起泡沫、暴沸的液体，或高沸点有机化合物，在常压下易受热而分解的物质	中颈插温度计，在支管上分别依次连接冷凝管、弯形接管、抽滤瓶、抽气泵等配用仪器使用	加入量不超过烧瓶容积的 1/2

续表

仪器图形与名称	主要用途	使用方法	注意事项
连接管			
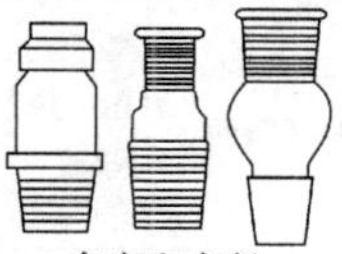 套塞和变径	用于连接口径不配套的玻璃器具，或用于延长玻璃器具	旋入玻璃器具中，若气密性不好可在磨砂处涂少许凡士林	—
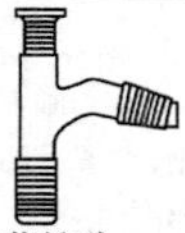 蒸馏头  蒸馏弯头 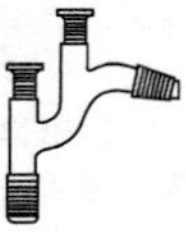 克氏蒸馏头  真空接液管	在有机合成中连接烧瓶与蒸馏管的标准口玻璃仪器	—	在使用前应将磨口涂凡士林等密封
冷凝管			
 空气冷凝管  维氏分馏柱 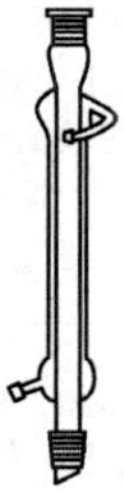 直形冷凝管 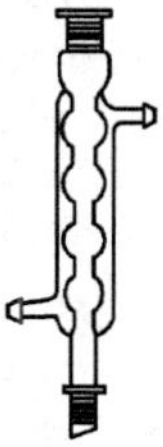 球形冷凝管	用于蒸馏、分馏，冷凝易液化的气体	组装时水流低进高出，蒸气与冷却水逆向流动	不可直接加热
漏斗			
 分液漏斗	分离密度不同且互不相溶的液体；作反应器的随时加液装置	分液时，下层液体从下口放出，上层液体从上口倒出	有球形、管形和梨形之分，不宜盛装碱性液体
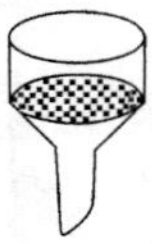 布氏漏斗  抽滤瓶（带布氏漏斗）	利用抽气泵使抽滤瓶中的压力降低，达到固液分离的目的	抽滤瓶上配套一单孔塞，布氏漏斗安装在塞孔内。修剪一张滤纸覆盖漏斗所有气孔，往滤纸上加少量水，使其紧贴漏斗，打开抽气泵开关，开始抽滤	不宜过滤胶状沉淀或颗粒太小的沉淀

续表

仪器图形与名称	主要用途	使用方法	注意事项
 玻璃砂芯漏斗	砂芯滤板由烧结玻璃料制成，可以过滤酸液和用酸类处理，根据孔径大小分为 G1～G6 六种规格	新购置的需用酸溶液抽滤，蒸馏水清洗并烘干后使用。使用后需进行洗涤处理，以免因沉淀物堵塞而影响过滤功效	不宜过滤氢氟酸、热的浓磷酸、热的或冷的浓碱液
其他			
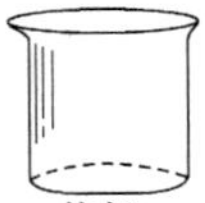 烧杯	用于配制、浓缩、稀释溶液，也可用作反应器和给试管水浴加热等	分为 50 mL、100 mL、250 mL、500 mL、1000 mL 等规格，根据液体体积选用不同规格烧杯	不能直接加热，加热时应垫石棉网
 锥形瓶	用作接收器、反应器，常用于滴定操作	分为 50 mL、100 mL、250 mL、500 mL、1000 mL 等规格，在滴定操作中液体不易溅出	不能直接加热，加热时应垫石棉网
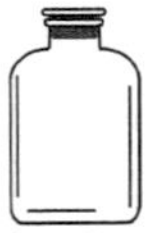 广口瓶  细口瓶 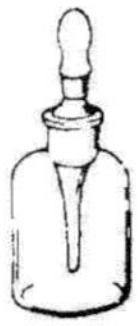 胶头滴瓶	分装各种试剂，广口瓶盛放固体，细口瓶盛放液体	分为 50 mL、100 mL、250 mL、500 mL 等规格 瓶口内侧磨砂，且与瓶塞一一对应，切不可盖错。玻璃塞不可盛放强碱，滴瓶内不可久置强氧化剂等	有棕色、无色之分，需要避光保存时用棕色瓶
 碘量瓶	一般为碘量法测定中专用的锥形瓶，也可用作其他产生挥发性物质的反应容器	加入反应物后，塞子外加水作密封，静置反应，打开塞子让水沿瓶塞流入瓶内，再用水将瓶口及塞子上的碘液洗入瓶中	不宜高温加热
 集气瓶	用于收集和储存少量气体	上口为平面磨砂，内侧不磨砂，玻璃片要涂凡士林，以免漏气，如果在其中进行燃烧反应且有固体生成，应在瓶底部加少量水或细砂	不可直接加热
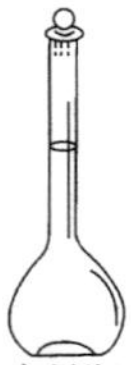 容量瓶	用于准确配制一定浓度的溶液	分为 50 mL、100 mL、250 mL、500 mL、1000 mL 等规格，不作反应器，不宜存放溶液，要在所标记的温度下使用	不可加热，瓶塞不可互换

续表

仪器图形与名称	主要用途	使用方法	注意事项
 酸式滴定管  碱式滴定管	用于中和滴定(也可用于其他滴定)实验，也可准确量取液体体积	酸式滴定管不可以盛装碱性溶液，强氧化剂($KMnO_4$ 溶液、I_2 等)应使用酸式滴定管，零刻度在上方，精确到 0.01 mL	—
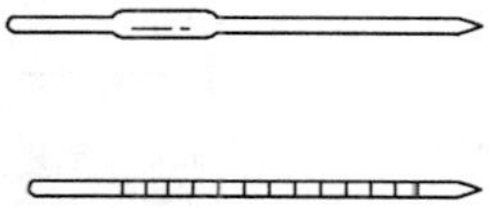 移液管	用于准确移取一定体积的溶液	吸取容量 1/3 的溶液，用右手食指按住管口，取出，横持并转动移液管，使溶液流遍全管内壁，从下端尖口处将溶液排入废液杯内。润洗 3 次后即可吸取溶液	不能在烘箱中烘干，不能移取太热或太冷的溶液
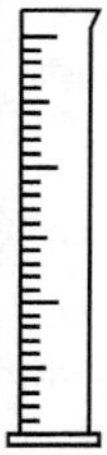 量筒 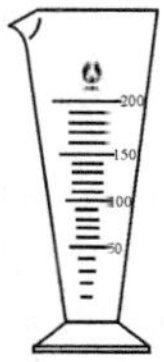 量杯	用于粗略量测液体的体积	分为 1 mL、2 mL、5 mL、10 mL、50 mL、100 mL、250 mL、500 mL、1000 mL 等规格，根据所要量取的体积，选择合适的规格，以减少误差	不能用作反应器，不能直接在其内配制溶液
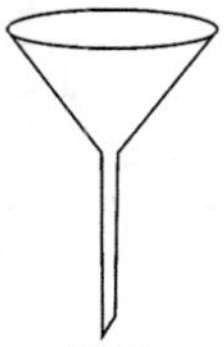 漏斗	用于过滤或向小口容器中注入液体	过滤时应“一贴二低三靠”	不可直接加热
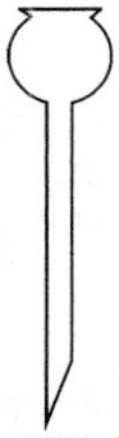 长颈漏斗	用于装配反应器，便于注入反应液	应将长管末端插入液面下，防止气体逸出	不可直接加热
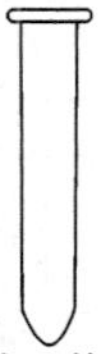 离心管	用于少量沉淀的分离	用管口直径(mm)×管长(mm)表示	不可加热

续表

仪器图形与名称	主要用途	使用方法	注意事项
 试管	常用作反应器，也可收集少量气体	加热时要用试管夹，并使试管与桌面成45°，先移动加热全部液体，然后固定在液体底部加热，并不断摇动。加热固体时试管要横放，管口略向下倾	可直接加热，加热时管口不能对着人
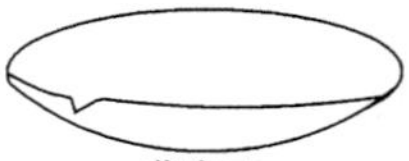 蒸发皿	用于蒸发溶剂或浓缩溶液	蒸发溶液时不可加得太满，液面应距边缘1 cm	可直接加热，但不能骤冷
 表面皿	可用作蒸发皿、烧杯的盖子	也可以作承载器，用来承载pH试纸，使滴在试纸上的酸液或碱液不腐蚀实验台	不能加热
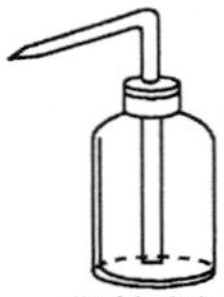 塑料洗瓶	用于盛装纯水、超纯水	在需要使用纯水、超纯水的实验环节用洗瓶加水。实验完成后用以清洁各种仪器、用具	不耐高温，不能盛装有机溶液
 称量瓶	带磨口塞的筒形玻璃瓶，用作称量试样的容器	可以防止瓶中的试样吸收空气中的水分和CO_2等，适用于称量易吸潮的试样	瓶与盖的磨口相互配套，不得丢失、弄乱。用后洗净并在磨口处垫纸，以方便打开盖子
 燃烧匙	铁制品或铜制品，检验物质的可燃性，用于进行固体燃烧反应	遇能与Cu、Fe反应的物质时要在匙内铺细砂或垫石棉绒	(1)放入集气瓶时，应从上而下慢慢放入，且不要触及瓶壁 (2)对硫黄、钾、钠的燃烧实验，事先在燃烧匙底垫上少许石棉绒或细砂 (3)用完后立即将燃烧匙洗净并干燥
 水银温度计	用于测量温度	加热时不可超过其最大量程，不可当搅拌器使用，注意测量温度时水银球的位置	若温度计断裂，洒落的汞必须立即用滴管、毛刷收集起来，用水覆盖(最好用甘油)，然后在污染处撒上硫黄粉，无液体后(一般约一周时间)方可清扫

续表

仪器图形与名称	主要用途	使用方法	注意事项
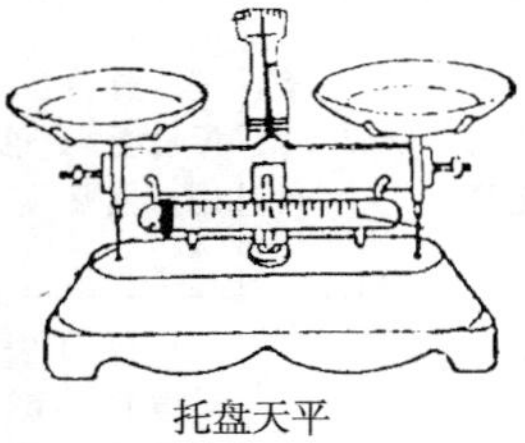 托盘天平	用于精确度要求不高的称量	轻拿轻放仪器，把游码移至 0 刻度线，调节平衡螺母。药品不可直接放在托盘内，左物右码。砝码和游码需用镊子夹取和拨动	托盘天平及砝码用软刷拂抹清洁，并保持干燥
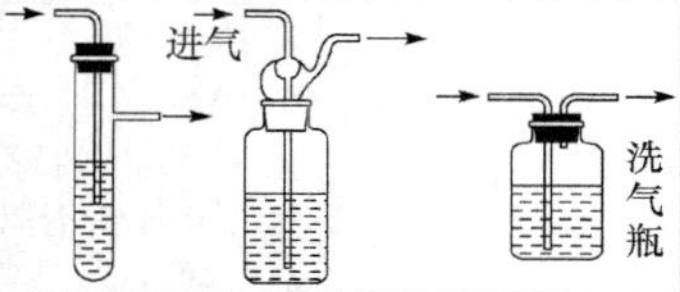	除去气体中的杂质	注意气流方向，应该长管进气，短管出气	—
 干燥器  真空干燥器	用于存放干燥的物质或使潮湿的物质干燥	过热的物质应稍冷后放入	变色硅胶干燥时为蓝色，受潮后变粉红色。硅胶可以在 120 ℃烘干，待其变蓝后反复使用直至破碎不能用为止
 研钵	常用的为瓷制品，用于研磨固体物质或进行粉末状固体的混合	用杵将物质捣碎或研磨	—
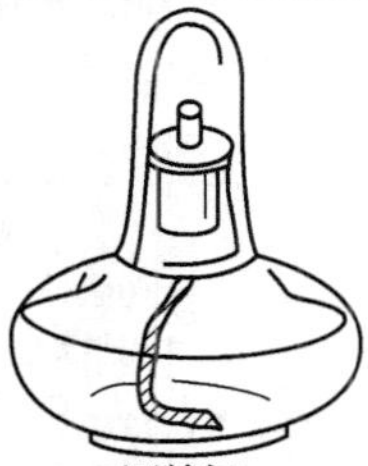 酒精灯	用作热源，火焰温度为 500～600 ℃	所装酒精量不能超过其容积的 2/3，但也不能少于 1/4。加热时要用外焰。熄灭时要用灯帽盖灭，不能吹灭	—
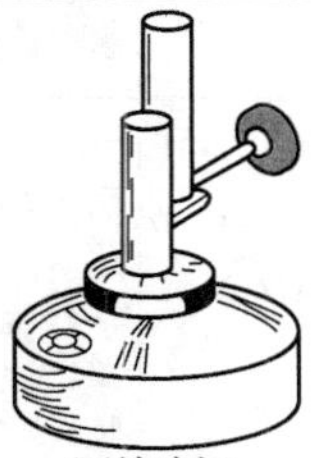 酒精喷灯	用作热源，火焰温度可达 1000 ℃左右	用于需要加强热的实验，如煤的干馏、炭还原氧化铜	—

续表

仪器图形与名称	主要用途	使用方法	注意事项
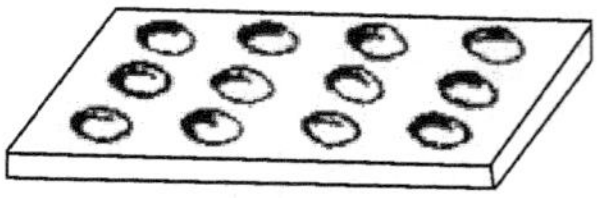 点滴板	瓷质，分白色和黑色两种。规格按所含凹穴数分，有十二凹穴、九凹穴、六凹穴等	用于点滴反应，一般不需分离的沉淀反应，尤其是显色反应	白色沉淀用黑色板，有色沉淀用白色板
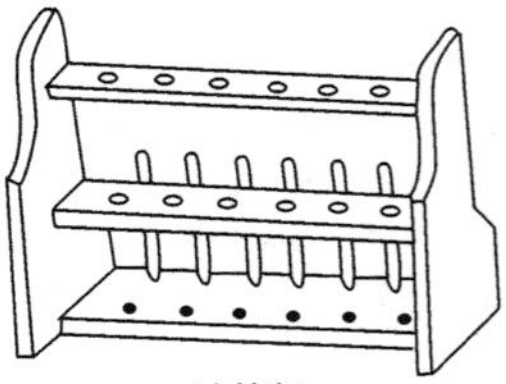 试管架	有木质和铝质的，有不同形状和大小	放置试管	(1)加热后的试管应用试管夹夹住最上端放在架上 (2)欲放在试管架上的试管，其外壁不能沾有试剂
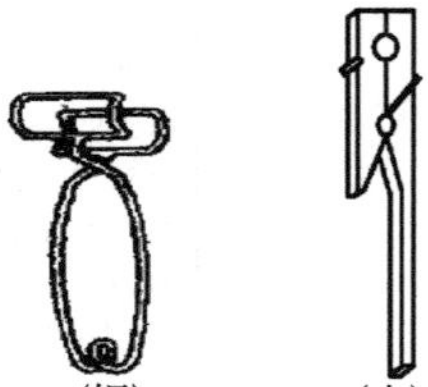 (铜)　(木) 试管夹	有木、竹、金属丝(钢或铜)等制品，形状也不同	用于夹持试管	(1)夹在试管上端 (2)不要把拇指按在夹的活动部分 (3)试管夹要从试管底部套上和取下
 漏斗架	木制品，有螺丝，可固定于铁质或木质杆上，也称漏斗板	过滤时承放漏斗	固定漏斗架时不要倒置
 药匙	由牛角、瓷、塑料或不锈钢制成，现多数是塑料制品	用于取固体药品	(1)除不锈钢药匙外，均不能用以取灼热的药品 (2)药匙两端有一大一小两勺，根据取用药品量多少选用
 毛刷	以大小或用途表示，如试管刷、滴定管刷等	用于洗刷玻璃仪器	洗涤时手持刷子的部位要合适，小心刷子顶端铁丝撞破玻璃仪器，注意毛刷顶部竖毛的完整程度

续表

仪器图形与名称	主要用途	使用方法	注意事项
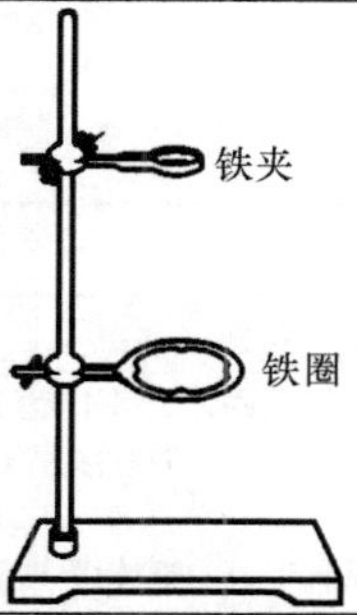	铁制品，铁夹也有铝制的，铁架台有圆形和长方形两种	用于固定或放置反应容器，铁圈还可代替漏斗架使用	(1)仪器固定在铁架台上时，仪器和铁架的重心应落在铁架台底盘中间 (2)用铁夹夹持仪器时，松紧要合适，以仪器不能转动为宜
 三脚架	铁制品，有大小、高低之分，比较牢固	放置较大或较重的加热容器，或与石棉网、铁架台等配合作支持物	(1)放置加热容器时（放水浴锅外）要垫石棉网 (2)下面加热灯焰的位置要合适，以氧化焰加热为宜
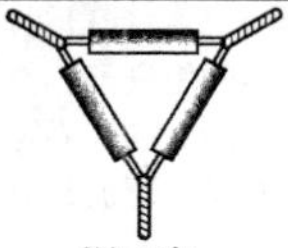 泥三角	由铁丝扭成，并套有瓷管，有大小之分	灼烧坩埚时放置坩埚及加热小蒸发皿用	(1)使用前应检查铁丝是否断裂 (2)坩埚应横着斜放在三个瓷管上
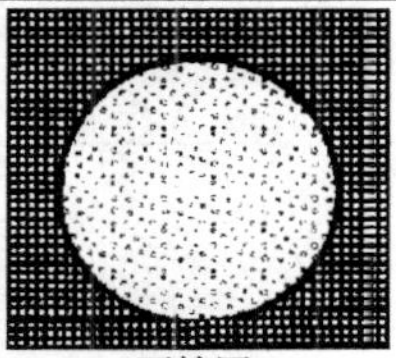 石棉网	由铁丝编成，中间涂有石棉，有大小之分	使受热物体均匀受热，不致造成局部过热	(1)使用前应检查石棉网上的石棉是否脱落 (2)不能与水接触，以免石棉脱落或铁丝生锈 (3)不可卷折
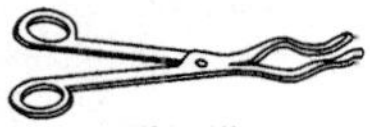 坩埚钳	铁制品，有大小、长短之分	用于夹持坩埚加热，往高温炉中取放坩埚及夹取热的蒸发皿	(1)使用时坩埚钳必须干净 (2)用后应尖端向上平放在实验台上
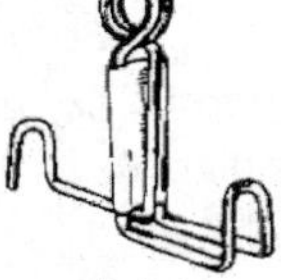 自由夹  螺旋夹	铁制品。自由夹也称为弹簧夹、止水夹或皮管夹等。螺旋夹也称为节流夹	用于沟通或关闭流体的通路。螺旋夹还可控制流体的流量	(1)将夹子夹在连接导管的胶管中部（关闭），或夹在玻璃导管上（流通） (2)在蒸馏水储瓶的装置中，夹子夹持胶管的部位应经常变动 (3)实验完毕，应及时拆卸装置，取下夹子，擦净后放入柜中

2.1.2　基础化学实验常用装置简介

表 2-2 列出基础化学实验常用装置。

表 2-2　基础化学实验常用装置简介

装置名称及示例	使用方法及注意事项
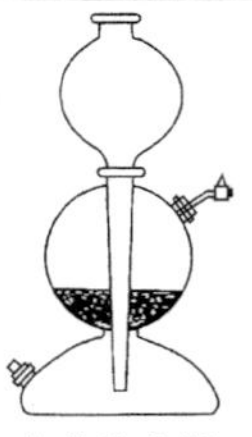 启普发生器	用于块状固体与液体在常温下反应制取气体 在球体中加入玻璃棉或橡胶垫圈，再加入固体，量不超过球体容积的 1/3。液体试剂从长颈漏斗口注入，量以反应时刚刚浸没固体、液面不高过导气管的橡胶塞为宜 使用时，打开导气管上的旋塞，长颈漏斗中的液体进入容器与固体反应，气体的流速可用旋塞调节。停止使用时，关闭旋塞，容器中的气体压力增大，将液体压回长颈漏斗，使液体和固体脱离，反应停止。装置不能加热，使用前应先检查气密性
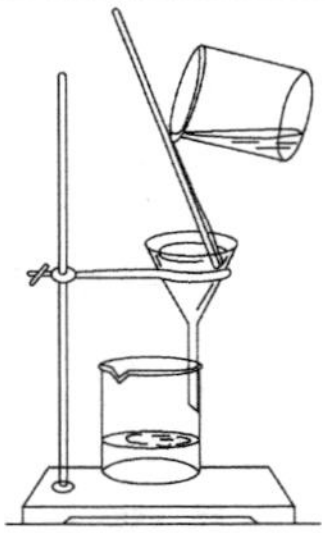 常压过滤装置	由烧杯、漏斗、滤纸、玻璃棒、铁架台(含铁圈)组成。要做到："一贴"，滤纸润湿，紧贴漏斗内壁，不残留气泡；"二低"，滤纸边缘略低于漏斗边缘，液面低于滤纸边缘；"三靠"，倾倒时烧杯杯口要紧靠玻璃棒上，玻璃棒下端抵靠在三层滤纸处，漏斗下端长开口紧靠烧杯内壁
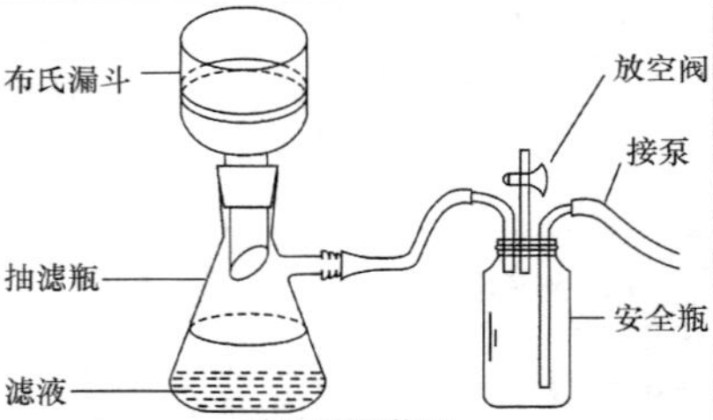 减压过滤装置	过滤速度比常压快，操作方式参见布氏漏斗及抽滤瓶 抽滤完后需先打开放空阀再关闭泵，以防倒吸
 倒转分液漏斗 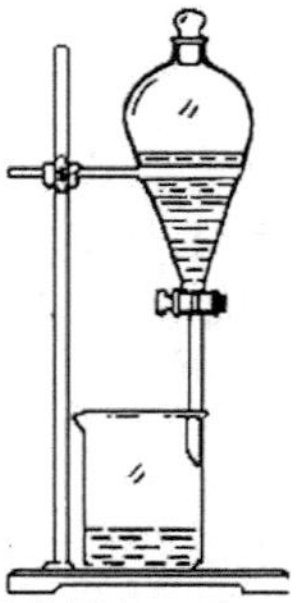 分液和提纯装置	用于将两种互不混溶的液体分开 (1)将溶液注入分液漏斗，溶液总量不超过其容积的 3/4，如图所示，两手握住分液漏斗，倒转分液漏斗并反复用力振荡 (2)将分液漏斗放在铁架台的铁圈中静置、分层 (3)打开旋塞，使下层液体流出

续表

装置名称及示例	使用方法及注意事项
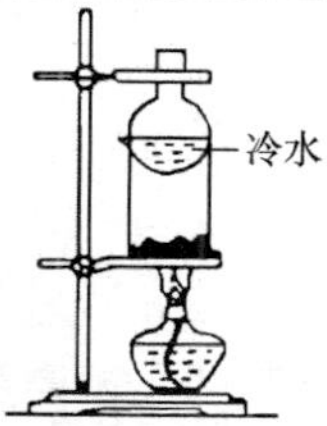 升华装置	由圆底烧瓶、烧杯、酒精灯、铁架台组成 把待精制的物质放入烧杯中，在加热升华时，烧杯上放一个通冷却水的烧瓶，使蒸气在烧瓶底部凝结成晶体并附在烧瓶上
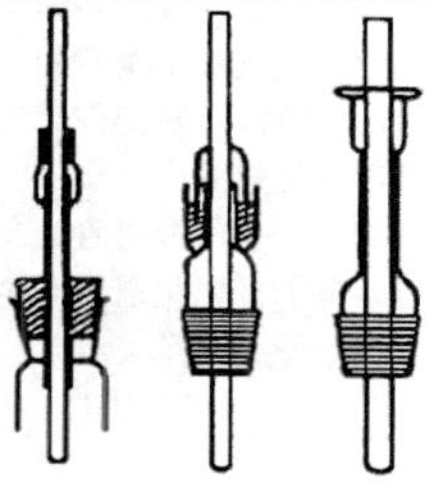 搅拌密封装置	反应在互不相溶的两种液体或固液两相的非均相体系中进行，或其中一种原料需逐渐滴加进料时，必须使用搅拌装置 图(a)，搅拌棒在橡胶管内转动，在搅拌棒和橡胶管之间滴入润滑油，也可用带橡胶管的玻璃套管固定于塞子上代替。图(b)，液封装置中要用惰性液体(如石蜡油)进行密封。图(c)，聚四氟乙烯制成的搅拌密封塞，由上面的螺旋盖、中间的硅橡胶密封垫圈和下面的标准口塞组成，使用时只需选用适当直径的搅拌棒插入标准口塞与垫圈孔中，在垫圈与搅拌棒接触处涂少许甘油润滑，旋上螺旋口使松紧适度，把标准口塞装在烧瓶上即可
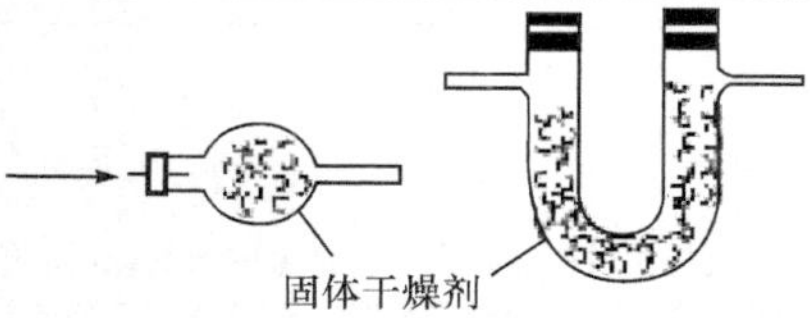 球形干燥管　U 形干燥管	内装固体干燥剂或吸收剂，用于干燥或吸收某些气体 要注意防止干燥剂液化和查看是否失效。气流方向为大口进小口出
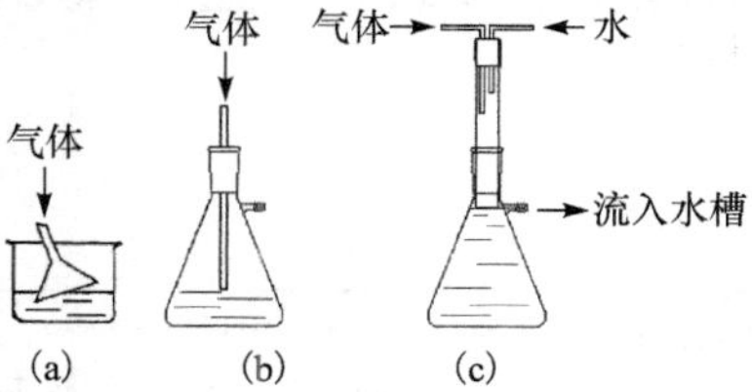 气体吸收装置	当反应体系中有毒性气体产生时，要用气体吸收装置，以减少环境污染。图(a)、(b)适用于少量气体的吸收，使用时，玻璃漏斗应略微倾斜，使漏斗口一半在水中，一半在水面上，不得将漏斗埋入吸收液面下，以防成为密闭装置，引起倒吸。图(c)是反应过程中有大量气体生成或气体逸出速度很快的气体吸收装置，水自上端流入(可利用冷凝水)抽滤瓶中，在恒定的水平面上溢出，粗的玻璃管恰好伸入水面，被水封住，以防止气体逸出进入大气
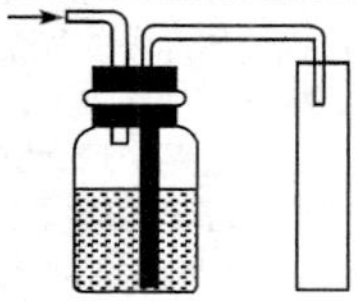 量气装置	用于量取产生气体的体积 注意：所量气体为不溶性的，进气管不能接反，应短管进长管出

续表

装置名称及示例	使用方法及注意事项
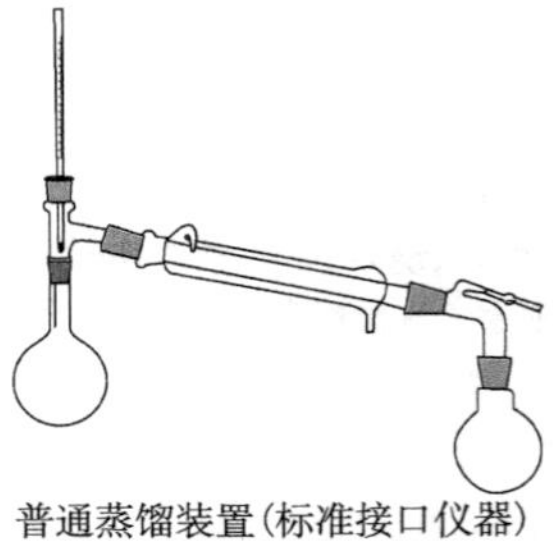 普通蒸馏装置(标准接口仪器) 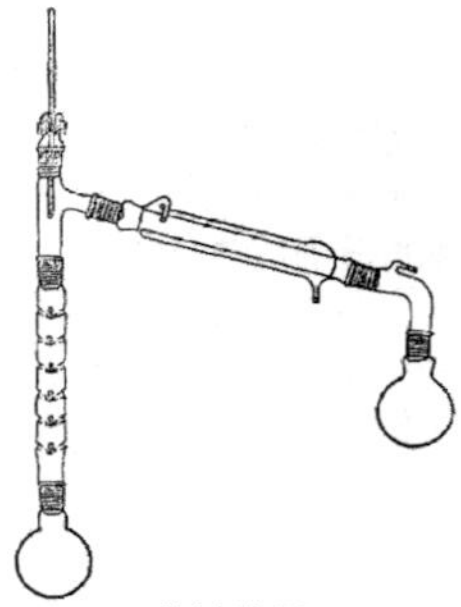 分馏装置	蒸馏装置包括加热、测温、冷却、接收四个功能单元。常用于分离两种以上沸点相差较大(至少 30 ℃以上)的液体混合物、测定液体的沸点、脱除有机溶剂 液体在烧瓶中受热气化，扩散至冷凝管中被冷却而液化，最后流入接收瓶。测温就是测定系统中正在蒸馏出的溶剂达到稳定的气液平衡时的温度，也就是该液体的沸点(也称为沸程)。在操作时，切记蒸馏前要加沸石，防止液体因过热而产生暴沸；若液体的沸点高于 130 ℃，必须采用空气冷凝管冷却；在结束蒸馏时切记不能将体系蒸干，以免造成安全隐患，尤其是醚类溶剂
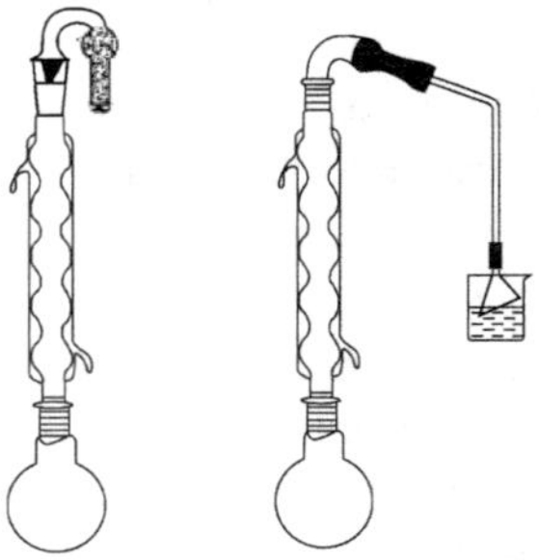 (a)　(b) 普通回流装置	当有机化学反应需要在反应体系的溶剂或反应物的沸点附近进行时需用回流装置。图(a)适用于需要干燥的反应体系；如不需要防潮，可去掉干燥管。图(b)适应于产生有害气体(如溴化氢、氯化氢、二氧化硫等)的反应体系
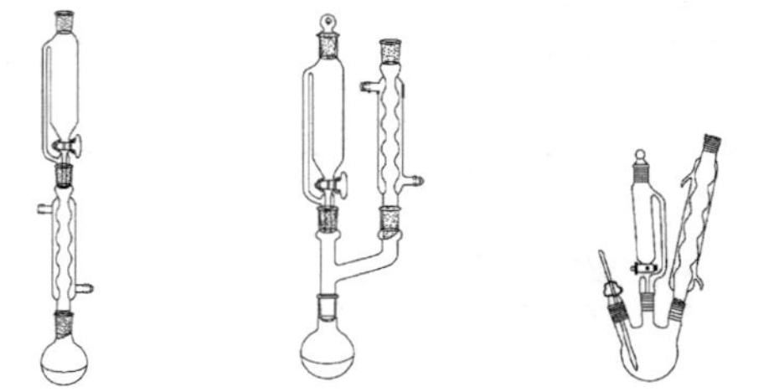 (a) 回流　(b) 滴加、回流　(c) 搅拌、滴加、回流 回流滴加装置	当反应在均相溶液中进行时一般可以不搅拌，因为加热时溶液存在一定程度的对流，从而保持液体各部分均匀地受热 回流加热前应先加入沸石，如果在搅拌的情况下，可不用沸石。根据瓶内液体沸腾的程度，可选用电热套、水浴、油浴、石棉网等加热方式；回流的速度应控制在液体蒸气浸润不超过两个球为宜；如果回流过程要求无水操作，则应在球形冷凝管上端安装一干燥管防潮；如果实验要求边回流边滴加反应物，可以改用三口烧瓶或在冷凝管和烧瓶间安装 Y 形加料管，并配以滴液漏斗；如果回流过程中会产生有毒或刺激性气味的气体，则应添加气体吸收装置

续表

装置名称及示例	使用方法及注意事项
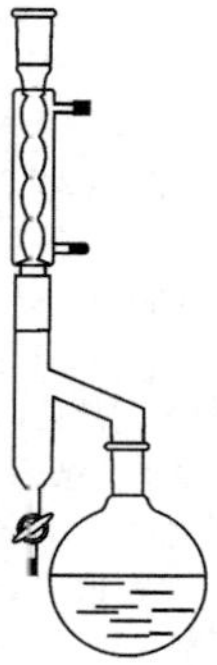 回流分水装置	进行一些可逆平衡反应时，为了使正向反应进行彻底，可将产物之一的水不断地从反应混合体系中除去，此时可以用回流分水装置。回流下来的蒸气冷凝液进入分水器，分层后，有机层自动流回到反应烧瓶，生成的水从分水器中放出去
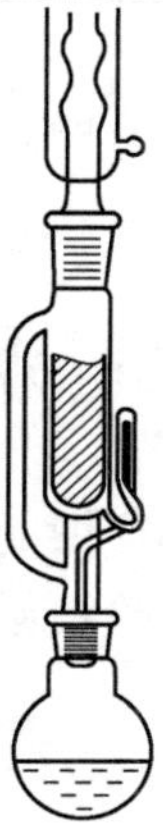 索氏提取器	由提取瓶、提取管、冷凝器三部分组成，利用溶剂回流及虹吸原理，用溶剂萃取出固体中所需化合物。节约溶剂，萃取效率高 提取时，将待测样品放入提取管内。提取瓶内加入溶剂，加热提取瓶，溶剂气化，由连接管上升进入冷凝器，凝成液体滴入提取管内。待提取管内溶剂液面达到一定高度，溶有提取成分的溶剂经虹吸管流入提取瓶。流入提取瓶内的溶剂继续被加热气化、上升、冷凝，滴入提取管内，如此循环往复，直到抽提完全为止
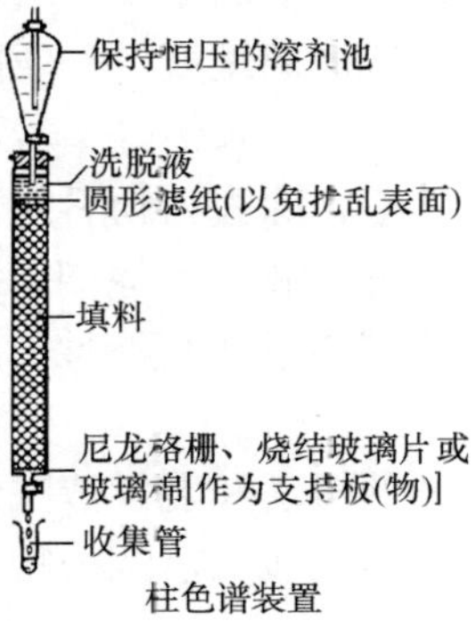 柱色谱装置	一种以分配平衡为机理的分配装置，色谱体系包含两相，一个是固定相，另一个是流动相。当两相相对运动时，利用混合物中所含各组分分配平衡性质的差异，最后达到彼此分离的目的

续表

装置名称及示例	使用方法及注意事项
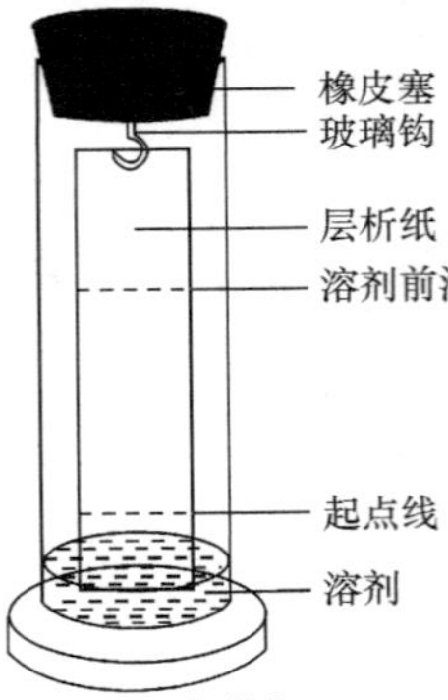 纸色谱装置	一种以滤纸为支持物的色谱方法，主要用于多官能团或高极性的亲水化合物，如醇类、羟基酸、氨基酸、糖类和黄酮类等的分离检验 步骤是将试样溶液涂于滤纸一端的适当位置，然后将此端的边缘部分浸入展开剂中。展开剂顺滤纸流动。试样中各种物质因性质不同，移动速度也不同，分布在滤纸的不同部位而相互分离。例如，在铌、钽纸色谱分离中，将矿样溶液涂于滤纸的一端离边缘 5 cm 处，然后将滤纸此端的边缘浸入展开剂(如甲基异丁酮、丁酮、氢氟酸和水的混合液)中。待展开剂上升至距顶端 2 cm 处，取出滤纸风干，喷上丹宁溶液，即出现钽、铌和杂质三个色带

实验中常用的金属用具有铁架、铁夹、铁圈、三脚架、水浴锅、镊子、剪刀、三角锉刀、圆锉刀、压塞机、打孔器、升降台等。

2.2　基础化学实验常用仪器清洗、干燥和保养方法

玻璃仪器用毕后应立即清洗，洗涤玻璃仪器不仅是一项必须做的实验前的准备工作，也是一项技术性的工作。仪器洗涤是否符合要求，对检验结果的准确度和精密度均有影响。

2.2.1　常用玻璃仪器的清洗

常用玻璃仪器最好在每次实验结束之后立即清洗，因为污物的性质在当时是清楚的，容易用合适的方法除去。若放置时间过长，会增加洗涤的难度。一般的清洗方法是毛刷刷洗(图 2-1)，即将玻璃仪器淋湿，选用粗细、大小、长短等型号不同的毛刷(试管刷)蘸取肥皂粉或洗涤剂，洗刷玻璃器皿的内外壁，除去污物后用自来水洗 3～6 次，再用蒸馏水冲洗 3 次以上。洗涤时应遵循“少量多次”的原则，每次用水一般为总容量的 5%～20%，淋洗 3 次即可。该方法不仅可以洗去可溶性物质，也可使附着在仪器上的尘土和其他不溶性物质脱落下来。

常用玻璃仪器也可利用超声波振荡仪清洗，利用声波的振动和能量清洗仪器，既省时又方便，还能有效地清洗焦油状物。特别是对一些手工无法清洗的物品，以及沾有污垢的物品，其清洗效果是人工清洗无法代替的。

图 2-1　毛刷刷洗操作示意

洗涤试管时要注意避免试管刷底部的铁丝将试管捅破。

仪器是否清洁的标志是：加水倒置，水顺着器壁流下，内壁被水均匀润湿后留一层既薄又均匀的水膜，不挂水珠。

实验室中还常用各种洗液清洗玻璃仪器，常用洗液见附录七。注意：杜绝滥用各种洗液清洗仪器，因为滥用不仅造成浪费，还可能存在危险。

2.2.2　常用玻璃仪器的干燥

实验完毕后洗净的仪器一般倒置一段时间后，若没有水迹，即可使用。但有些实验须严格要求无水，否则阻碍反应正常进行。应根据不同要求选择玻璃仪器的干燥方法。

(1) 晾干：不急着用的仪器，用蒸馏水冲洗后，可在无尘玻璃柜中倒置，控去水分，自然干燥。

(2) 烘干：洗净的仪器控去水分，放在烘箱内烘干，仪器口向上。带有磨砂口玻璃塞的仪器，必须取出活塞再烘干。烘箱温度为 105～110℃，烘 1 h 左右。也可放在红外灯干燥箱中烘干。此法适用于一般仪器。称量瓶等在烘干后要放在干燥器中冷却和保存。

带实心玻璃塞的仪器及厚壁仪器烘干时，要注意缓慢升温并且温度不可过高，以免破裂。

硬质试管可用酒精灯加热烘干，要从底部烤起，使管口向下，以免水珠倒流使试管炸裂，烘到无水珠后把试管口朝上赶净水汽。

量器不可放于烘箱中烘干。

(3) 热(冷)风吹干：用气流烘干机(图 2-2)或吹风机把仪器吹干。

(4) 有机溶剂干燥：对于急于干燥的仪器或不适于放入烘箱的较大的仪器可用加有机溶剂干燥再吹干的办法。通常把少量乙醇或丙酮倒入已控去水分的仪器中摇洗，全部润湿后倒出，然后用吹风机吹，开始用冷风吹 1～2 min，当大部分溶剂挥发后吹入热风至完全干燥，再用冷风吹去残余蒸气，不使其又冷凝至容器内。

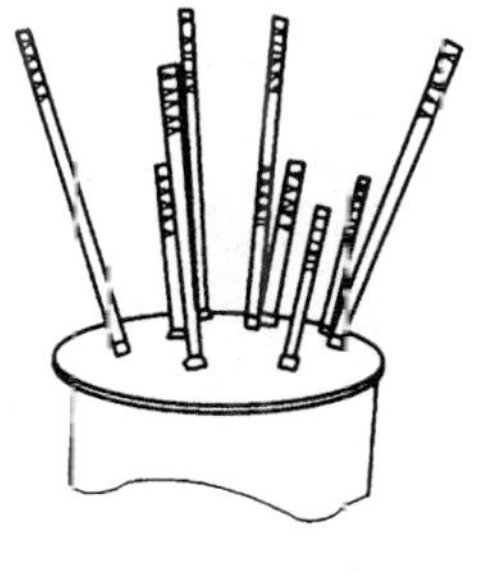

图 2-2　气流烘干机

2.2.3 常用玻璃仪器的保养

基础化学实验的各种玻璃仪器的性质不同，必须掌握它们的性能及保养方法，才能正确使用，提高实验效果，避免不必要的损失。下面介绍几类常用玻璃仪器的保养方法。

(1) 具标准接口的玻璃仪器，如成套标准玻璃仪器、分液漏斗等，接口(或活塞等)若非原配，仪器严密性将会降低。因此，使用时要注意保护，使用后及时清洗、晾干。要在磨口间垫上纸片，以免长时间放置后难以打开。

(2) 带支管的玻璃仪器，如蒸馏烧瓶、抽滤瓶等，其支管容易被折断，故无论在使用或放置时都要特别注意保护支管，且支管的熔接处不能直接加热。

(3) 玻璃量具均不可直接加热，容量瓶塞子、酸式滴定管的活塞要保持原配。酸式滴定管不能长期存放碱性溶液，碱式滴定管不能存放可与橡皮作用的溶液。

(4) 其他仪器，如冷凝管、索氏提取器等，内外管都是玻璃质的，则不适合在高温条件下使用。冷凝管通水后较重，注意装冷凝管时应将夹子夹紧在冷凝管重心位置，以免翻倒。这类玻璃仪器清洗后不能烘干，应放在无尘玻璃柜中晾干。

2.3 液体体积量度仪器的使用

基础化学实验室中常用的量器有量筒、量杯、吸量管、移液管、滴定管、容量瓶等，其中后三种量器是定量化学分析中的重要仪器，下面分别加以介绍。

2.3.1 量筒和量杯

量筒和量杯是化学实验中量取液体试剂的常用量器，精确度不高，按容量体积大小分为若干规格(图 2-3)。量筒分为量出式和量入式两种，量入式有磨口塞子，不常使用。量出式在基础化学实验中普遍使用。每只量筒和量杯上都标有使用温度和容量。

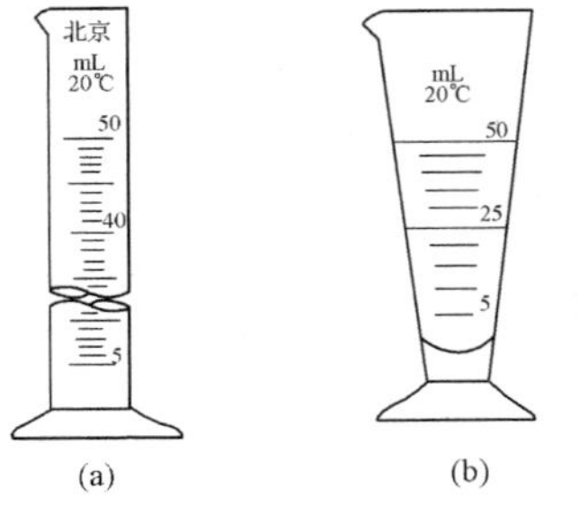

图 2-3 量出式量筒(a)和量杯(b)

使用量筒(或量杯)量取一定量试剂的标准操作：根据需要选用合适容量的量筒(或量杯)，将试剂瓶的瓶塞取下，反放在桌面上，左手持量筒(或量杯)，并用大拇指指示所需体积的刻度处，右手握住试剂瓶上贴标签的一面，逐渐倾斜试剂瓶，使试剂沿着洁净的瓶口注入量筒(或量杯)中。取出所需量后，将试剂瓶在量筒(或量杯)口上靠一下，再竖起试剂瓶。读数时应使量筒(或量杯)竖直，视线与量筒(或量杯)内弯月形液面最低处保持水平（图 2-4）。试剂不足继续补加，多取的试剂不能倒回原试剂瓶，可倒入指定的容器内供他人使用。取完试剂马上盖好试剂瓶瓶盖。

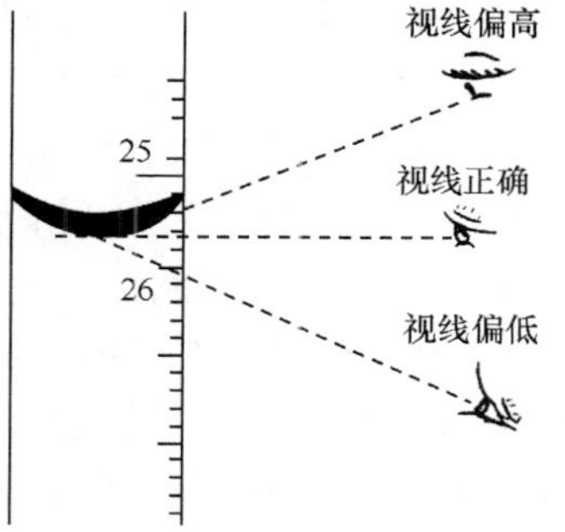

图 2-4　量具读数时视线位置

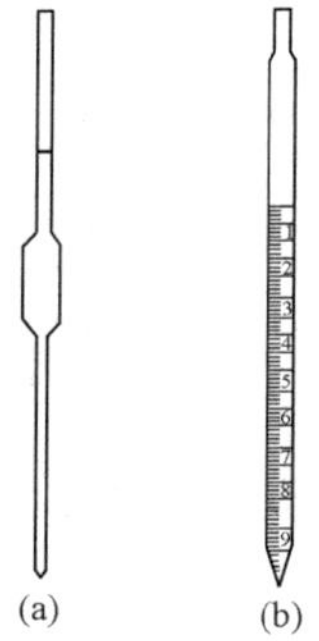

图 2-5　移液管（a）与吸量管（b）

2.3.2　吸量管和移液管

吸量管和移液管是用来准确量取一定体积溶液的仪器。移液管全称“单标线吸量管”，形状如图 2-5（a）所示，只能量取某一体积（如 10.00 mL、25.00 mL 等）的溶液，中间膨大，上下两端为细管状，在上管有标线，表明移液管移取的液体体积。吸量管全称“分度吸量管”，形状如图 2-5（b）所示，是带有分刻度的玻璃管，用于吸取不同体积的液体，最小分刻度为 0.1 mL。每支移液管和吸量管上都标有使用温度和容量。

使用移液管量取一定量试剂的标准操作：首先检查移液管管尖是否破损，若破损不宜使用；用洗液洗净移液管内壁，经自来水冲洗和蒸馏水洗涤 3 次后，用滤纸将管尖端内外的水吸去，然后用欲移取的溶液润洗移液管 2～3 次。润洗时，将欲移取的溶液摇匀，然后吸取少量溶液入移液管（吸入的溶液不得有部分流回），将管横放，使上端略朝下转动，使溶液流遍管内壁，当溶液到达距上口约 2 cm 的位置时将移液管竖直，使溶液从尖端放出，用干净的滤纸片将移液管尖端内的润洗液吸去。

用右手的大拇指和中指拿住管颈上方，下部的尖端插入溶液中约 2 cm（不超 2/3 溶液深度），左手拿洗耳球，先把球中空气压出，然后将球的尖端接在移液管口，慢慢松开左手使溶液吸入管内，眼睛注意观察液面上升情况，移液管应随着容器中液面下降而往下伸。当液面升高到刻度以上约 2 cm 时，移去洗耳球，立即用右手的食指按住管口，将移液管下口提出液面。用干净滤纸片擦去移液管尖端外部的溶液，但不得接触下口，或将原伸入溶液中的部分贴容器的内壁轻转两圈，接着左手改持盛溶液的器皿，使器皿稍倾斜，右手垂直地拿住移液管，使管的末端紧靠盛溶液器皿的内壁，略微放松食指，用拇指和中指微微转动管身，使液面缓慢下降，直到溶

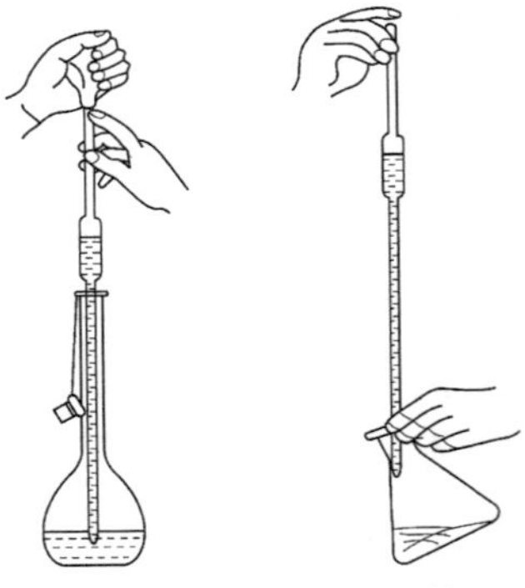

图 2-6　移液管吸取溶液(a)与放出溶液(b)

液的弯月面与标线相切时，立即用食指压紧管口，使液体不再流出。然后把移液管垂直插入承接溶液的器皿(倾斜约 45°)中，使管的末端靠在器皿内壁上。松开食指，管内溶液自然地全部沿器壁流下(图 2-6)。等待 10～15 s 后，取出移液管。如移液管未标“吹”字，残留在移液管末端的溶液不可用外力使其流出。

吸量管带有分刻度，使用方法与移液管相同。但吸量管的容量精度低于移液管，所以在移取 2 mL 以上固定量溶液时应尽可能使用移液管。

移液管或吸量管用完后，应立即用自来水和蒸馏水冲洗干净，然后放在移液管架上。

2.3.3　滴定管

滴定管是在滴定过程中准确测定滴定溶液体积的一类玻璃量器。常量分析最常用的滴定管容积为 50 mL，其最小刻度是 0.1 mL，因此读数可达小数点后第 2 位，一般读数误差为±0.02 mL。另外，还有容积为 10 mL、5 mL、2 mL、1 mL 的微量滴定管。

滴定管一般分为两种：一种是下端带有玻璃旋塞的酸式滴定管，用于盛放酸性溶液或氧化性溶液；另一种是碱式滴定管，其下端连接一段医用乳胶管，内放一玻璃珠，以控制溶液的流速，乳胶管下端再连接一个尖嘴玻璃管，碱式滴定管用于盛放碱性溶液。

使用酸式滴定管进行滴定的标准操作：估计滴定消耗量，选用合适的滴定管。滴定管先用自来水冲洗，再用肥皂水或其他洗涤剂清洗，若有明显油污需用铬酸洗液清洗，然后用自来水冲洗，最后用蒸馏水清洗 3 次。将滴定管平放在台面上，抽出旋塞，用干净滤纸将旋塞及塞槽内的水擦干，用手指蘸少许凡士林在旋塞的两侧涂上薄薄的一层，或分别在旋塞粗的一端和塞槽细的一端内壁涂一薄层凡士林(图 2-7)。将涂好凡士林的旋塞以旋塞孔与滴定管平行的方位插入旋塞槽内，然后沿同一方向旋转旋塞，直到旋塞部位的油膜均匀透明(在涂油过程中，滴定管始终要平放、平拿，不要直立)。将旋塞关闭，管中充水至最高刻度，然后将滴定管垂直夹在滴定管架上，放置 2 min，观察尖嘴口及旋塞两端是否有水渗出；

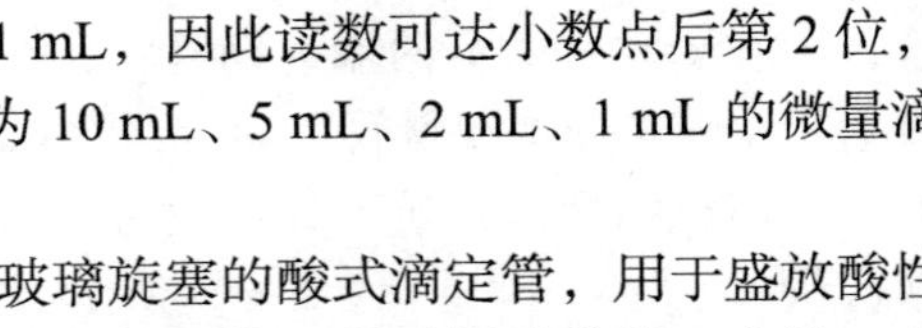

图 2-7　旋塞涂凡士林的方法

再将旋塞转动 180°，放置 2 min，若前后两次均无水渗出，旋塞转动也灵活，即已洗净。

关好旋塞，将储液瓶中的操作溶液(酸性溶液或氧化性溶液)摇匀后直接倒入滴定管(不得借用任何别的器皿，如漏斗或烧杯)，倒入量为 7～8 mL，两手平端滴定管，边转边向管口倾斜，使溶液流遍全管，然后打开滴定管的旋塞，使操作液由下端流出。重复润洗 2～3 次。清洗之后，将溶液直接加入滴定管至最高标线以上。用右手持滴定管无刻度部位使其倾斜约 30°，左手迅速打开旋塞，使溶液快速冲出，将气泡带走。将滴定管外壁擦干，垂直地夹在滴定管架上，以小烧杯覆盖管口。放液至 0 刻度或稍下位置，等待 1～2 min，检查管壁是否有水珠，管尖是否有气泡或挂有水珠，如有应除去。取下滴定管，以拇指、食指捏住上端无刻度处使其垂直(如在滴定管尖嘴连接乳胶管等情况下不方便取下，可以在滴定管架上读数，但是必须使滴定管垂直)。对无色溶液或浅色溶液，视线与弯月面下缘最低点在同一水平上进行读数；对深色溶液，视线应与液面两侧最高点的刻度在同一水平上进行读数，必须准确至 0.01 mL，记录读数。

将滴定管重新垂直地夹在滴定管架上，用左手控制滴定管旋塞，大拇指在前，食指和中指在后，手指略微弯曲，无名指和小指向手心弯曲，轻轻向内扣住旋塞，手心空握(图 2-8)。右手前三指持锥形瓶，以白底为背景，将滴定管下端深入锥形瓶口约 1 cm，边滴边用腕力摇动锥形瓶，向同一方向做圆周旋转，而不能前后振动。滴定过程中，勿使瓶口接触滴定管，左手不得离开旋塞任其自流。滴定开始时较快，一般为每秒 3～4 滴，不能形成水线。临近滴定终点时，必须用少量蒸馏水吹洗锥形瓶内壁，使溅起的溶液淋下，充分作用完全；同时放慢滴定速度，应逐滴加入，即每加入 1 滴摇动后再加，最后应控制半滴加入，即半滴悬于管口，用锥形瓶内壁将其沾落，并用洗瓶吹入少量水冲洗锥形瓶内壁，使附着的溶液全部流下，然后摇动锥形瓶，直至准确到达终点为止。再次取下滴定管读数(先后读数的条件要一致)，记录。

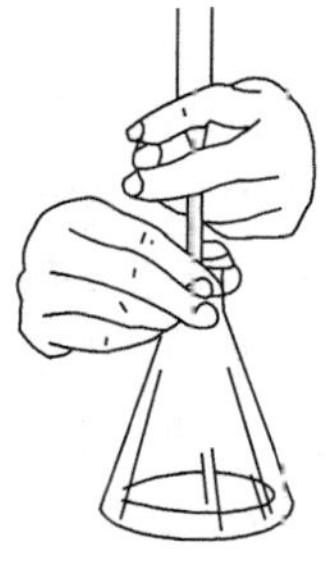

图 2-8 酸式滴定管操作

使用碱式滴定管进行滴定的标准操作：估计滴定消耗量，选用合适的滴定管。先除去滴定管下端的乳胶管，用胶帽堵住下口，用自来水冲洗滴管，再用肥皂水或其他洗涤剂清洗，若有明显油污需用铬酸洗液清洗，然后用自来水冲洗，最后用蒸馏水清洗 3 次。清洗乳胶管，重新套到滴定管上，充水至最高刻度，然后将滴定管垂直夹在滴定管架上，试放液滴看是否能灵活控制；放置 2 min，观察尖嘴口及橡胶管连接处是否有水渗出。如控制灵活且无水渗出，即已洗净。

将储液瓶中的操作溶液(碱性溶液)摇匀后直接倒入滴定管(不得借用任何其他器皿，如漏斗或烧杯)，倒入量为 7～8 mL，两手平端滴定管，边转边向管口倾斜，使溶液流遍全管，然后捏玻璃球四周，使操作液由管下端流出。重复润洗 2～3 次。清洗之后，将溶液直接加入滴定管至最高标线以上。将滴定管倾斜约 45°端在手上，把乳胶管向上弯曲(与滴定管约成 90°)，挤捏稍高于玻璃珠所在处，使溶液从尖嘴快速冲出，这时一边挤压玻璃珠，一边把乳胶管放直，然后松开手指，即可排除气泡(图 2-9)。

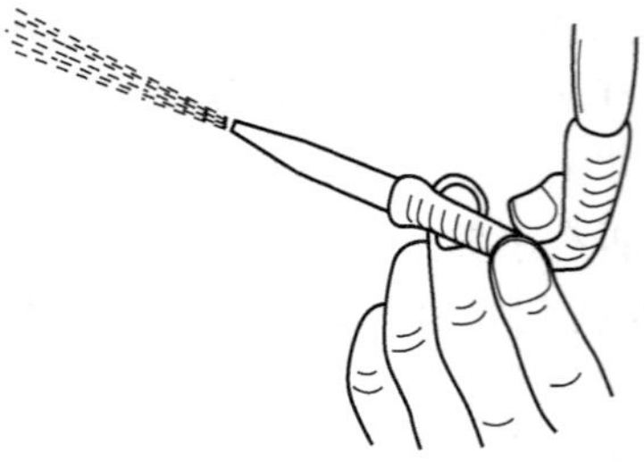

图 2-9　碱式滴定管排气泡

将滴定管外壁擦干，垂直地夹在滴定管架上，以小烧杯覆盖管口，放液至 0 刻度或稍下位置，等待 1～2 min，检查管壁是否有水珠，管尖是否有气泡或挂有水珠，如有应除去。取下滴定管以拇指、食指捏住上端无刻度处使其垂直(如滴定管不方便取下，可以在滴定管架上读数，但是必须使滴定管垂直)。对无色溶液或浅色溶液，视线与弯月面下缘最低点在同一水平上进行读数；对深色溶液，视线应与液面两侧最高点的刻度在同一水平上进行读数，必须准确至 0.01 mL，记录读数。

将滴定管重新垂直地夹在滴定管架上，左手拇指在前、食指在后捏住玻璃珠所在处稍高一些的地方，向左边或向右边挤压乳胶管进行滴定，用无名指和小指(或中指和无名指)夹住尖嘴的上部；右手前三指持锥形瓶，以白底为背景，将滴定管下端深入锥形瓶口约 1 cm，边滴边用腕力摇动锥形瓶，向同一方向做圆周旋转，而不能前后振动。滴定过程中，勿使瓶口接触滴定管，停止加液时，先松开拇指和食指，后松开无名指和小指。滴定开始时较快，一般为每秒 3～4 滴，不能形成水线。临近滴定终点时，必须用少量蒸馏水吹洗锥形瓶内壁，使溅起的溶液淋下，充分作用完全；同时放慢滴定速度，应逐滴加入，即每加入 1 滴摇动后再加，最后应控制半滴加入，即半滴悬于管口，用锥形瓶内壁将其沾落，并用洗瓶吹入少量水冲洗锥形瓶内壁，使附着的溶液全部流下，然后摇动锥形瓶，直至准确到达终点为止。再次取下滴定管读数(先后读数的条件要一致)，记录。

2.3.4　容量瓶

容量瓶是细颈梨形的平底瓶，带磨口塞，瓶颈上刻有环形标线，在指定温度下，当溶液充满至弯月液面与标线相切时，所容纳的溶液体积等于瓶上所示的体积。容量瓶主要用于把精密称量的物质配制成准确浓度的溶液或是将准确容积及浓度的浓溶液稀释成准确浓度及体积的稀溶液，也常用于测量容纳液体的体积。

使用容量瓶进行定容的标准操作(图 2-10)：向容量瓶注入自来水至标线附近，盖好瓶塞，擦干容量瓶外壁，右手托住瓶底边缘，左手食指按住塞子，将其倒立 2 min，观察瓶塞周围是否有水渗出，如果不漏，再把塞子旋转 180°，塞紧、倒置，如仍不漏水，则可洗净使用。

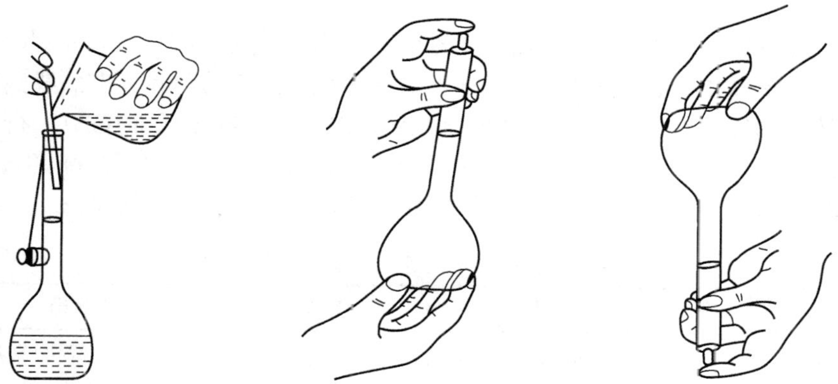

(a)　(b)　(c)

图 2-10　容量瓶标准操作

将准确称量的固体物质完全转移到小烧杯中，加入适量水或其他溶剂，搅拌使其溶解(若固体难溶，则盖上表面皿，稍加热，冷后转移)，玻璃棒不得碰撞烧杯壁，沿玻璃棒把溶液定量转移至容量瓶中。烧杯中的溶液倒尽后在烧杯扶正的同时使杯嘴沿玻璃棒上提 1～2 cm，随后烧杯即离开玻璃棒；然后将玻璃棒放回烧杯，再用少量蒸馏水冲洗杯壁和玻璃棒 3～4 次，每次的冲洗液按同样的操作转移至容量瓶中。加入蒸馏水(不得接触容量瓶内壁)，当溶液达到容量瓶容积的 2/3～3/4 时，应将容量瓶沿水平方向摇晃振荡，使溶液初步混匀(不能倒置容量瓶)，然后加蒸馏水至接近标线 1 cm 处，稍等片刻，再用滴管在瓶口上方加蒸馏水至溶液弯月面最低处与标线相切。盖好干的塞子，用左手食指按住瓶塞，右手的手指托住瓶底边缘，倒置容量瓶，使瓶内的气泡上升到顶部，摇动数次，如此反复倒转。

如果把浓溶液定量稀释，则用移液管吸取一定体积的浓溶液移入瓶中，按上述方法稀释至标线，摇匀。

容量瓶用毕后应立即用水冲洗干净。如长期不用，磨口处应洗净擦干，并用纸片将磨口隔开。容量瓶不得在烘箱中烘烤，也不可在电炉等加热器上加热，如需使用干燥的容量瓶，可用乙醇等有机溶剂荡洗晾干或用吹风机的冷风吹干。

2.4　试剂规格、取用和保存

试剂包含市售包装的“化学试剂”或“化学药品”。用试剂配成的各种溶液应称为“某某溶液”或“试液”。

2.4.1　基础化学实验常用试剂的规格

试剂规格又称“试剂级别”或“试剂类别”。其分类和分级标准也不尽一致，国际标准化组织(ISO)近年来已陆续建立了很多种化学试剂的国际标准。我国化学试剂一般按试剂纯度及杂质的含量来划分规格标准，分为国家标准(GB)、行业标准(HG)及企业标准(QB)三个级别，其中国家标准为权威。我国国家标准将试剂分为四个等级，如表 2-3 所示，并规定了试剂包装的标签颜色及应用范围。

表 2-3　我国化学试剂等级的划分及应用范围

等级	名称	英文名称	符号	标签颜色	应用范围
一级试剂	优级纯	guaranteed reagent	G. R.	绿色	纯度很高，适用于精密分析工作和科学研究
二级试剂	分析纯	analytical reagent	A. R.	红色	纯度仅次于一级品，用于一般定量分析和科学研究
三级试剂	化学纯	chemically pure	C. P.	蓝色	纯度较二级差，用于一般定性分析
四级试剂	实验试剂	laboratorial reagent	L. R.	棕色	纯度较低，适用实验辅助试剂及一般化学制备

试剂的纯度对实验结果准确度的影响很大，不同的实验对试剂纯度的要求也不相同。因此，化学工作者必须对化学试剂标准有明确的认识，做到合理使用化学试剂，既不超规格引起浪费，又不随意降低规格影响分析结果的准确度。

2.4.2　常规试剂的取用

为了达到准确的实验结果，应规范试剂的取用操作，以保证试剂不受污染和不变质。取用试剂前，要核对标签，确认无误后才能取用。

1. 液体试剂的取用操作

从试剂瓶取用大量试剂应用倾倒法，操作如图 2-11 所示，如果试剂瓶瓶塞为平顶塞子，取出后应倒置在桌上，如瓶塞顶不是扁平的，可用食指和中指(或中指和无名指)将瓶塞夹住(或放在洁净的表面皿上)，切不可将它横置在桌上。用左手持试管，右手持试剂瓶(注意：试剂标签应向手心，避免试剂沾污标签)，慢慢将液体注入试管。倒完后，应将试剂瓶口在试管壁上靠一下，再将试剂瓶竖直，以免试剂流至瓶的外壁。取用试剂后应立即盖上原来的瓶塞，把试剂瓶放回原处，并使试剂标签朝外。

若用烧杯从试剂瓶中取用大量试剂时，可用右手握试剂瓶(试剂标签应向手心)，左手拿玻璃棒，使玻璃棒的下端斜靠在烧杯中，将瓶口靠在玻璃棒上，使液体沿着玻璃棒往下流入烧杯。其余操作步骤同上。

应根据所需用量取用试剂，尽量做到不多取，多取的试剂不能倒回原试剂瓶，以免沾污试剂，可倒入指定的容器内供他人使用。若要定量取用液体试剂，则根据准确度和量的要求，可选用量筒、移液管或滴定管。

从滴瓶中取用少量试剂应用滴取法，操作如图 2-12 所示。滴瓶的滴管上部装有橡胶头，下部为细长的玻璃管。使用时，提起滴管，使管口离开液面，用手指紧捏滴管上部的橡胶头，以赶出滴管中的空气，然后将滴管伸入试剂瓶中，放开手指，吸入试剂。再提起滴管将试剂滴入试管或烧杯中。试剂滴入试管中时，必须用无名指和中指夹住滴管，将它悬空地放在靠近试管口的上方，然后用拇指和食指挤捏橡胶头，使试剂滴入试管中，禁止将滴管伸入试管中。滴管口不能朝上，以防管内溶液流入橡胶头内与橡胶头发生作用，腐蚀橡胶头并沾污滴瓶内的溶液。使用后应立即将滴管插回原来的滴瓶中。一旦插错了滴管，必须将该滴瓶中的试剂全部倒掉，洗净滴瓶及滴管，重新装入纯净的试剂溶液。

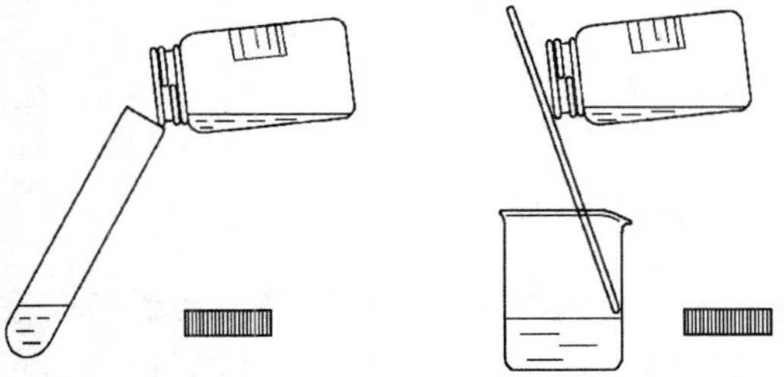

(a)　　(b)

图 2-11　倾倒法取用试剂

图 2-12　滴取法取用试剂

定量取用少量液体也可以用适合的移液管移取。

从大容器中取用较多液体可以用虹吸法，操作如图 2-13 所示。如从蒸馏水瓶中取蒸馏水，使用时先打开橡胶管夹，用鼓气球向蒸馏水瓶中鼓气，使虹吸管注满蒸馏水。夹住橡胶管，移开鼓气球。换上承接容器，打开橡胶管夹后即可取液。

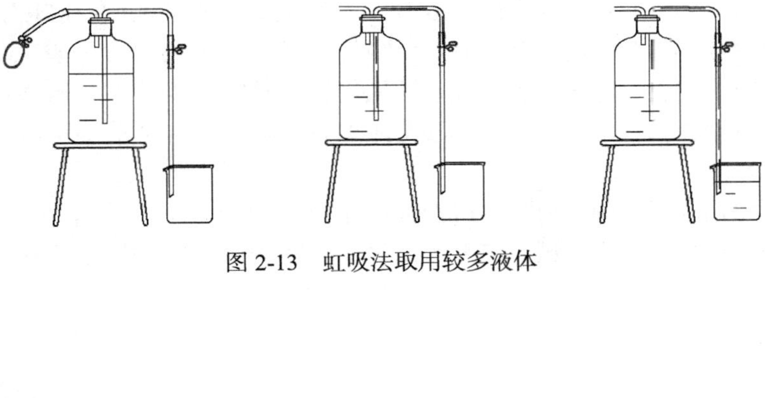

图 2-13　虹吸法取用较多液体

2. 固体试剂的取用操作

固体试剂一般用药匙取用。使用的药匙必须保持干燥而洁净，且专匙专用。药匙用牛角、塑料或不锈钢制成，有大小之分。取大量固体时用大匙，取少量固体时用小匙。取用的固体要加入小试管里时，也必须用小匙。

取用固体试剂前应看清标签。取用时，先打开瓶塞，将瓶塞倒放在实验台上。用清洁、干燥的药匙取固体试剂。如需取定量的固体试剂，可放在称量纸上称量。对于具有腐蚀性、强氧化性、易潮解的固体试剂，要用小烧杯、称量瓶、表面皿等装载后，用电子天平进行称量。要准确称量时，则用称量瓶装载，用减量法进行称量。取用完毕，一定要把瓶塞盖严，绝不允许错盖。最后把试剂瓶放回原处，以保持实验台整齐干净。

往试管(特别是湿的试管)中加入固体试剂(特别是块状固体试剂)时，应将试管倾斜，把盛有固体试剂的药匙或对折的纸槽伸进试管约 2/3 处，使固体试剂沿着试管壁慢慢滑下，以免碰破试管，如图 2-14 所示。

图 2-14 用药匙或纸槽向试管送固体试剂

药匙不能混用，实验后应洗净、晾干，下次再用时避免沾污药品。要严格按量取用药品，如果取多了可放在指定容器内或给他人使用，不许倒回原试剂瓶中。有毒药品要在教师指导下取用。

2.4.3 试剂的保存

化学试剂存放要依据物质自身的物理性质和化学性质，降低或杜绝物质变性、自然损耗，方便取用是总原则。若保管不当，试剂会变质失效，不仅造成浪费，甚至会引起事故。一般的化学试剂应保存在通风良好、干净、干燥的室内，以防止被水分、灰尘和其他物质污染。同时，应根据试剂的不同性质采取不同的保存方法。

(1) 一般性固体试剂存放在广口瓶中，一般性液体试剂存放在细口瓶中。

(2) 见光会逐渐分解的试剂(如过氧化氢、硝酸银、焦性没食子酸、高锰酸钾、草酸、铋酸钠等)，与空气接触易逐渐被氧化的试剂(如氯化亚锡、硫酸亚铁、硫代硫酸钠、亚硫酸钠等)，以及易挥发的试剂(如溴、氨水及乙醇等)，应放在棕色瓶内置于冷暗处。

(3) 氧化剂和还原剂应密封、避光保存。

(4) 易侵蚀玻璃而影响试剂纯度的试剂，如氢氟酸、含氟盐(氟化钾、氟化钠、氟化铵）和苛性碱（氢氧化钾、氢氧化钠）等，应保存在聚乙烯塑料瓶或涂有石蜡的玻璃瓶中；盛碱液的细口瓶必须要用橡胶塞、软木塞。

(5)易燃试剂（如乙醇、乙醚、苯、丙酮等），易爆炸试剂（如高氯酸、过氧化氢、硝基化合物），应分开储存在阴凉通风、不受阳光直射的地方。

(6)吸水性强的试剂，如无水碳酸盐、苛性钠、过氧化钠等，应严格蜡封保存。

(7)易相互作用的试剂，如挥发性的酸与氨、氧化剂与还原剂，应分开存放。

(8)极易挥发并有毒的试剂可放在通风橱内，当室内温度较高时，可放在冷藏室内保存。

(9)汞易挥发，通常存放在厚壁器皿中，存放汞的容器内必须加水将汞覆盖，使其不能挥发。

(10)钠、钾是活泼性较强的金属，通常保存在煤油中，存于阴凉处。

(11)剧毒试剂，如氰化钾、氰化钠、氢氟酸、氯化汞、三氧化二砷（砒霜）等，应特别注意由专人妥善保管，严格做好记录，经一定手续取用，以免发生事故。

在试剂的使用过程中做到每个试剂瓶上都贴有标签，上面写明试剂的名称、规格或浓度（溶液）及日期，在标签的外面涂一薄层蜡或用透明胶带等保护。

2.5　加热与冷却

一般情况下，化学反应速率随温度的升高而加快。大体上反应温度每升高 10 ℃，反应速率就会增加一倍。因此为了加快反应速率，往往需要在加热下进行反应。实验室常用的加热器具有酒精灯、酒精喷灯、电炉、电热板、电热套和马弗炉（高温炉）等。用火焰直接加热，不仅容易因为剧烈的温度变化和加热不均匀而造成玻璃仪器的损坏，还可能因局部过热引发部分负反应，甚至可能发生爆炸事故。为了保证加热均匀和操作安全，通常应根据反应类型选用合适的加热方式为反应进行加热。

2.5.1　实验室常见的加热仪器及其使用方法

1. 酒精灯

1)酒精灯及其灯焰的构造

酒精灯是实验室常用的加热工具，其加热温度为 400～500 ℃，适用于温度不需要太高的实验。酒精灯由灯帽、灯芯（及瓷质套管）和盛酒精的灯壶三个部分组成[图 2-15(a)]。正常使用时酒精灯的火焰可分为焰心、内焰和外焰三个部分[图 2-15(b)]，外焰的温度最高，往内依序降低。加热时应调节好受热器与灯焰的距离，用外焰与内焰交界部分来加热（火焰的温度最高）[图 2-15(c)]。若要使灯焰平稳，并适当提高温度，可在酒精灯上加一个金属网罩[图 2-15(d)]，网罩可用废旧铁窗纱自制。

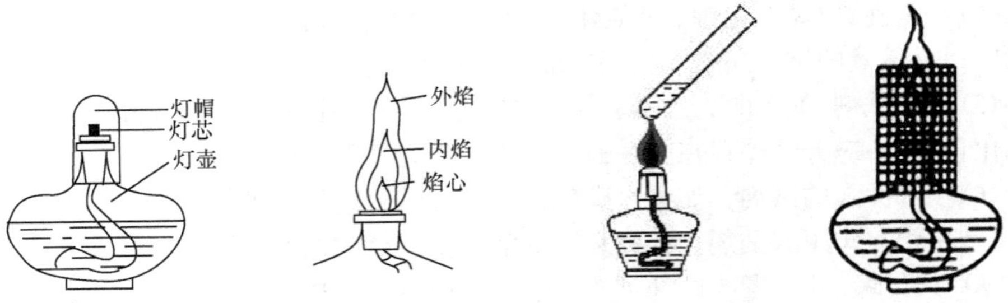

(a) 酒精灯的构造　　(b) 酒精灯的灯焰　　(c) 外焰加热　　(d) 加金属网罩

图 2-15　酒精灯的构造及其使用

2) 酒精灯的使用注意事项

(1) 点燃酒精灯之前，先打开灯帽，并把灯头的瓷管向上提一下，使灯内的酒精蒸气逸出，这样可避免点燃时酒精蒸气因燃烧受热膨胀而将瓷管连同灯芯一并弹出，从而引起燃烧事故。灯芯不齐或烧焦时，应用剪刀修整为平头等长。灯芯长度可控制在浸入酒精后再长 4～5 cm。新换的灯芯应让酒精浸透后才能点燃，否则一点燃就会烧焦。

(2) 酒精灯应用火柴杆引燃，绝不能拿燃着的酒精灯去引燃另一盏酒精灯。因为这样做将使灯内的酒精从灯头流出，引起燃烧。

(3) 熄灭酒精灯时，把灯帽罩上，片刻后再把灯帽提起一下，然后再罩上，可避免灯盖揭不开(为什么？)，注意千万不能用口吹灭。

(4) 添加酒精时应先熄灭灯焰，然后借助漏斗把酒精加入灯内。灯内酒精的储量以酒精灯容积的 1/2～2/3 为宜，不得超过容积的 2/3。

2. 酒精喷灯

1) 类型与构造

酒精喷灯有座式与挂式两种，其构造如图 2-16 所示。

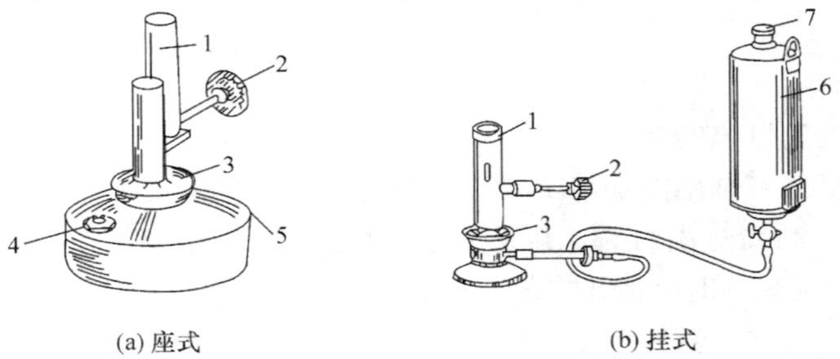

(a) 座式　　(b) 挂式

图 2-16　酒精喷灯类型与构造

1.灯管；2.空气调节器；3.预热盘；4.铜帽；5.酒精壶；6.酒精储罐；7.盖子

2）挂式酒精喷灯的使用方法

（1）先将喷灯和酒精储罐用乳胶管接好。

（2）再向酒精储罐中添加约 2/3 容积的酒精，打开酒精储罐下面的旋钮，检查是否畅通或有无滴漏现象。

（3）预热：向预热盘里加入适量酒精，用火柴点燃，必须充分预热。

（4）点燃：待预热盘内酒精即将燃尽（此时火焰不能熄灭）时，打开空气调节器可点燃喷灯，调整稳定火焰（图 2-17）。调节空气调节器阀门可以控制火焰的大小（温度可达 700～1000 ℃）。若预热盘内火焰熄灭，则可以用火柴在风口处引燃，但若两次都没有酒精蒸气喷出，则需要用探针疏通酒精蒸气出口后，再重新预热。

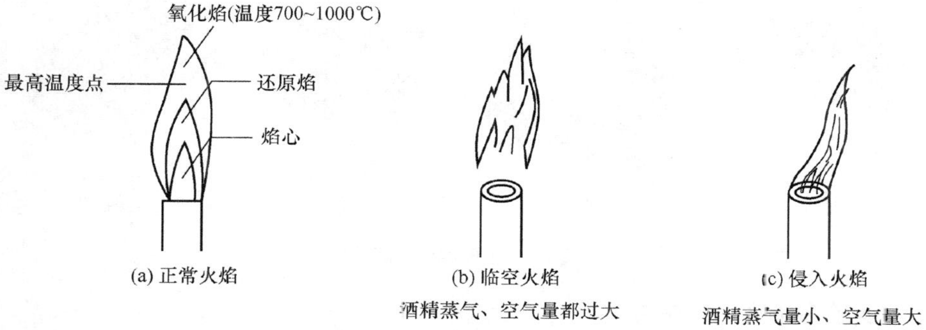

图 2-17　灯焰的几种情况

（5）酒精喷灯用完以后先关闭空气调节器，再关闭酒精壶下面的旋钮，将酒精倒回瓶内。

（6）座式喷灯使用方法基本与挂式相同，仅少了开关储罐的操作。当座式喷灯灯焰不易熄灭时，可用盖板将灯焰盖灭。

3）使用注意事项

（1）预热必须充分，否则酒精不能全部气化，可能发生“火雨”（尤其是挂式喷灯），每个人必须预备一块湿抹布放在右手一侧，以备急用。

（2）座式喷灯灯内酒精储量不能超过壶的 2/3，连续使用时间不能超过 30 min，否则有爆炸的危险。若要超过 30 min，必须每隔 30 min 熄火冷却后，添加酒精再继续使用。

3. 可调电炉

温度的高低可以通过外接变压器来控制。容器（如烧杯等）和电炉之间要隔一块石棉网，方可受热均匀。

4. 电热板、电热套

电炉做成封闭式称为电热板或电热套，前者受热面为平面，可用于加热体积较大或数量较多的试样。后者受热面为半圆形，使用时应根据圆底容器的大小选用合适的型号。电热板或电热套均可由控制开关和外接变压器调节加热温度。

5. 高温炉

高温炉也称马弗炉，是用电热丝或硅碳棒加热，最高使用温度可达 950～1300 ℃。它的炉膛为长方体，有炉门，打开炉门就可以放入要加热的坩埚或其他耐高温的容器。高温炉可以自动调温和控温。

几种电子加热设备见图 2-18。

电热板　　马弗炉　　电炉　　电热套

图 2-18　几种电子加热设备

2.5.2　实验室常用的加热方法

实验内容不同时，常根据具体情况采用不同的加热方式。

1. 直接加热

实验室中常用的加热器皿有烧杯、烧瓶、瓷蒸发皿、试管等。这些器皿能承受一定的温度，但不能骤热或骤冷。除试管可直接在火焰上加热外，上述其他加热仪器必须放在石棉网上才能进行加热。

当用试管直接加热液体时，所盛液体一般不宜超过试管容量的 1/3，试管夹夹在试管的中上部，试管口向上稍微倾斜，切忌试管口对着人，以免溶液在煮沸时溅出将人烫伤。先加热液体的中上部，再慢慢下移并不停缓慢上下移动，不能集中加热某一部分。用试管加热固体时，必须使试管口向下稍微倾斜，以免凝结在试管壁上的水珠流到灼热的管底，而使试管炸裂。

2. 水浴加热

当被加热物质要求受热均匀，而温度又不超过 100 ℃时，可用水浴锅进行水浴加热，水浴加热时水浴锅盛水量一般不超过其容量的 2/3。水浴的液面应稍高出反应容器内的液面，但勿使容器触及水浴锅的底部。当加热少量物质时，也可用大烧杯代替水浴锅进行水浴加热。

3. 油浴加热

当加热温度在 100～250 ℃范围时，用油浴加热较合适。油浴所能达到的最高温度取决于所用油的沸点。一般情况下，反应物所需达到的温度应比油浴液温度低 20 ℃左右。常用的油浴液及其使用温度为：

(1) 液状石蜡，能加热到 200 ℃左右，温度再高时并不分解，但较易燃烧。

(2) 甘油，可加热到 140～150 ℃，温度过高则会分解。

(3) 硅油，在 250 ℃时较稳定，透明度好，但价格较昂贵。

油浴加热使用方法同水浴。油浴中应放置温度计(温度计不要碰到油浴锅底)，以便随时观察和调节温度。此外，使用油浴要小心，防止着火及水溅入油浴锅内产生的爆溅。

2.5.3 实验室常用的冷却方法

一些大量放热的实验或一些分离纯化实验中，如果控制不当，可能引起副反应，或使反应物蒸发，甚至会发生冲料和爆炸事故。为得到较好的实验效果，反应需在一定的低温条件下进行，即需在反应操作中使用制冷剂将反应温度降低，制冷剂的选择应根据冷却时所需要的温度和吸收的热量来决定。基础实验常用的制冷剂如下(制冷温度逐渐增加)：

(1) 水，常用的冷却剂。

(2) 冰-水混合物，冰越碎效果越好，温度可达 4 ℃左右。

(3) 冰-盐混合物，即往碎冰中加入食盐或氯化钙等，可冷至−5～18 ℃。

注意：在低于−38 ℃时，不能用水银温度计，需使用有机液体低温温度计。

除使用制冷剂降低反应温度外，还可使用低温浴槽为反应制冷。低温浴槽是一个小冰箱，冰室口向上，蒸发面用筒状不锈钢槽代替，内装冷却溶剂(酒精或蒸馏水)，装有外循环泵，使冷却剂与冷凝器连接循环。反应瓶浸在冷却剂中。该浴槽适于−30～30 ℃范围反应使用。

2.6 蒸馏与分馏

蒸馏是将液态物质加热到沸腾变为蒸气，又将蒸气冷凝为液体的联合操作过程。

2.6.1 蒸馏的基本原理

由于分子运动，液体的分子有从表面逸出的倾向。一种液体的蒸气压是该液体表面的分子进入气相的倾向大小的客观量度。液体的蒸气压只与一定的温度有关，并不受外界施于液体表面的总压力(通常是大气压)的影响。当液体受热温度不断升高时，蒸气压随之增大，当液体的蒸气压增大到与液体表面的大气压相等时，就有大量气泡从液体内部逸出，即液体沸腾。这时的温度称为液体的沸点。

沸点与所受外界压力的大小有关。外界压力增大，液体沸腾时的蒸气压加大，沸点升高；相反，减小外界的压力，沸腾时的蒸气压下降，沸点就降低。因此，表示一个化合物的沸点时，一定要说明测定沸点时外界的大气压，以便与文献值相比较。通常所说的沸点是在 101.3 kPa(760 mmHg)压力下液体的沸腾温度。例如，水的沸点为 100 ℃，即是指在 101.3 kPa 压力下，水在 100 ℃时沸腾。在其他压力下的沸点应注明压力。例如，在 12.3 kPa(92.5 mmHg)下，50 ℃水即沸腾，这时水的沸点可表示为 50 ℃/12.3 kPa。

当液体混合物加热沸腾时，液体上面的蒸气组成与液体混合物的组成比例不同，蒸气是由易挥发的组分(即低沸点的组分)组成。将沸腾产生的蒸气进行收集并冷却成液体，该液体即为原混合物中低沸点的组分。

根据此原理，利用普通蒸馏可将挥发和不挥发的物质分离开来，也可将沸点不同的液体混合物分离开来。但用蒸馏方法分离混合组分时，要求被分离组分的沸点差在 30 ℃以上才能达到有效分离或提纯的目的。

普通蒸馏是分离和提纯液态有机物最常用的重要方法之一；通过蒸馏可除去不挥发性杂质，还可以测定纯液体有机物的沸点及定性检验液体有机物的纯度。

2.6.2　普通蒸馏实验操作及注意事项

1. 实验仪器安装

如图 2-19 所示，蒸馏装置主要由气化、冷凝和接收三部分组成。安装顺序为自下而上，先左后右。拆卸仪器与其顺序相反。

安装时注意：在蒸馏低沸点液体时，选用长颈蒸馏瓶；在蒸馏高沸点液体时，选用短颈蒸馏瓶。

应根据被蒸馏液体的沸点选用适合量程的温度计。为了保证所测温度的准确性，应使温度计汞球的上限和蒸馏头支管的下限处在同一水平线上。

被蒸液体沸点低于 140 ℃时使用水冷凝管，高于 140 ℃时使用空气冷凝管。冷凝水应从下口进，上口出。

蒸馏装置不能密封，否则可能会引起爆炸。

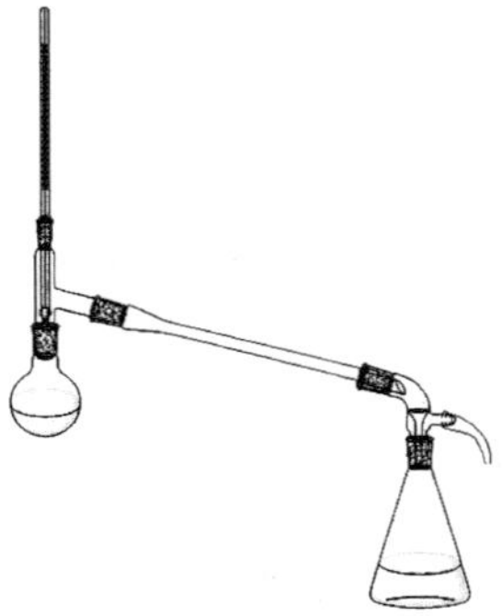

图 2-19　普通蒸馏装置

2. 实验操作过程

(1) 加料，加助沸物。仪器安装好之后，取下温度胶塞和温度计，用一个长颈漏斗小心将待蒸馏液体倒入蒸馏瓶中，不能使液体从支管流出。通常装入液体的体积应为圆底烧瓶容积的 1/3～2/3。为了清除在蒸馏过程中的过热现象和保证沸腾的平稳状态，常加入 2～3 粒助沸物防止加热时的暴沸现象。切忌不能在液体沸腾时加入助沸剂，不能用已使用过的助沸剂。重新装上温度胶塞和温度计，再次检查仪器的各部分连接是否紧密和妥当，开通冷凝水。

(2) 加热。加热前，检查仪器装配是否正确，检查蒸馏液体、助沸物等是否加好，冷凝水是否通入，一切无误后方可加热。当液体沸腾、温度计汞球部位出现液滴时，适当调节电压，保持温度计汞球上常有被冷凝的液滴。蒸馏速度控制在每秒 1～2 滴为宜。如果继续维持原来的加热程度，不再有馏出液蒸出，温度突然下降时，应停止蒸馏，即使杂质量很少也不能蒸干，特别是蒸馏低沸点液体时更要注意不能蒸干，否则易发生意外事故。

(3) 记录分沸程，收集馏分。蒸馏前，至少要准备两个接收瓶，分别用来收集前馏分和馏分。记下馏分开始馏出时和最后一滴时温度计的读数，即是该馏分的沸程（沸点范围）。

3. 实验仪器拆卸

实验完毕，应先关掉电源停止加热，将电压调节至零点。然后停止通水，拆下仪器。拆卸仪器与安装仪器的顺序正好相反，先取下接收瓶，然后拆下弯接管、冷凝管、蒸馏头和蒸馏瓶等，并清洗干净备用。

2.6.3 减压蒸馏实验操作及注意事项

(1) 减压蒸馏的基本原理。由于液体表面分子逸出所需的能量随外界压力的降低而降低，因此，降低压力可降低液体的沸点。在降低压力下进行的蒸馏操作为减压蒸馏。基础实验中利用真空泵获得减压，可达到气压 760～10 mmHg，101～1.33 kPa 的低真空状态。

蒸馏高沸点的化合物时，利用减压蒸馏，降低沸点，达到减少分解和增加蒸馏的效果。

(2) 减压蒸馏的装置。如图 2-20 所示，减压蒸馏的装置为普通蒸馏装置（无需温度计）加上真空装置组成。

(3) 减压蒸馏实验操作过程。实验操作过程与普通蒸馏过程基本相同，下列事项需要注意：为防止漏气，装置的磨口容器均要涂真空油脂；所用橡胶管要防止抽瘪和漏气；蒸馏完毕先移去真空，慢慢地打开左侧旋塞，使仪器装置与大气相通，这一操作须特别小心，一定要慢慢地旋开旋塞，使压力计中汞柱慢慢地回

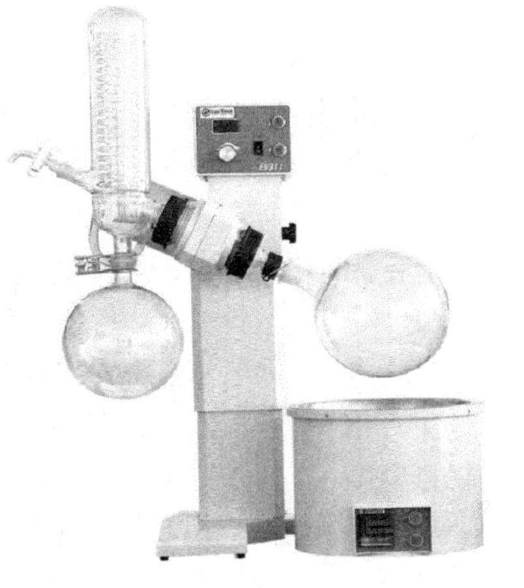

图 2-20　旋转蒸发仪

复到原状。拆下接收瓶后，再按顺序拆除各部分装置。

2.6.4　水蒸气蒸馏实验操作及注意事项

(1) 水蒸气蒸馏的基本原理。水蒸气蒸馏是指含有挥发性成分的物质与水共蒸馏，使挥发性成分随水蒸气一并馏出，经冷凝分取挥发性成分的方法。根据道尔顿分压定律，当与水不相混溶的物质和水一起存在时，混合物的蒸气压 p 为水的蒸气压 p_A 和该物质的蒸气压 p_B 之和，即 $p=p_A+p_B$。因此，具有挥发性(在 100 ℃左右具有不小于 1.33 kPa 的蒸气压)、长时间与水共沸不与水反应且不溶或微溶于水的有机化合物，可以在比该物质的沸点低得多的温度下用该方法馏出，从而达到分离纯化的目的。水蒸气蒸馏也是分离和纯化化合物的常用方法之一，尤其是在混合物中混有大量树脂状杂质时效果较好。

(2) 水蒸气蒸馏的装置。如图 2-21 所示，水蒸气蒸馏的装置为普通蒸馏装置(无需温度计)加上蒸气发生器。安装时在蒸气发生器的上口通过塞子插入一根内径约 0.5 cm 的玻璃管，管子的下端接近发生器底部，作为安全管。

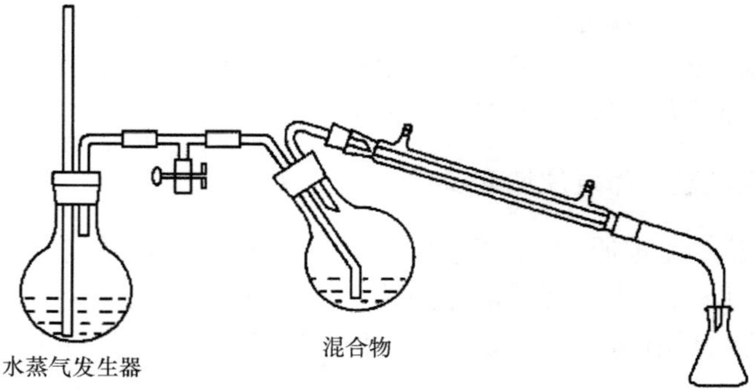

图 2-21　水蒸气蒸馏装置

蒸气发生器的蒸气导出口通过 T 形管与蒸馏部分的蒸气导入管相连，以除去其中的冷凝水。在 T 形管的支管上套一段短橡胶管，用螺旋夹夹住。蒸气导入管下端尽量接近烧瓶底部。

用克氏蒸馏头与冷凝管相接，用以防止蒸馏时蒸馏瓶中的混合物溅入冷凝管。

(3) 水蒸气蒸馏实验操作过程。实验操作过程与普通蒸馏过程基本相同，下列事项需要注意：开始蒸馏前先将螺旋夹打开，加热水蒸气发生器至水沸腾，当 T 形管的支管有水蒸气冲出时，把夹子夹紧，让水蒸气均匀地通入圆底烧瓶中。保持蒸馏瓶中的温度，防止水蒸气冷凝而使蒸馏瓶内液体量增加。

有机物和水的混合物蒸气经过冷凝管冷凝成乳浊液进入接收器，控制馏出速度为 2～3 滴/s。当蒸出液由混浊变澄清时，不要结束蒸馏，要再多蒸出 10～20 mL 的透明馏出液方可停止蒸馏。

结束蒸馏时，一定要先打开 T 形管上的螺旋夹，使体系通大气，然后再停止加热，拆下接收瓶后，再按顺序拆除各部分装置。

2.6.5　分馏实验操作及注意事项

(1)分馏的基本原理。与蒸馏的基本原理相同，也是利用有机物质的沸点不同，在蒸馏过程中低沸点的组分先蒸出，高沸点的组分后蒸出，从而达到分离提纯的目的。分馏是借助于分馏柱(工业上采用精馏塔)，将多次气化—冷凝过程在一次操作中完成，更适合于分离提纯沸点相差不大的液体有机混合物。

混合液沸腾后蒸气进入分馏柱中被部分冷凝，冷凝液在下降途中与继续上升的蒸气接触，二者进行热交换，蒸气中高沸点组分被冷凝，低沸点组分仍呈蒸气上升，而冷凝液中低沸点组分受热气化，高沸点组分仍呈液态下降。结果是上升的蒸气中低沸点组分增多，下降的冷凝液中高沸点组分增多。如此经过多次热交换，就相当于连续多次的普通蒸馏。以致低沸点组分的蒸气不断上升，而被蒸馏出来，高沸点组分则不断流回蒸馏瓶中，从而能将沸点相差较小的混合组分有效地分离或提纯出来。

(2)分馏的装置。如图 2-22 所示，分馏的装置是在蒸馏瓶与蒸馏头之间加了一根分馏柱。分馏柱的种类很多，实验室常用韦氏分馏柱；半微量实验一般用填料柱，即在一根玻璃管内填上惰性材料，如玻璃、陶瓷或螺旋形、马鞍形等各种形状的金属小片，以达到增大液相和气相接触的面积，提高分离效率的目的。

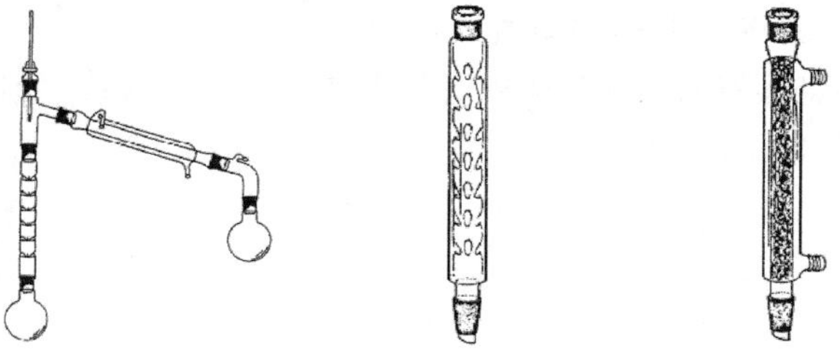

(a) 韦氏分馏柱　　(b) 刺形分馏柱　　(c) 填充式分馏柱

图 2-22　分馏装置

(3)分馏实验操作过程。实验操作过程与普通蒸馏过程大体相同，下列事项需要注意：分馏一定要缓慢平稳地进行，控制好恒定的蒸馏速度(1～2 滴/s)可以得到比较好的分馏效果；要选择合适的回流比，使上升的气流和下降液体充分进行热交换。必须尽量减少分馏柱的热量损失和波动，分馏效果更好。

2.7　溶解、结晶和固液分离

2.7.1　固体的溶解

当固体物质溶解于溶剂时，如固体颗粒太大，可先在研钵中研细。对一些溶解度随温度升高而增加的物质来说，加热对溶解过程有利。加热时要盖上表面皿，要防止溶液剧烈沸腾和迸溅。加热后要用蒸馏水冲洗表面皿和烧杯内壁，冲洗时也应使水流顺烧杯壁流下。搅拌可加速溶质的扩散，从而加快溶解速度。搅拌时注意手持玻璃棒，轻轻转动，使玻璃棒不要触及容器底部及器壁。在试管中溶解固体时，可用振荡试管的方法加速溶解，振荡时不能上下，也不能用手指堵住管口来回振荡。

样品的溶解操作如下：

(1) 准备好洁净的烧杯、玻璃棒和表面皿。玻璃棒的长度应比烧杯高 5～7 cm，不要太长。表面皿的直径应略大于烧杯口直径，烧杯内壁和底不应有纹痕。

(2) 称取样品于烧杯中，溶样时，若无气体产生，可取下表面皿，将溶剂顺着紧靠杯壁的玻璃棒下端加入，或沿杯壁加入，边加入边搅拌，直至样品完全溶解，然后盖上表面皿。若有气体产生(如白云石等)，应先加少量的水润湿样品，盖好表面皿，再由烧杯嘴与表面皿间的狭缝滴加溶剂，待气泡消失后，再用玻璃棒搅拌使其溶解。样品溶解后，用洗瓶吹洗表面皿和烧杯内壁。

(3) 样品在溶解过程中需加热时，可在电炉或煤气灯上进行。但一般只能让其微热或微沸溶解，不能暴沸。加热时须盖上表面皿。

(4) 溶解后需加热蒸发时，可在烧杯口放上泥三角或在杯沿上挂三个玻璃钩，再盖上表面皿，加热蒸发。

2.7.2　结晶

1. 蒸发(浓缩)

当溶液很稀而所制备的物质的溶解度又较大时，为了能从中析出该物质的晶体，必须通过加热使水分蒸发、溶液浓缩到一定程度时冷却，方可析出晶体。若物质的溶解度较大时，必须蒸发到溶液表面出现晶膜时才可以停止；若物质的溶解度较小或高温时溶解度较大而室温时溶解度较小，则不必蒸发到液面出现晶膜就可以冷却。蒸发在蒸发皿中进行。蒸发浓缩时视溶质的性质选用直接加热或水浴加热的方法进行。若无机物对热是稳定的，可以用煤气灯直接加热(应先预热)，否则用水浴间接加热。

2. 结晶与重结晶

结晶：析出晶体的颗粒大小与结晶条件有关。如果溶液的浓度较高，溶质在水中的溶解度是随温度下降而显著减小的，冷却得越快，析出的晶体就越细小，否则就得到较大颗粒的结晶。搅拌溶液和静止溶液可以得到不同的效果，前者有利于细小晶体的生成，后者有利于大晶体的生成。若溶液容易发生过饱和现象，可以用搅拌、摩擦器壁或投入几粒小晶体(晶种)等办法，使其形成结晶中心而结晶析出。

重结晶：如果第一次结晶所得物质的纯度不合要求，可进行重结晶。其方法是在加热情况下使纯化的物质溶于一定量的水中，形成饱和溶液，趁热过滤，除去不溶性杂质，然后使滤液冷却，被纯化物质即结晶析出，而杂质则留在母液中，过滤便得到较纯净的物质。若一次重结晶达不到要求，可再次结晶。重结晶是使不纯物质通过重新结晶而获得纯化的过程，它是提纯固体物质常用的重要方法之一，适用于溶解度随温度有显著变化的化合物。

2.7.3　固液分离及沉淀的洗涤

溶液与沉淀的分离方法有三种：倾析法、过滤法、离心分离法。

1. 倾析法

当沉淀的相对密度较大或结晶的颗粒较大，静止后能很快沉降至容器底部时，可用倾析法将沉淀上部的溶液倾入另一容器中而使沉淀与溶液分离，操作如图 2-23 所示。如需洗涤沉淀时，向盛沉淀的容器内加入少量水或洗涤液，将沉淀搅动均匀，待沉淀沉降到容器的底部后，再用倾析法分离。反复操作两三次，即能将沉淀洗净。要把沉淀转移到滤纸上，可先用洗涤液将沉淀搅起，将悬浮液倾倒于滤纸上，这样大部分沉淀就可从烧杯中移走，然后用洗瓶中的水冲下杯壁和玻璃棒上的沉淀，再行转移。

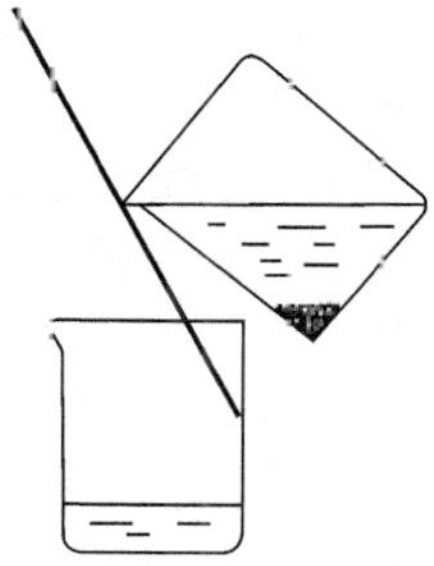

图 2-23　倾析法

2. 过滤法

过滤法是固液分离较常用的方法之一。溶液和沉淀的混合物通过过滤器(如滤纸)时，沉淀留在过滤器上，溶液则通过过滤器，过滤后所得的溶液称为滤液。溶液的黏度、温度、过滤时的压力及沉淀物的性质、状态、过滤器孔径大小都会影响过滤速度。溶液的黏度越大，过滤越慢，热溶液比冷溶液容易过滤，减压过滤比常压过滤快。如果沉淀呈胶体状态时，易穿过一般过滤器(滤纸)，应先设法将胶体破坏(如用加热法)。

常用的过滤方法有常压过滤、减压过滤和热过滤三种。

(1) 常压过滤：使用玻璃漏斗和滤纸进行过滤。滤纸按用途分定性、定量两种；按滤纸的空隙大小，又分“快速”、“中速”、“慢速”三种。

过滤时，把圆形或方形滤纸对折两次成扇形(方形滤纸需剪成扇形)，展开使之呈锥形且恰能与60°的漏斗相密合。如果漏斗的角度大于或小于60°，应适当改变滤纸折成的角度，使之与漏斗相密合。滤纸边缘应略低于漏斗边缘，然后在三层滤纸的那边将外两层撕去一小角，用食指把滤纸按在漏斗内壁上，用少量蒸馏水润湿滤纸，再用玻璃棒轻压滤纸四周，赶走滤纸与漏斗壁间的气泡，使滤纸紧贴在漏斗壁上。过滤时，漏斗要放在漏斗架上，并使漏斗管的末端紧靠接收器内壁。先倾倒溶液，后转移沉淀，转移时应使用玻璃棒，应使玻璃棒接触三层滤纸处，漏斗中的液面应低于滤纸边缘。如果沉淀需要洗涤，应待溶液转移完毕，再将少量洗涤液倒入沉淀上，然后用玻璃棒充分搅动，静止放置一段时间，待沉淀下沉后，将上清液倒入漏斗。洗涤两三遍，最后把沉淀转移到滤纸上。

(2) 减压过滤(简称抽滤)：可缩短过滤时间，并可把沉淀抽得比较干燥，但不适用于胶状沉淀和颗粒太细的沉淀的过滤。利用水泵中急速的水流不断将空气带走，从而使吸滤瓶内的压力减小，在布氏漏斗内的液面与吸滤瓶之间形成压力差，提高了过滤的速度。在连接水泵的橡胶管和吸滤瓶之间安装一个安全瓶，用以防止因关闭水阀或水泵后流速的改变引起自来水倒吸入吸滤瓶而将滤液玷污。在停止过滤时，应先从吸滤瓶上拔掉橡胶管，然后再关闭自来水龙头，以防止自来水倒吸入瓶内。抽滤用的滤纸应比布氏漏斗的内径略小，但又能把瓷孔全部覆盖。将滤纸放入并润湿后，慢慢打开自来水龙头，先稍微抽气使滤纸紧贴，然后用玻璃棒往漏斗内转移溶液，注意加入的溶液不要超过漏斗容积的2/3。开大水龙头，等溶液抽完后再转移沉淀。继续减压抽滤，直至沉淀抽干。滤毕，先拔掉橡胶管，再关水龙头。用玻璃棒轻轻揭起滤纸边缘，取出滤纸和沉淀，滤液则由吸滤瓶的上口倾出。洗涤沉淀时，应关小水龙头或暂停抽滤，加入洗涤剂使其与沉淀充分接触后，再开大水龙头将沉淀抽干。

过滤浓的强酸、强碱和强氧化性溶液时，不能用滤纸，可用石棉纤维来代替，也可用玻璃砂芯漏斗。玻璃砂芯漏斗是玻璃质的，可以根据沉淀颗粒的不同选用不同规格，这种漏斗不适用于强碱性溶液的过滤，因为强碱会腐蚀玻璃。

(3) 热过滤：当溶质的溶解度对温度极为敏感易结晶析出时，可用热滤漏斗过滤(热过滤)。把玻璃漏斗放在金属制成的外套中，底部用橡胶塞连接并密封，夹套内充水至约2/3处，灯焰放在夹套支管处加热。这种热滤漏斗的优点是能够使待滤液一直保持或接近其沸点，尤其适用于滤去热溶液中的脱色炭等细小颗粒的杂质。缺点是过滤速度慢。

3.离心分离法

当被分离的沉淀量很少时，使用一般的方法过滤后，沉淀会沾在滤纸上，难以取下，这时可以用离心分离。实验室内常用电动离心机进行分离。电动离心机使用时，将装试样的离心管放在离心机的套管中，套管底部先垫些棉花。为了使离心机旋转时保持平稳，几个离心管放在对称的位置上，如果只有一个试样，则在对称的位置上放一支离心管，管内装等量的水。放好离心管后，应盖好盖子。电动离心机转速极快，要注意安全。先慢速后加速，停止时应逐步减速，最后任其自行停下，绝不能用手强制停止。离心沉降后，要将沉淀和溶液分离时，左手斜持离心管，右手拿毛细滴管，把毛细滴管伸入离心管，末端恰好进入液面，取出清液。在毛细滴管末端接近沉淀时，要特别小心，以免沉淀也被取出，沉淀和溶液分离后，沉淀表面仍含有少量溶液，必须经过洗涤才能得到纯净的沉淀。为此，往盛沉淀的离心管中加入适量的蒸馏水或洗涤用的溶液，用玻璃棒充分搅拌后，进行离心分离。用毛细滴管将上层清液取出，再用上述方法操作 2～3 遍。

2.8　固体和液体的干燥

干燥是指除去附在固体、气体、或混在液体内的少量水分，也包括除去少量的有机溶剂。

干燥方法大致可分为物理法（不加干燥剂）和化学法（加入干燥剂）两种。物理法如吸收、分馏，近年来还常用离子交换树脂和分子筛来脱水。在实验室常用化学干燥法。

2.8.1　固体的干燥

从重结晶得到的固体有机物常带水分或有机溶剂，应根据化合物的性质选择适当的方法进行干燥。

（1）自然晾干：这是最简便经济的干燥方法。把要干燥的物质先在滤纸上压平，然后在一张滤纸上面薄薄地摊开，用另一张滤纸覆盖起来，在空气中慢慢晾干。

对于遇热易分解或在结晶上附有易燃、易挥发的溶液（乙醚、石油醚、丙酮等）时，应先采用此法干燥。

（2）加热干燥：对于热稳定的固体可以放在烘箱内烘干，加热的温度切忌超过该固体的熔点，以免固体变色和分解。如需要可在真空干燥箱中干燥。

（3）红外线干燥：特点是穿透性强，干燥快。

（4）干燥器干燥：对易吸湿或在较高温度下干燥时会分解或变色的有机物质可用干燥器干燥。干燥器包括普通干燥器、真空干燥器，还可使用干燥枪进行干燥。

常用基准物质的干燥条件与应用见表 2-4。

表 2-4　常用基准物质的干燥条件与应用

名称	分子式	干燥后组成	干燥条件/℃	标定对象
碳酸氢钠	$NaHCO_3$	Na_2CO_3	270～300	酸
碳酸钠	$Na_2CO_3 \cdot 10H_2O$	Na_2CO_3	270～300	酸
草酸	$H_2C_2O_4 \cdot 2H_2O$	$H_2C_2O_4 \cdot 2H_2O$	室温空气干燥	碱或高锰酸钾
邻苯二甲酸氢钾	KHC_8H_4O	$KHC_8H_4O_4$	110～120	碱
重铬酸钾	$K_2Cr_2O_7$	$K_2Cr_2O_7$	120	还原剂
草酸钠	$Na_2C_2O_4$	$Na_2C_2O_4$	105	氧化剂
碳酸钙	$CaCO_3$	$CaCO_3$	110	EDTA
氧化锌	ZnO	ZnO	800	EDTA
氯化钠	NaCl	NaCl	500～550	硝酸银
硝酸银	$AgNO_3$	$AgNO_3$	硫酸干燥器中保存	氯化物

2.8.2　液态有机物干燥

干燥操作一般在干燥的三角烧瓶中进行。干燥剂的用量一般为每 10 mL 液体加干燥剂 0.5～1 g。把按照条件选定的干燥剂投入液体里，塞紧(用钠作干燥剂时例外，此时应插入一个无水氯化钙管，使氢气放空而水气不致进入)，振荡片刻，静置，使所有的水分全被除去。若水分太多，或干燥剂用量太少，致使干燥剂溶解于水时，可将干燥剂滤出，用吸管吸出水层，再加入新的干燥剂。放置一定时间，将液体与干燥剂分离(过滤)，进行蒸馏精制。各类液态有机物的常用干燥剂见表 2-5。

表 2-5　各类液态有机物的常用干燥剂

液态有机物	适用的干燥剂
醚类、烷烃、芳烃	$CaCl_2$、Na、P_2O_5
醇类	K_2CO_3、$MgSO_4$、Na_2SO_4、CaO
醛类	$MgSO_4$、Na_2SO_4
酮类	K_2CO_3、$MgSO_4$、Na_2SO_4
酸类	$MgSO_4$、Na_2SO_4
酯类	K_2CO_3、$MgSO_4$、Na_2SO_4
卤代烃类	$CaCl_2$、$MgSO_4$、Na_2SO_4、P_2O_5
有机碱类(胺类)	NaOH、KOH

2.9　试纸的使用

2.9.1　试纸的种类

试纸包括石蕊试纸、酚酞试纸、pH 试纸、淀粉-碘化钾试纸、醋酸铅试纸。

(1) 石蕊试纸和酚酞试纸：用来定性检验溶液的酸碱性，有红色和蓝色两种。

(2) pH 试纸：包括广泛 pH 试纸和精密 pH 试纸两类，用来检验溶液的 pH。广泛 pH 试纸的变色范围是 pH=1～14，它只能估计溶液的 pH。精密 pH 试纸可以较精确地测定溶液的 pH，根据其变色范围可分为多种，如变色范围为 pH=3.8～5.4，pH=8.2～10 等。根据待测溶液的酸碱性，可以选用某一变色范围的试纸。

(3) 淀粉-碘化钾试纸。用来检验氧化性、还原性气体，如 Cl_2、Br_2 等，当氧化性气体遇到润湿的淀粉-碘化钾试纸后，则将试纸上的 I^- 氧化成 I_2，I_2 立即与试纸上的淀粉作用变成蓝色；当气体的氧化性很强且浓度大时，还可以进一步将 I_2 氧化成 IO_3^-，使试纸的蓝色褪去。使用时须仔细观察试纸颜色的变化，否则会得出错误的结论。

(4) 醋酸铅试纸：用来定性检验硫化氢气体。当含 S^{2-} 的溶液被酸化时，逸出的硫化氢气体遇到润湿的醋酸铅试纸后，即与试纸上的醋酸铅反应，生成褐色的硫化铅沉淀，使试纸呈褐色，并有金属光泽。当溶液中 S^{2-} 浓度较小时，则不易检出。

2.9.2　试纸的使用方法

1. 石蕊试纸、酚酞试纸、pH 试纸

(1) 先将试纸剪成大小合适的小纸条。

(2) 将小纸条放在干燥洁净的表面皿上。

(3) 再用玻璃棒蘸取要检验的溶液，滴在试纸小纸条上。

(4) 然后观察试纸的颜色。切不可将试纸条投入溶液中试验。

2. 醋酸铅试纸、淀粉-碘化钾试纸等用于检验挥发性试剂

(1) 先将试纸剪成大小合适的小纸条。

(2) 将小纸条放在干燥洁净的表面皿上，用蒸馏水润湿。

(3) 悬空放在挥发性试剂的上方，观察试纸颜色变化。

第 3 章　常规简单仪器的使用

3.1　酸度计的使用

酸度计也称 pH 计，是用来测量溶液 pH 的仪器。实验室常用的酸度计有雷磁 25 型、pHs-2C 型等。它们的原理相同，结构略有差异。

3.1.1　pHs-2C 型酸度计的使用

1. 安装

将电源插头小心插到电源插口内，将复合电极的插头插到电极插口内，并夹在电极夹子上。

注意：

(1) 电源为交流电。

(2) 若使用的电极是玻璃电极和甘汞电极，则玻璃电极只能插到电极插口内。甘汞电极(参比电极)引线接在线柱上。

(3) 电极使用前要按要求浸泡数小时。不使用时要注意保护电极头。

2. 校正

(1) 接通电源，指示灯亮。

(2) 用温度计测量被测溶液的温度。

(3) 调节温度补偿器到被测溶液的温度值。

(4) 调节斜率到最大值。

注意：使用前为保持仪器稳定，要预热 15 min 以上。

3. 定位

仪器附有两种标准缓冲溶液(pH 为 4.00、6.81)，可选用一种与被测溶液的 pH 较接近的缓冲溶液对一起进行定位。

步骤：

(1) 向小烧杯内倒入已知 pH 的标准缓冲溶液。

(2) 将洗净的电极插入缓冲溶液中，并轻轻摇动，同时观察读数表上的示数。

(3) 调节定位调节器使示数为缓冲溶液的 pH，并使示数稳定。

(4)将电极上移，移去标准缓冲溶液，用蒸馏水洗净电极头部，并用滤纸将水吸干。

注意：

(1)仪器经校正后，测量时不需调节定位调节器和斜率调节器。

(2)使用电极时，要注意保护电极头部的玻璃珠，不要将其碰到硬物质上。

(3)实验室一般采用两点定位法，即用两种缓冲溶液定位。但要注意：①第一次用 pH≈6.81 的缓冲溶液定位，且将斜率调节器调到最大，再调节定位器，第二次用 pH≈4.00 的缓冲溶液定位时，不调节定位调节器，而调节斜率调节器；②每次使用电极后，要用蒸馏水将电极头部洗净，并用滤纸将水吸干。

4. 测量

(1)放上盛有待测溶液的烧杯，移下已洗净的电极，将烧杯轻轻摇动几下。

(2)观察读数表盘上的示数，待示数稳定后，记下读数，移走溶液，用蒸馏水冲洗电极，将电极保存好。

3.1.2　pHs-25 型酸度计的使用

1. 安装

校正的方法与 pHs-2C 型酸度计相同。

2. 定位(pH-定位法)

(1)用蒸馏水清洗电极，并用滤纸将水吸干，再把电极放入已知 pH 的缓冲溶液中。

(2)将“选择”开关置于所测 pH 标准缓冲溶液的 pH 范围挡，如 pH=4.00、pH=6.81 的缓冲溶液置于“0～7”挡，对 pH=9.20 的缓冲溶液，则置于“7～14”挡。

(3)调节“定位”旋钮，使表盘指针指示缓冲溶液的 pH。

(4)上移电极，移去缓冲溶液，用蒸馏水清洗电极头部，并用滤纸将水吸干。

注意：定好位后不要再动定位调节器。

3. 测量

(1)将已洗净的电极插在待测溶液中，轻轻摇动烧杯。

(2)置“选择”开关于“pH”。

(3)置“选择”开关于被测溶液的可能 pH 范围。

(4)待指针稳定后，记下示数，即为待测溶液的 pH。

3.1.3　注意事项

(1)酸性溶液和碱性溶液应分两台仪器测量。

(2) 电极在测量前要彻底冲洗干净，以免留有残液。

(3) 玻璃球易碎，小心轻放。

(4) 转动各旋钮时不要用力太大。

(5) 测量完毕，洗净电极，罩好仪器。

3.2　天平的使用

3.2.1　分析天平的分类及构造原理

根据天平的构造，可分为机械天平和电子天平。

根据天平的使用目的，可分为通用天平和专用天平。

根据天平的分度值大小，可分为常量天平(0.1 mg)、半微量天平(0.01 mg)、微量天平(0.001 mg)等。根据天平的精度等级，分为四级：

Ⅰ——特种准确度(精细天平)；

Ⅱ——高准确度(精密天平)；

Ⅲ——中等准确度(商用天平)；

Ⅳ——普通准确度(粗糙天平)。

3.2.2　电子天平的基本结构与使用

因机械天平操作繁琐、效率低，而电子天平具有多功能、快速称量等特点，本书主要介绍电子天平的使用。

电子天平是利用电子装置完成电磁力补偿的调节，使物体在重力场中实现力的平衡，或通过电磁力矩的调节，使物体在重力场中实现力矩的平衡。电子天平最基本的功能是自动调零、自动校准、自动扣除空白和自动显示称量结果。

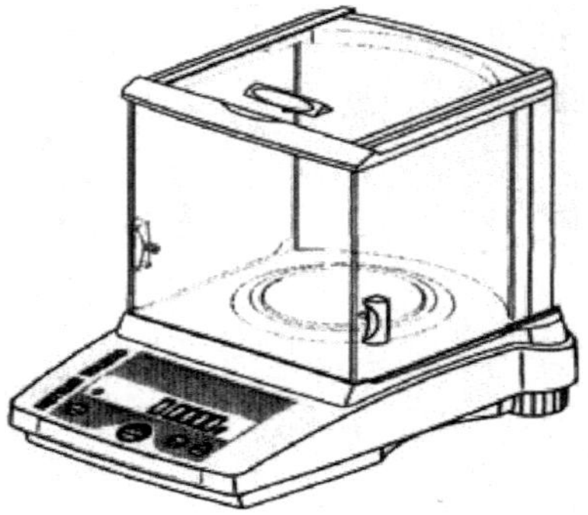

图 3-1　AL204/01 型电子天平

1. 基本结构

电子天平(图 3-1)的结构设计一直在不断改进和提高，向着功能多、平衡快、体积小、质量轻和操作简便的趋势发展。但就其基本结构和称量原理而言，各种型号的都差不多。

2. 电子天平的使用方法

一般情况下，只使用开/关键、去皮/调零键和校准/调整键。使用时的操作步骤如下：

(1) 在使用前观察水平仪是否水平，若不水平，需调整水平调节脚。

(2)接通电源，预热 60 min 后方可开启显示器。

(3)轻按 ON 键，显示屏全亮，出现+08888888% g，约 2 s 后，显示天平的型号，然后是称量模式。

(4)如果显示不正好是 0.0000 g，则需按一下 TAR 键。

(5)将容器(或被称量物)轻轻放在秤盘上，待显示数字稳定并出现质量单位“g”后，即可读数，并记录称量结果。若需清零、去皮重，轻按 TAR 键，显示消隐，随即出现全零状态，容器质量显示值已去除，即为去皮重。可继续在容器中加入药品进行称量，显示为药品的质量，当拿走称量物后，显示容器质量的负值。

(6)称量完毕，取下被称物，按一下 OFF 键(如不久还要称量，可不拔掉电源)，让天平处于待命状态，再次称量时按一下 ON 键就可使用。最后使用完毕，应拔下电源插头，盖上防尘罩。

3.2.3　电子天平的称量方法

采用电子天平称量时，先准确称出称量瓶质量，按去除皮/调零键去皮后，取大致所需质量的待测物于称量瓶中，待天平读数稳定后，用钥匙添加或减少称量物，直到读数稳定后显示的质量达到所需质量为止。

3.3　分光光度计的原理及使用方法

3.3.1　分光光度计分析的原理

分光光度计是利用物质对不同波长的光呈现选择性吸收的现象来进行物质的定性和定量分析。分光光度计根据相对测量原理先设定参比样品(溶剂、蒸馏水、空气等)的透射比为 100%，再测量待测样品的透射比，从而达到分析的目的。测得的透射比与待测样品浓度，在一定范围内符合朗伯-比尔定律：

$$A=\lg(1/T)=Kbc$$

式中，A 为吸光度；T 为透射比，是投射光强度比入射光强度；c 为吸光物质的浓度；b 为吸收层厚度。

物理意义是当一束平行单色光垂直通过某一均匀非散射的吸光物质时，其吸光度 A 与吸光物质的浓度 c 及吸收层厚度 b 成正比。

分光光度计(图 3-2)可供物理学、化学、医学、生物学、药物学、地质学等学科进行科学研究，是广泛应用于化工、药品、生化、冶金、轻工、食品、材料、环保、医学化验等行业及分析行业中最重要的质量控制仪器之一，是常规实验室的必备仪器。

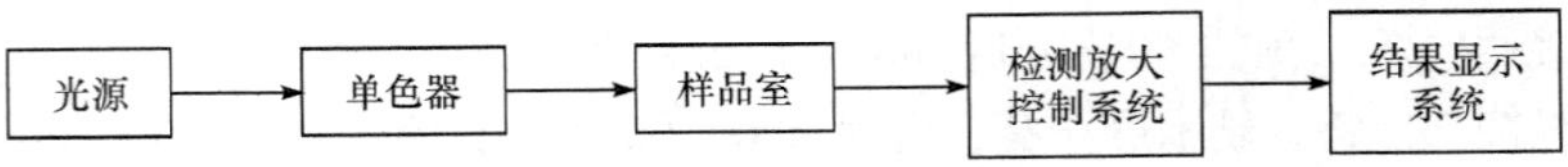

7200型可见分光光度计　　723PC分光光度计　　756PC分光光度计

图 3-2　分光光度计的组成及外观图

3.3.2　分光光度计分析的使用

(1) 开机预热：仪器在使用前应预热 30 min。

(2) 波长调整：转动波长旋钮，并观察波长显示窗，调整至需要的测试波长。

(3) 设置测试模式：按动“功能键”，便可切换测试模式——吸光度方式或透光度方式。

(4) 比色皿的使用：用手拿比色皿应握比色皿的磨砂表面，不应该接触比色皿的透光面，即透光面上不能有手印或溶液痕迹，待测溶液中不能有气泡、悬浮物，否则也将影响样品的测试精度。比色皿在使用完毕后应立即清洗干净。

(5) 调 T 零 (0%T)：在透光度 (T) 模式时，将遮光体 (黑体) 置入样品架，合上样品室盖，并拉动样品架拉杆使其进入光路。然后按动“调 0%T”键，显示器上显示“00.0”或“–00.0”，便完成调 T 零，完成调 T 零后，取出遮光体。

(6) 调 100%T/0A：将参比样品置入样品架，并推拉样品架拉杆使其进入光路。然后按动“调 100%T”键，此时屏幕显示“BL”，延时数秒便显示“100.0”（在 T 模式时）或“–.000”（在 A 模式时），即自动完成调 100%T/0A。调 100%T/0A 时不要打开样品室盖、推拉样品架。

(7) 吸光度测试：①按动“功能键”，切换至透射比测试模式；②调整测试波长；③置入遮光体，合上样品室，并使其进入光路，按动“调 0%T”键调 T 零，此时仪器显示“00.0”或“–00.0”，完成调 T 零后，取出遮光体；④按动“功能键”，切换至吸光度测试模式；⑤置入参比样品，按动“调 100%T”键，此时仪器显示“BL”，延时数秒后便显示“–.000”或“.000”；⑥置入待测样品，读取测试数据。

第二部分

实 验 内 容

第 4 章　无机化学实验

4.1　无机化学实验要求及注意事项

化学是一门以实验为基础的科学。无机化学实验是无机化学课程的重要组成部分，也是学习无机化学的一个重要环节，是高等院校化学教育专业一年级学生必修的基础课程之一。它的主要目的是：通过实验，巩固并加深对无机化学基本概念和基本理论的理解；掌握无机化学实验的基本操作和技能，学会正确地使用基本仪器测量实验数据，正确地处理实验数据和表达实验结果；掌握一些无机物的制备、提纯和检验方法；培养学生独立思考、分析问题、解决问题和创新能力；培养学生实事求是、严谨认真的科学态度，整洁、卫生的良好习惯，为学生继续学好后续课程、今后参加实际工作和开展科学研究打下良好的基础。

4.2　无机化学实验的学习方法

1. 预习

(1)阅读实验教材及参考文献中的有关内容。

(2)明确实验目的和原理。

(3)了解实验的内容、步骤、操作过程和注意事项。

(4)认真写好预习报告。预习报告包括实验目的、实验原理(反应式)、实验步骤和注意事项等。预习报告应简明扼要，不要照抄实验教材。实验前将预习报告交指导教师检查，预习合格者才允许进行实验。

2. 实验

(1)实验过程中要正确认真地操作、细心观察、独立思考，要及时、准确、如实记录实验现象和数据。

(2)保持肃静，遵守规则，注意安全，整洁节约。

(3)实验完毕，洗净仪器，整理药品及实验台。

(4)将实验结果和记录交指导教师查阅，达到要求，且经指导教师同意方能离开实验室。

3. 实验报告

实验结束后，要独立完成实验报告，及时交给指导教师批阅。要严格根据实验记录，对实验现象作出解释，写出有关反应式；或根据实验数据进行处理和计算，得出结论，并对实验中的问题进行讨论。

书写实验报告要求语言简洁明了，文字表达清楚，字迹端正，整齐清洁，否则必须重新完成实验报告。

实验报告应包括以下内容：

(1)实验目的和原理。

(2)实验步骤。尽量采用表格、框图、符号等形式清晰、明了地表示。

(3)实验现象和数据记录。实验现象要表达正确、全面，数据记录完整。

(4)解释、结论或数据计算。根据现象作出简明解释，写出主要反应方程式，分内容作出小结或最后得出结论。若有数据计算，则必须将所依据的公式和主要数据表达清楚，必要时应与文献数据进行比较。

(5)问题讨论。针对实验中遇到的疑难问题，提出自己的见解或收获，也可对实验方法、教学方法、实验内容等提出自己的意见。必要时对存在的问题及失败的原因进行恰当的分析。

实验1　仪器的认领、洗涤及干燥

一、实验目的

(1)认领基础化学实验常用仪器，熟悉其名称、规格与用途，了解使用注意事项。

(2)学习并练习常用玻璃仪器的洗涤和干燥方法。

(3)学习常用仪器及装置图的绘画方法。

二、实验前应思考的问题

(1)各种仪器的规格是如何确定的？

(2)如何配制铬酸洗液？

三、实验用品

(1)仪器：见实验中所列仪器清单。电热恒温干燥箱。

(2)试剂：酒精，铬酸洗液。

(3)材料：火柴，灯芯绳(纱布)。

四、实验内容

(1)仪器的认领：按仪器单逐个认领无机实验室仪器。

(2)仪器的洗涤。

(3)玻璃仪器的干燥(洗涤与干燥的方法见 2.2 节及图 4-1)。

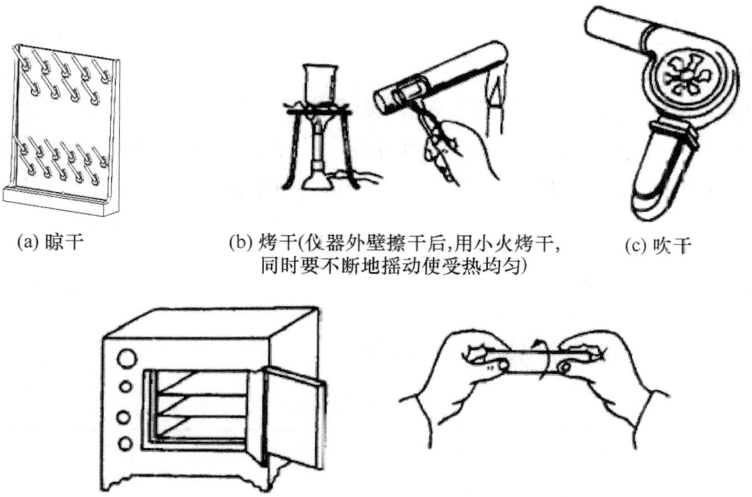

(a) 晾干

(b) 烤干(仪器外壁擦干后,用小火烤干,同时要不断地摇动使受热均匀)

(c) 吹干

(d) 烘干(控温105℃左右)

(e) 快干(有机溶剂法)(先用少量丙酮淋一遍，倒出，然后晾干或吹干，倒出的丙酮应回收)

图 4-1　仪器的干燥方法

五、课堂练习要求

(1)洗刷所领仪器，练习水洗、刷洗、用去污粉洗涤仪器，用铬酸洗液洗涤污染严重的仪器；同学间互相检查仪器是否洗净，选一件交老师检查。

(2)用酒精灯烤干一支洗涤干净的试管及一个烧杯，交老师检查；把洗涤的玻璃仪器存放于实验柜内晾干。

六、实验指导与注意事项

(1)不要未倒废液就注水刷洗，不要几支试管一起刷洗。

(2)凡洗净的仪器绝不能再用布或纸擦拭。

(3)铬酸洗液可反复使用，直至溶液失效变为绿色时不能再用。

(4)带有刻度的计量仪器不能用加热的方法进行干燥，因加热会影响这些仪器的准确度。

七、实验习题

(1)使用酒精灯时要注意什么?

(2)烤干试管时为什么管口要略向下倾斜?

【附注】

1. 实验中学习和应掌握的基本操作

(1)铬酸洗液配制方法：将 25 g 重铬酸钾研细，加入 50 mL 热水溶解，搅拌下缓慢加入 450 mL 浓硫酸，即得暗红色铬酸洗液。切勿将重铬酸钾溶液加到浓硫酸中。

(2)王水配制：取一体积浓硝酸和三体积浓盐酸混合即成。王水不稳定，应现用现配。

2. 仪器清单

表 4-1 为仪器清单，可根据实际情况调整。

表 4-1　仪器清单

名称	规格	数量	名称	规格	数量
烧杯	100 mL	2 个	试管夹	—	1 个
	250 mL	1 个	试管刷	—	1 把
	500 mL	1 个	表面皿	6～8 cm	1 块
试管	1.5 cm×1.5 cm	6 支	蒸发皿	60 mL	1 个
	1.8 cm×1.8 cm	6 支	量筒	10 mL	1 个
硬质试管	30 mL	1 支	酒精灯	—	1 个
离心试管	10 mL	1 支	干燥管	—	1 个
漏斗	6 cm	1 个	研钵	—	1 个
锥形瓶	250 mL	1 个	坩埚	25 mL	1 个
石棉网	—	1 块	坩埚钳	—	1 把

实验 2　酒精喷灯的使用和玻璃管的加工

一、实验目的

(1)了解酒精喷灯的构造、原理，掌握正确的使用方法。

(2)学习玻璃管(棒)的截断、弯曲、拉制和熔烧等基本操作。

(3)练习塞子钻孔、玻璃管装配的基本操作。

(4)完成玻璃棒、滴管的制作。

二、实验前应思考的问题

(1)正常火焰哪一部分温度最高？哪一部分温度最低？各部位温度为何不同？

(2)使用酒精喷灯时要注意哪些安全问题？

三、实验用品

(1)仪器：酒精喷灯(或煤气灯)，捅针，锉刀，钻孔器，三角锉，石棉网，玻璃管，玻璃棒，酒精灯。

(2)试剂：工业酒精。

(3)材料：橡胶头，橡胶塞，橡胶管，火柴。

四、实验内容

(1)观察酒精喷灯的构造，了解其工作原理，练习其点燃、火焰调整及熄灭。

(2)制搅拌棒：截断一支玻璃棒，并熔烧其截断面。

(3)练习玻璃管的截断、熔光，分别弯曲成120°、90°、60°、45°的弯管。

(4)拉制两支小滴管并熔光；拉细玻璃管，在拉细处截断并将口熔光，在粗口一端加热至发软，然后在石棉网上压一下，使管口外卷，冷却后，套上橡胶头即制成两支胶头滴管。

(5)塞子的钻孔：练习塞子钻孔的操作，按老师要求选取一橡胶塞，并钻合适的孔，为后续试验备用。

五、实验习题

(1)玻璃管的加工中各操作的要领和注意事项如何？

(2)怎样在橡胶塞和软木塞上钻孔及安装玻璃导管？

(3)有人说，实验中用小火加热，就是用还原焰加热，因还原焰温度相对较低，这种说法对吗？用还原焰直接加热反应容器会出现什么问题？

【附注】

1. 玻璃管(棒)的简单加工

1)玻璃管(棒)的截断和熔光

将玻璃管(棒)平放在桌面上，左手按住要切割的地方，右手用锉刀的棱边在切割部位用力向前或向后锉一下(要求向一个方向锉，不能来回锉)，锉出一道深的凹痕。锉出的凹痕应与玻璃管(棒)垂直，以能保证截断后的玻璃管(棒)截面是平整的。然后凹痕向外，双手持玻璃管，用两个拇指在切痕背面，轻轻外推折，同时食指和拇指将玻璃管(棒)向外拉，以折断玻璃管(棒)。

切割的玻璃管(棒)其截断面的边缘很锋利，容易割破皮肤、橡胶管或塞子，所以必须放在火焰中熔烧使之平滑，这个操作称为熔光(或圆口)。将刚切割的玻璃管(棒)的一头插入火焰中熔烧，熔烧时角度一般为45°，并不断来回转动玻璃管(棒)，直至管口变成红热平滑为止(图 4-2)。熔烧时，加热时间过长或过短都不好：过短，管(棒)口不平滑；过长，管径会变小。转动不匀会使管口不圆。灼热的玻璃管(棒)应放在石棉网上冷却，切不可直接放在实验台上，以免烧焦台面，也不要用手去摸，以免烫伤。

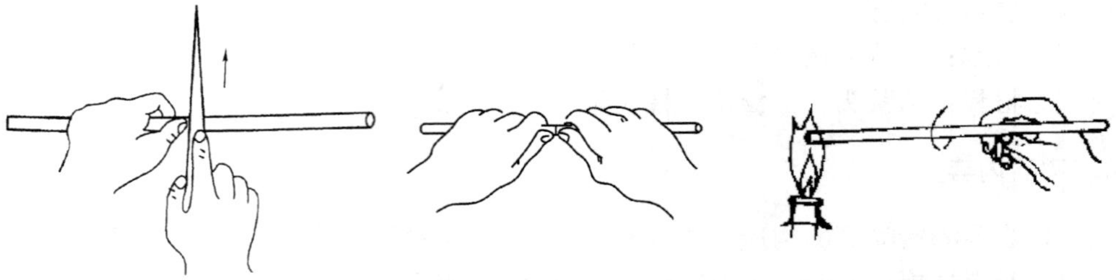

(a) 玻璃管的锉痕　　(b) 玻璃管的截断　　(c) 玻璃管截面的熔光

图 4-2　玻璃管截割和熔光

2) 弯曲玻璃管

第一步烧管，如图 4-3 所示，先将玻璃管用小火预热一下，然后用双手托持玻璃管，把要弯曲的部位斜插入喷灯火焰中，以增大玻璃管的受热面积(也可在喷灯管上罩以鱼尾灯头扩展火焰)，若灯焰较宽，也可将玻璃管平放于火焰中，同时缓慢而均匀地转动玻璃管，使之受热均匀。注意两手用力均等，转速一致，以免玻璃管在火焰中扭曲。稍微向中间渐推，加热至玻璃管发黄变软。

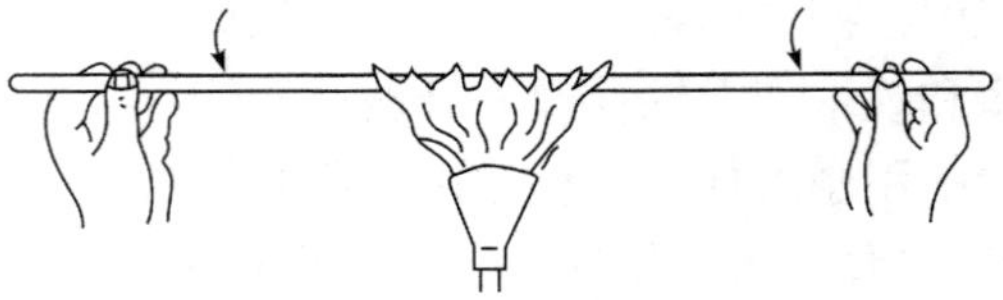

图 4-3　烧管

第二步弯曲玻璃管，可采用弯管吹气法，即将烧好的玻璃管取离火焰，一端封住，从另一端吹气，同时迅速弯管，见图 4-4。

也可采用直接弯曲法，从火焰中取出玻璃管后，稍等一两秒钟，使各部温度均匀，用“V”字形手法弯管：两手在上边，玻璃管的弯曲部分在两手中间的正下方，缓慢而准确地将其弯成所需的角度，见图 4-5。弯好后待玻璃管冷却变硬再撒手，将其放在石棉网上继续冷却。120°以上的角度可一次弯成，角度较小时可以分几次进行弯曲。先弯成一个较大的角度，然后在第一次受热部位稍偏左或稍偏右处进行第二次加热弯曲，如此第三次、第四次加热弯曲，如图 4-5 中的 M 和 N 处，直至弯成所需的角度为止。弯管好坏的比较分析见图 4-6。

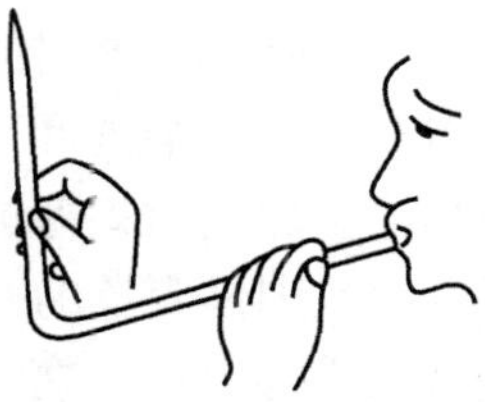

图 4-4　弯管吹气法

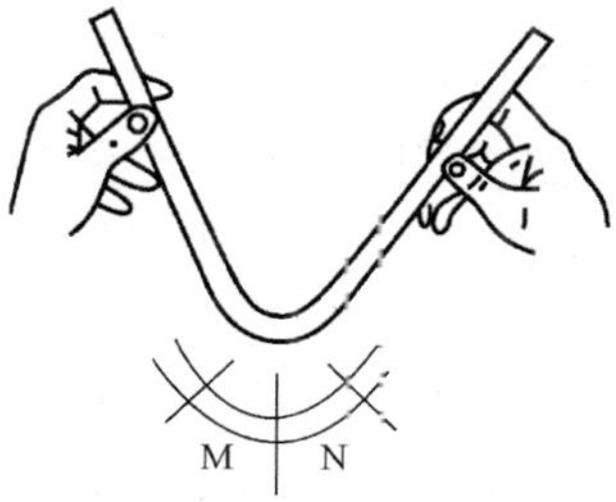

图 4-5　直接弯曲法

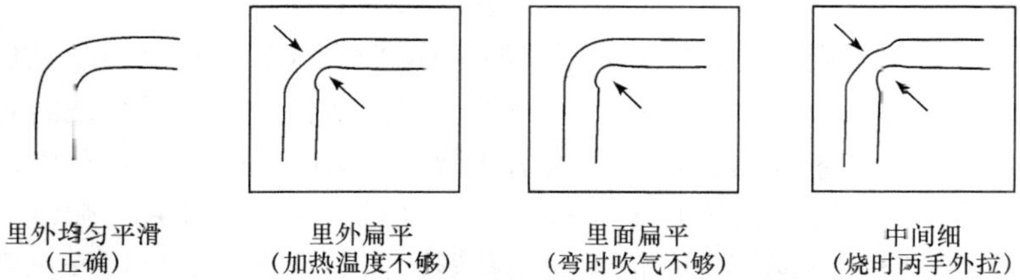

图 4-6　弯管好坏的比较和分析

3）玻璃管（棒）的拉制（制备毛细管和滴管）

第一步烧管，同上，但烧的时间要长一些，玻璃软化程度大一些，受热面积也可小些，烧至红黄变软。

第二步拉管，从火焰中取出玻璃管，两手沿水平方向边拉动边旋转，见图 4-7，拉到所需要的细度时，一手持玻璃管向下垂一会儿。冷却后，按需要截断，成为毛细管或滴管料。

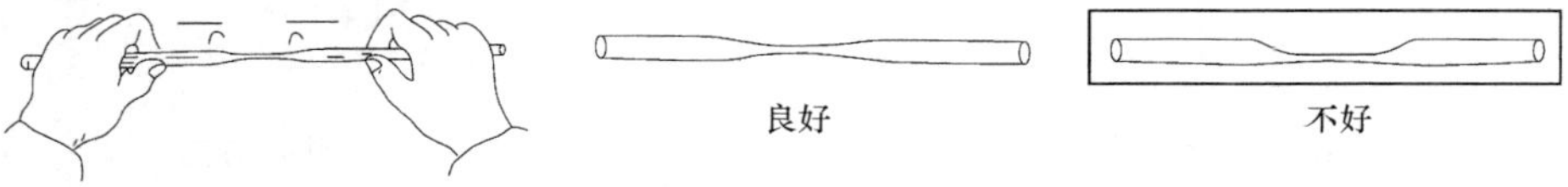

图 4-7　拉管方法和拉管好坏比

第三步扩口，将粗端管口烧至红热后，把金属锉刀柄斜放入管口内并迅速而均匀旋转，见图 4-8，使管口扩开。或者等管口烧至稍软化后，将玻璃管口垂直放在石棉网上，轻轻向下按一下，使管口扩开。冷却后，安上橡胶头即成滴管。

图 4-8　玻璃管扩口

2. 塞子的钻孔与玻璃导管的连接

1）塞子与钻孔器的选择

实验室常用的塞子有软木塞、橡胶塞及玻璃磨口塞。软木塞质地松软，严密性较差，易被酸碱所腐蚀，但不易与有机物作用，故常用于有机物（溶剂）接触的场合。橡胶塞弹性好，可把瓶子塞得很严密，并耐碱侵蚀，但对装有机溶剂和强酸的容器并不适用，故在无机化学实验中常用于盛碱性物质的容器。玻璃磨口塞能把容器塞得紧密，可作为盛装除氢氟酸和碱性物质以外的一切液体或固体容器的塞子。

软木塞和橡胶塞常用于钻孔，以插配温度计和玻璃导管等。选用塞子时，除了要选择材质外，还要根据容器口径大小选择合适大小的塞子。塞子的大小一般以能塞进容器瓶口 1/2～1/3 为宜，塞进过多、过少都是不合适的。

塞子选好后，还需选择口径大小适宜的钻孔器（图 4-9）。它由一组直径不同的金属管组成，一端有柄，另一端的管口很锋利，用来钻孔。另外每组还配有一个带柄的细铁棒（捅条），用来捅出钻孔时进入钻孔器中的橡胶或软木。钻孔前，根据所要插入塞子的管子（或温度计）直径大小来选择钻孔器。因为橡胶塞有弹性，应选择一个比要插入橡胶塞的玻璃管外径稍大的钻孔器，而对软木塞应该选择比要插入管外径稍小的钻孔器，这样可保证导管插入塞子后的严密性。

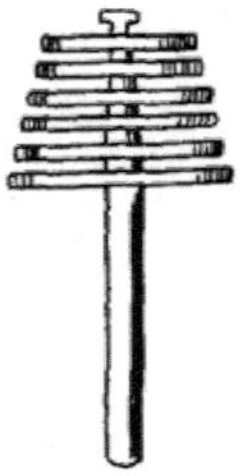

图 4-9　钻孔器

图 4-10　钻孔方法

2）钻孔的方法

钻孔方法见图 4-10，将塞子小的一端朝上，平放在桌面上的一块木板上（避免钻坏桌面），左手持塞，右手握住钻孔器的柄，并在钻孔器前端涂点甘油或水，将钻孔器按在选定的位置上，以顺时针的方向，一面旋转，一面用力向下压、向下转动。钻孔器要垂直于塞子的面，不能左右摆动，更不能倾斜，以免把孔钻斜。钻至深度约达塞子高度一半时，以逆时针的方向旋转并拔出钻孔器。

按同样的方法从塞子大的一端钻孔，注意对准小的那端的孔位，直到两端的圆孔贯穿，也可以从小孔直接钻通到垫板上。

拔出钻孔器，用捅条捅出钻孔器内嵌入的橡胶。

钻孔后，检查孔道是否合用，如果玻璃管可以毫不费力地插入圆塞孔，说明塞孔太大，塞孔和玻璃管之间不够严密，塞子不能使用；若塞孔稍小或不光滑时，可用圆锉适当修整。

软木塞钻孔的方法与橡胶塞相同。但钻孔前，要先用压塞机(图 4-11)把软木塞压紧实一些，以免钻孔时钻裂。

图 4-11　压塞机

3)玻璃导管与塞子的连接

将玻璃导管插入钻好孔的塞子的操作可分解为润湿管口、插入塞孔、旋入塞孔三个步骤。用甘油或水把玻璃管的前端湿润后，用左手拿住塞子，将导管口略插入塞子(或用布包住玻璃管)，然后手握玻璃管的前半部，把玻璃管插入并慢慢旋入塞孔内合适的位置。如果用力过猛或者手离橡胶塞太远，都可能把玻璃管折断，刺伤手掌，务必注意。温度计插入塞孔的操作方法与上述一样，但开始插入时要特别小心，以防温度计的水银球破裂。

实验 3　溶液的配制

一、实验目的

掌握一般溶液的配制方法和基本操作。熟悉粗配溶液和精确配制溶液的仪器。学习并练习移液管、容量瓶的正确使用方法。巩固天平称量操作，练习减量法称量并配制标准草酸溶液。

二、实验前应思考的问题

(1)稀释浓硫酸应如何操作？为什么？

(2)用容量瓶配溶液时，要不要先把容量瓶干燥？要不要用被稀释溶液洗三遍？为什么？

(3)用容量瓶稀释溶液时，能否用量筒取浓溶液？

(4)用移液管移取液体前，为什么要用被取液洗涤？

三、实验用品

(1)仪器：台秤，分析天平，烧杯，量筒，25 mL 移液管，50 mL、250 mL 容量瓶，5 mL 吸量管，洗耳球，称量瓶，试剂瓶。

(2)固体试剂：$CuSO_4 \cdot 5H_2O$，$H_2C_2O_4 \cdot 2H_2O$。

(3)液体试剂：H_2SO_4(浓)，HAc(2.000 mol/L)。

四、实验内容

1. 一般溶液的配制

(1)由硫酸铜晶体($CuSO_4 \cdot 5H_2O$)配制 25 mL 0.5 mol/L 的硫酸铜溶液。

先算出配制 25 mL 0.5 mol/L 的硫酸铜溶液所需要的 $CuSO_4 \cdot 5H_2O$。用台秤称取所需的 $CuSO_4 \cdot 5H_2O$ 固体，放在烧杯中，再用量筒量取所需蒸馏水加到烧杯中，搅拌使之溶解，即得 25 mL 0.5 mol/L 的硫酸铜溶液。配好后的溶液倒入回收瓶中，备用。

(2)配制 50 mL 6 mol/L 的硫酸溶液。

先计算出所需浓 H_2SO_4(相对密度 1.84，浓度 98%)和水的用量，用量筒将所需蒸馏水的大部分加到烧杯中，再用小量筒量取所需的浓 H_2SO_4，然后将浓 H_2SO_4 缓慢加到水中，边加边搅拌，再用剩余的水分次洗涤量筒，一并倒入烧杯中。冷却后，将配成的溶液倒入量筒中(观察混合后体积发生的变化)，然后用滴管加水至 50 mL 刻度即成。将溶液倒入回收瓶，备用。

2. 准确浓度溶液的配制

(1)准确配制 250 mL 0.1000 mol/L 草酸溶液。

用减量法准确称取一定量 $H_2C_2O_4 \cdot 2H_2O$(分析纯)试样于 100 mL 烧杯中，用适量蒸馏水溶解后，按基本操作所述将草酸定量转入 250 mL 容量瓶中，最后用滴管缓慢滴加蒸馏水至刻线，摇匀，后倒入试剂瓶中(有什么要求)。计算该标准溶液的浓度，贴好标签备用。

(2)用稀释法配制 0.2000 mol/L HAc 溶液。

用移液管吸取已知浓度的 2.00 mol/L HAc 溶液 25 mL，放入 250 mL 的容量瓶中，用蒸馏水稀释至刻度，插匀后倒入试剂瓶中，贴好标签备用。

五、实验习题

(1)某同学在配制溶液时，用分析天平称取了硫酸铜晶体的质量，用量筒取水配成溶液，此操作对否？为什么？

(2)如果使用了已失去部分结晶水的草酸晶体配制草酸溶液，是否会影响该溶液浓度的准确度？为什么？

(3) 能否直接用氢氧化钠固体、浓盐酸分别配制准确浓度的溶液？为什么？

实验 4　二氧化碳相对分子质量的测定

一、实验目的

了解利用气体相对密度法测定二氧化碳相对分子质量的原理和方法。练习启普发生器的使用，掌握制备、净化和收集二氧化碳气体的操作。进一步熟悉分析天平的称量操作和气压计的使用。

二、实验原理

根据阿伏伽德罗定律，在同温同压下，同体积的任何气体含有相同数目的分子。

对于 p、V、T 相同的 A、B 两种气体，若以 m_A、m_B 分别代表 A、B 两种气体的质量，M_A、M_B 分别代表 A、B 两种气体的相对分子质量，其理想气体状态方程式分别为

气体 A：
$$pV=\frac{m_A}{M_A}RT \tag{4-1}$$

气体 B：
$$pV=\frac{m_B}{M_B}RT \tag{4-2}$$

由式(2-1)和式(2-2)整理得

$$\frac{m_A}{m_B}=\frac{M_A}{M_B} \tag{4-3}$$

于是得出结论，同温同压下，同体积的两种气体的质量之比等于其相对分子质量之比。

因此，在同温同压下只要测定相同体积的两种气体的质量，其中一种气体的相对分子质量为已知时，即可求另一种气体的相对分子质量。本实验是把同体积的二氧化碳与空气(其平均相对分子质量为 29.0)的质量相比，二氧化碳的相对分子质量可根据下式计算：

$$M_{CO_2}=\frac{m_{CO_2}}{m_{空气}}\times 29.0$$

式中，29.0 为空气的平均相对分子质量；$m_{空气}$、m_{CO_2} 分别为测得的空气和二氧化碳的质量。

其中体积为 V 的二氧化碳质量 m_{CO_2} 可直接从分析天平上读出。同体积空气的质量可根据实验时测得的大气压和温度，利用理想气体状态方程式计算得到。

三、实验前应思考的问题

(1)用什么方法可以证明锥形瓶中的空气已完全被二氧化碳所代替?

(2)用启普发生器制取CO_2时,为什么产生的气体要通过$CuSO_4$溶液和$NaHCO_3$溶液?

(3)使用启普发生器有哪些注意事项?

四、实验用品

(1)仪器:分析天平,启普发生器,台秤,洗气瓶,锥形瓶(200 mL)。

(2)固体试剂:大理石(块),无水$CaCl_2$。

(3)液体试剂:6 mol/L HCl,1 mol/L $NaHCO_3$,1 mol/L $CuSO_4$。

(4)材料:玻璃棉,玻璃导管,橡胶塞,胶管,橡皮筋。

五、实验内容

(1)按图 4-12 装好气体的发生、净化和收集装置。打开启普发生器的旋塞,使反应开始,持续 5 min 以赶出仪器中的空气,然后关闭旋塞备用。注意:两个洗气瓶中的溶液以浸过导气管口 1～1.5 cm 为宜,否则压力太大会使启普发生器停止反应。

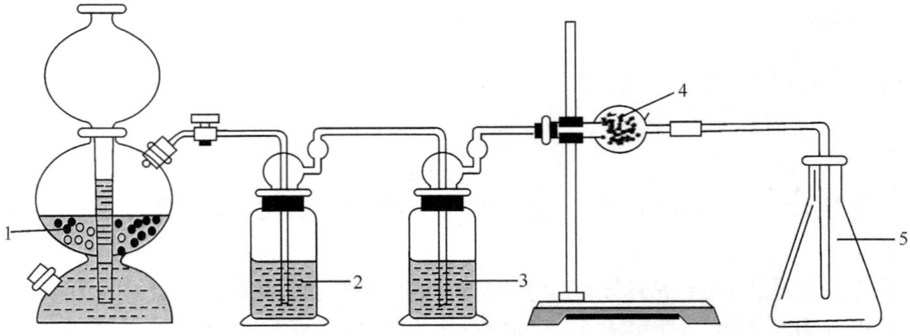

图 4-12 CO_2气体的发生、净化和收集装置

1. 大理石+稀盐酸;2. $CuSO_4$溶液;3. $NaHCO_3$溶液;4. 无水$CaCl_2$;5. 锥形瓶

(2)取一个洁净、干燥的 100 mL 锥形瓶,选合适的塞子塞紧,用圆珠笔在锥形瓶口上沿与塞子接触部位画一条线,以标记塞子的位置,每次操作都塞到这一位置。注意,在此后的操作中不要用手直接触摸锥形瓶,应垫上洁净的纸片再拿锥形瓶。

(3)在分析天平上准确称量“锥形瓶+塞子+空气”的质量之和 m_1,称准到第四位小数。

(4)将锥形瓶的塞子放在一干净的纸片上。把导气管插入锥形瓶底部,打开启普发生器的旋塞,收集CO_2气体 1～2 min。注意,CO_2的流速不宜过小,若气流不足,通气时间过长，反而不易装满二氧化碳。产生 CO_2 的速度与使用的 $CaCO_3$ 有关，实验前要检验 CO_2 的生成速度。然后缓慢取出导气管，用原塞子塞紧瓶口(注意：应与原来塞入瓶口的位置相同)。在分析天平上称量“锥形瓶+塞子+CO_2”的质量 m_2。

(5) 重复(4)的操作，直至两次称量值相差不大于 1 mg。

(6) 向锥形瓶中注满水，然后将瓶塞塞入至原来位置(必要时将一细金属丝放入瓶口，按压橡胶塞放出多余的水后再抽出金属丝。切勿直接用力按压，以防将锥形瓶压碎)，用吸水纸擦干锥形瓶外各处的水，在台秤上称其质量 m_3。

六、数据记录与结果处理

将实验结果记录在表 4-2 中。

表 4-2 实验数据

项目	数据
室温 t/℃	
大气压 p/Pa	
(锥形瓶+塞子+空气)的质量 m_1/g	
第一次(锥形瓶+塞子+CO_2)的质量 m_2/g	
第二次(锥形瓶+塞子+CO_2)的质量 m_2/g	
(锥形瓶+塞子+水)的质量 m_3/g	
锥形瓶的体积 $V=[(m_3-m_1)/1.00]$/mL	
锥形瓶内空气的质量 $m_{空气}$/g	
CO_2 气体的质量 m_{CO_2} /g	
CO_2 的相对分子质量 M_{CO_2}	
相对误差/%	

七、实验习题

(1) 为什么装满二氧化碳的锥形瓶和软木塞的质量要在分析天平上称量，而装满水的锥形瓶和软木塞的质量可以在台秤上称量？

(2) 为什么在计算锥形瓶体积时不考虑空气的质量，而在计算二氧化碳质量时却要考虑空气的质量？

(3) 下列因素对实验结果有何影响？

①锥形瓶中空气未完全被 CO_2 赶净；②盛 CO_2 的锥形瓶的塞子位置不固定；③启普发生器制备出的 CO_2 净化不彻底。

实验 5　硫酸铜结晶水的测定

一、实验目的

了解结晶水合物中结晶水含量的测定原理和方法。进一步练习分析天平的使用，学习和掌握研钵、干燥器等仪器的使用和沙浴加热、恒量等基本操作。

二、实验原理

当五水硫酸铜晶体受热时，在不同的温度下，按下列反应逐步脱水：

$$CuSO_4 \cdot 5H_2O \longrightarrow CuSO_4 \cdot 3H_2O + 2H_2O\ (48\ ℃)$$

$$CuSO_4 \cdot 3H_2O \longrightarrow CuSO_4 \cdot H_2O + 2H_2O\ (99\ ℃)$$

$$CuSO_4 \cdot H_2O \longrightarrow CuSO_4 + H_2O\ (218\ ℃)$$

很多含有结晶水的离子型盐加热到一定温度会发生上述反应。测定加热不分解的结晶水合物中的结晶水，可将一定量的结晶水合物(不含吸附水)置于已灼烧至恒量的坩埚中，加热至较高温度(以不超过被测定物质的分解温度为限)脱水。然后把坩埚移入干燥器中，冷却至室温，再取出用分析天平称量。由结晶水合物经高温加热后的失重值可计算出该物质所含结晶水的质量分数，以及每摩尔该盐所含结晶水的物质的量，从而确定出结晶水合物的化学式。由于压力、物质的粒度和升温速率不同，有时得到的脱水温度及脱水过程也不一致。

三、实验前应思考的问题

(1) 在水合硫酸铜结晶水的测定中，为什么要用沙浴加热并控制温度在 280 ℃左右?

(2) 加热后的坩埚能否未经冷却至室温就去称量? 加热后的坩埚为什么要放在干燥器内冷却?

(3) 为什么要进行重复的灼烧操作? 什么是恒量? 其作用是什么?

四、实验用品

(1) 仪器：坩埚，坩埚钳，泥三角，干燥器，铁架台，铁圈，温度计(300 ℃)，沙浴盘，酒精喷灯，分析天平。

(2) 试剂：$CuSO_4 \cdot 5H_2O$。

五、基本操作

干燥器的使用。

六、实验内容

1. 恒量坩埚

将一洁净的坩埚置于泥三角上，小火烘干后，用氧化焰灼烧至红热。稍冷后用干净的坩埚钳将其移入干燥器中，冷却至室温。注意：热坩埚放入干燥器后，一定要在短时间内将干燥器盖子打开一两次，以免内部压力降低，难以打开盖子。取出坩埚，用分析天平称量。重复加热至脱水温度以上，冷却、称量，直至恒量。

2. 五水合硫酸铜脱水

(1) 在已恒量的坩埚内加入 1.0～1.2 g 的五水合硫酸铜晶体，铺成均匀的一层，再在天平上准确称量坩埚及五水合硫酸铜的总量，减去已恒量坩埚的质量，即为五水合硫酸铜的质量。

(2) 将装有五水合硫酸铜的坩埚置于沙浴盘中。将四分之三体积的坩埚埋入沙内，在靠近坩埚的沙浴内插入一支温度计(300 ℃)，温度计末端应与坩埚底部基本处于同一水平。加热沙浴至约 210 ℃，然后缓慢升温至 280 ℃左右，控制沙浴温度在 260～280 ℃。也可直接加热，但要缓慢升温。当坩埚内的蓝色粉末接近完全变白时，要使火焰减小，必要时可移开火焰。当晶体完全变为白色时，停止加热。用坩埚钳将坩埚移入干燥器内，冷却至室温。将坩埚外壁用滤纸擦干净后，在天平上称量坩埚和脱水硫酸铜的总质量。计算硫酸铜的质量。重复加热，冷却、称量，直至达到恒量(两次称量之差小于 1 mg)。实验后将硫酸铜倒入回收瓶中。

七、数据记录与结果处理

表 4-3　实验记录与处理

坩埚质量/g			(坩埚+五水合硫酸铜质量)/g	(加热后坩埚+五水合硫酸铜质量)/g		
第一次称量	第二次称量	平均值		第一次称量	第二次称量	平均值

$CuSO_4 \cdot 5H_2O$ 的质量 m_1__________。

$CuSO_4 \cdot 5H_2O$ 的物质的量 $n_1=m_1/(249.7\ g/mol)$__________

$CuSO_4$ 的质量 m_2__________

$CuSO_4$ 的物质的量 $n_2=m_2/(159.6\ g/mol)$__________

结晶水的质量 m_3__________g。

结晶水的物质的量 $n_3=m_3/(18.0\ g/mol)$__________

每摩尔 $CuSO_4$ 的结合水__________

水合硫酸铜的化学式__________

八、实验习题

对误差产生的原因进行分析。

实验 6　粗食盐的提纯

一、实验目的

(1) 通过沉淀反应，了解提纯氯化钠的原理。

(2) 练习台秤和电加热套的使用方法。

(3) 掌握溶解、减压过滤、蒸发浓缩、结晶、干燥等基本操作。

二、实验原理

粗食盐中含有不溶性杂质(如泥沙等)和可溶性杂质(主要是 Ca^{2+}、Mg^{2+}、K^+和 SO_4^{2-})。

不溶性杂质可用溶解和过滤的方法除去。

可溶性杂质可用下列方法除去，在粗食盐中加入稍微过量的 $BaCl_2$ 溶液时，即可将 SO_4^{2-}转化为难溶解的 $BaSO_4$ 沉淀而除去。

$$Ba^{2+}+SO_4^{2-} = BaSO_4\downarrow$$

将溶液过滤，除去 $BaSO_4$ 沉淀，再加入 NaOH 和 Na_2CO_3 溶液，由于发生下列反应：

$$Mg^{2+}+2OH^- = Mg(OH)_2\downarrow$$

$$Ca^{2+}+CO_3^{2-} = CaCO_3\downarrow$$

$$Ba^{2+}+CO_3^{2-} = BaCO_3\downarrow$$

食盐溶液中杂质 Mg^{2+}、Ca^{2+}及沉淀 SO_4^{2-}时加入的过量 Ba^{2+}便相应转化为难溶的 $Mg(OH)_2$、$CaCO_3$、$BaCO_3$ 沉淀，再通过过滤的方法即可除去。

过量的 NaOH 和 Na_2CO_3 可以用盐酸中和除去。

少量可溶性杂质(如 KCl)由于含量很少，在蒸发浓缩和结晶过程中仍留在溶液中，不会和 NaCl 同时结晶出来。

三、实验前应思考的问题

(1) 怎样除去粗食盐中不溶性的杂质？

(2) 试述除去粗食盐中杂质 Mg^{2+}、Ca^{2+}、K^+和 SO_4^{2-}等离子的方法，并写出有关反应方程式。

(3) 试述除去过量的沉淀剂 $BaCl_2$、NaOH 和 Na_2CO_3 的方法。

(4) 在除去过量的沉淀剂 NaOH、Na_2CO_3 时，需用 HCl 调节溶液呈微酸性 (pH≈6)，为什么？若酸度或碱度过大，有何影响？

(5) 怎样检验提纯后的食盐纯度？

四、实验用品

(1) 仪器：台秤，烧杯，玻璃棒，量筒，布氏漏斗，吸滤瓶，循环水真空泵，蒸发皿，试管。

(2) 药品：2 mol/L HCl，2 mol/L NaOH，1 mol/L BaCl，1 mol/L Na_2CO_3，0.5 mol/L $(NH_4)_2C_2O_4$，粗食盐，镁试剂，pH 试纸，滤纸。

五、实验内容

1. 粗食盐的提纯

(1) 在台秤上称取 5.0 g 研细的粗食盐，放入小烧杯中，加约 20 mL 蒸馏水，用玻璃棒搅拌，并加热使其溶解，至溶液沸腾时，在搅动下一滴一滴加入 1 mol/L $BaCl_2$ 溶液至沉淀完全(约 2 mL)，继续加热，使 $BaSO_4$ 颗粒长大而易于沉淀和过滤。为了试验沉淀是否完全，可将烧杯从热源上取下，待沉淀沉降后，在上层清液中加入 1～2 滴 $BaCl_2$ 溶液，观察澄清液中是否还有混浊现象。如果无混浊现象，说明 SO_4^{2-} 已完全沉淀，如果仍有混浊现象，则需继续滴加 $BaCl_2$，直至上层清液在加入一滴 $BaCl_2$ 后，不再产生混浊现象为止。沉淀完全后，继续加热至沸，以使沉淀颗粒长大而易于沉降。减压抽滤，滤液移至干净的烧杯中。

(2) 在滤液中加入 1 mL 2 mol/L NaOH 和 3 mL 1 mol/L Na_2CO_3，加热至沸，待沉淀沉降后，在上层清液中滴加 1 mol/L Na_2CO_3 溶液至不再产生沉淀为止，减压抽滤，滤液移至干净的蒸发皿中。

(3) 在滤液中逐滴加入 2 mol/L HCl，并用玻璃棒蘸取滤液在 pH 试纸上试验，直至溶液呈微酸性为止(pH≈6)。为什么？

(4) 用水浴加热蒸发皿进行蒸发，浓缩至稀粥状的稠液为止，但切不可将溶液蒸发至干(注意防止蒸发皿破裂)。

(5) 冷却后，将晶体减压抽滤、吸干，将结晶放在蒸发皿中，在石棉网上用小火加热干燥。

(6) 称量产品的质量，并计算其产率。

2. 产品纯度的检验

取少量(约 1 g)提纯前和提纯后的食盐分别用 5 mL 蒸馏水加热溶解，然后各盛于三支试管中，组成三组，对照检验它们的纯度。

(1) SO_4^{2-}的检验：在第一组溶液中分别加入2滴1 mol/L $BaCl_2$溶液，比较沉淀产生的情况，在提纯的食盐溶液中应该无沉淀产生。

(2) Ca^{2+}的检验：在第二组溶液中，各加入2滴0.5 mol/L $(NH_4)_2C_2O_4$溶液，在提纯的食盐溶液中无白色难溶的CaC_2O_4沉淀产生。

(3) Mg^{2+}的检验：在第三组溶液中，各加入2～3滴1 mol/L NaOH溶液，使溶液呈碱性(用pH试纸试验)，再各加入2～3滴镁试剂，在提纯的食盐中应无天蓝色沉淀产生。

镁试剂是一种有机染料，在酸性溶液中呈黄色，在碱性溶液中呈红色或紫色，但被$Mg(OH)_2$沉淀吸附后则呈天蓝色，因此可以用来检验Mg^{2+}的存在。

六、实验习题

分析本实验产率过高或过低的原因。

实验7　硝酸钾的制备与提纯

一、实验目的

(1) 学习利用不同温度下溶解度的差别及复分解反应制备无机盐类的一般原理和步骤。

(2) 初步掌握重结晶提纯法的原理和操作。

(3) 掌握根据物质的溶解度进行的有关计算。

二、实验原理

本实验是用复分解法来制备硝酸钾晶体，其反应为：

$$NaNO_3 + KCl \rightleftharpoons NaCl + KNO_3$$

该反应是可逆的。根据氯化钠的溶解度随温度变化不大，氯化钾、硝酸钾和硝酸钠在高温时具有较大或很大的溶解度而温度降低时溶解度明显减小(如氯化钾、硝酸钠)或急剧下降(如硝酸钾)的这种差别，将一定浓度的硝酸钠和氯化钾混合液加热浓缩，当温度达118～120 ℃时，由于硝酸钾溶解度增加很多，它达不到饱和，不析出，而氯化钠的溶解度增加很少，随浓缩、溶剂水的减少，氯化钠析出。通过热过滤除去氯化钠，将此溶液冷却至室温，即有大量硝酸钾析出，氯化钠仅有少量析出，从而得到硝酸钾粗产品。再经过重结晶提纯，得到纯品。

几种盐的溶解度见表4-4。

表 4-4　几种盐的溶解度(g/100 g H_2O)

盐 \ t/℃	0	10	20	30	40	60	80	100
KNO_3	13.3	20.9	31.6	45.8	63.9	110.0	169	246
KCl	27.6	31.0	34.0	37.0	40.0	45.5	51.1	56.7
$NaNO_3$	73	80	88	96	104	124	148	180
NaCl	35.7	35.8	36.0	36.3	36.6	37.3	38.4	39.8

三、实验前应思考的问题

(1)用本实验方法制得的产品主要杂质是什么？怎样提纯？

(2)本实验成败的关键在何处？应采取哪些措施才能保证实验成功？

(3)何谓重结晶？本实验涉及哪些基本操作？

(4)制备硝酸钾晶体时，为什么要把溶液进行加热和过滤？

四、实验用品

(1)仪器：烧杯，量筒，台秤，表面皿，酒精灯，石棉网，三脚架，漏斗，循环水泵，吸滤瓶，热滤漏斗，布氏漏斗，试管，药匙。

(2)固体试剂：硝酸钠，氯化钾。

(3)液体试剂：KNO_3(2 mol/L)，$AgNO_3$(0.1 mol/L)。

(4)材料：滤纸，冰。

五、实验内容

1. 硝酸钾的制备

(1)称取 22.0 g $NaNO_3$ 和 15.0 g KCl 放入一硬质试管中，加入 30 mL 蒸馏水，加热至沸，使固体溶解，记下试管中液面的位置。将试管置于甘油中加热。控制油浴温度在 140～180 ℃。

(2)继续加热并不断搅动溶液，NaCl 逐渐析出，当体积减小到约为原来的 2/3 时，趁热用热滤漏斗(漏斗颈须短)过滤或减压过滤(动作要快)。滤液转移至小烧杯中，自然冷却，很快即有晶体析出。

(3)将滤液冷至室温后再用冰-水浴冷却至 10 ℃以下，用减压过滤法将 KNO_3 晶体尽量抽干。然后把晶体转移到已称量的表面皿中，晾干后称量。计算 KNO_3 粗产品的产率。

2. 用重结晶法提纯硝酸钾

除保留少量(0.2 g)粗产品供纯度检验外，其他均放入小烧杯中，按粗产品：水=2：1(质量比)的比例加入蒸馏水。然后用小火加热，搅拌，待晶体全部溶解后停止加热(若溶液沸腾时晶体还未全部溶解，可再加极少量蒸馏水使其溶解)。将滤液冷至室温后，再用冰-水浴冷却至 10 ℃以下，待大量晶体析出后抽滤，将晶体放在表面皿上晾干，称量，计算产率。

3. 产品纯度检验

分别取 0.2 g 粗产品和重结晶得到的产品放入两支小试管中，各加入 4 mL 蒸馏水使其溶解，然后分别加入 2 滴 2 mol/L 的 KNO_3，再加 2 滴 0.1 mol/L $AgNO_3$ 溶液，观察现象，进行对比。

六、实验习题

(1) 根据溶解度计算本实验中应有多少氯化钠和硝酸钾晶体析出(不考虑其他盐对溶解度的影响)?

(2) 如所用的氯化钾或硝酸钠超过化学计算量，结果怎样?

(3) 今有 20 份硝酸钾和 12 份氯化钠的混合物，试设计一个实验步骤，以便把它们分开。

(4) 总结以前学过的从溶液中分离出晶体的操作方法，一共有几种? 它们各适合在什么条件下使用?

【附注】

化学试剂硝酸钾的杂质最高含量见表 4-5(指标以%计，依据 GB/T 647—2011)。

表 4-5 化学试剂硝酸钾的杂质最高含量

名称	优级纯	分析纯	化学纯
含量(KNO_3)，w/%	≥99.0	≥99.0	≥98.5
pH(50 g/L，25℃)	5.0～8.0	5.0～8.0	5.0～8.0
澄清度试验/号	≥2	≥3	≥5
水不溶物，w/%	≤0.002	≤0.004	≤0.006
总氯量(以 Cl 计)，w/%	≤0.0015	≤0.003	≤0.005
碘酸盐(IO_3)，w/%	≤0.0005	≤0.0005	≤0.002
硫酸盐(SO_4)，w/%	≤0.002	≤0.003	≤0.01
亚硝酸盐(NO_2)，w/%	≤0.001	≤0.001	≤0.002
铵(NH_4)，w/%	≤0.001	≤0.001	≤0.005
磷酸盐(PO_4)，w/%	≤0.0005	≤0.0005	≤0.001
钠(Na)，w/%	≤0.02	≤0.02	≤0.05
镁(Mg)，w/%	≤0.001	≤0.002	≤0.004
钙(Ca)，w/%	≤0.001	≤0.004	≤0.006
铁(Fe)，w/%	≤0.0001	≤0.0002	≤0.0005
重金属(以 Pb 计)，w/%	≤0.0003	≤0.0005	≤0.001

实验 8 高锰酸钾的制备

一、实验目的

(1) 了解碱溶法分解矿石的原理和操作方法。

(2) 掌握锰的各种价态之间的转化关系。

二、实验原理

MnO_2 与碱混合并在空气中共熔，便可制得墨绿色的高锰酸钾熔体：

$$2MnO_2+4KOH-O_2 \longrightarrow 2K_2MnO_4+2H_2O$$

本实验以 $KClO_3$ 作氧化剂，其反应式为

$$3MnO_2+6KOH+KClO_3 \longrightarrow 3K_2MnO_4+KCl+3H_2O$$

锰酸钾溶于水并可在水溶液中发生歧化反应，生成高锰酸钾：

$$3MnO_4^{2-}+2H_2O \longrightarrow MnO_2+2MnO_4^-+4OH^-$$

从上式可知，为了使歧化反应顺利进行，必须随时中和所生成的 OH^-，常用方法是通入 CO_2：

$$3MnO_4^{2-}+2CO_2 \longrightarrow 2MnO_4^-+MnO_2+2CO_3^{2-}$$

但是这个方法在最理想的条件下，也只能使 K_2MnO_4 的转化率达 66%，尚有三分之一又变回为 MnO_2。

三、实验前应思考的问题

(1) 制备锰酸钾时用铁坩埚，为什么不用瓷坩埚？

(2) 实验时，为什么使用铁棒而不使用玻璃棒搅拌？

四、实验步骤

1. 锰酸钾溶液的制备

将 3 g 固体氯酸钾和 7 g 固体氢氧化钾放于 60 cm^3 铁坩埚中，混合均匀，小心加热。待混合物熔融后，一边用铁棒搅拌，一边把 4 g 二氧化锰粉缓慢分多次加进去。随后熔融物的黏度逐渐增大，这时应大力搅拌，以防结块。待反应物干涸后，提高温度，强热 5 min(此时仍要适当翻动)。

待熔融物冷却后，从坩埚中取出，在研钵中研细后连同铁坩埚都放入 250 mL 烧杯中，然后加入约 100 mL 去离子水浸取，浸取过程中不断搅拌，并加热以加速其溶解，用坩埚钳取出坩埚。将浸取液进行减压过滤，得锰酸钾溶液。

2. 锰酸钾转化为高锰酸钾

将上述所得墨绿色溶液趁热通入二氧化碳，直至全部锰酸钾转化为高锰酸钾和二氧化锰为止(可用玻璃棒蘸一些溶液滴在滤纸上，如果只显紫色而无绿色痕迹，即可认为转化完毕)。然后用玻璃砂漏斗抽滤，弃去二氧化锰残渣。溶液转入瓷蒸发皿中，浓缩至表面析出高锰酸钾晶体，冷却，抽滤至干。晶体放在表面皿上，放入烘箱(温度 80℃)烘干。

3. 纯度分析

实验室备有下列药品：基准物质草酸($H_2C_2O_4$)、硫酸。设计分析方案，确定所制备的高锰酸钾的含量。

五、思考题

(1) 总结启普发生器的构造和使用方法。
(2) 为了使 K_2MnO_4 发生歧化反应，能否用 HCl 代替 CO_2？为什么?
(3) 进行产品重结晶时，需加多少水溶解产品?

实验 9 平衡常数的测定

一、实验目的

测定 $I_3^- \rightleftharpoons I^- + I_2$ 的平衡常数，加强对化学平衡、平衡常数、平衡移动原理的了解。练习滴定操作。

二、实验原理

碘溶于 KI 溶液中形成离子，并建立下列平衡：

$$I_3^- \rightleftharpoons I^- + I_2 \tag{4-4}$$

在一定温度下其平衡常数为

$$K = \frac{a_{I^-} a_{I_2}}{a_{I_3^-}} = \frac{\gamma_{I^-} \gamma_{I_2}}{\gamma_{I_3^-}} \frac{[I^-][I_2]}{[I_3^-]}$$

式中，a 为活度；γ 为活度系数；$[I^-]$、$[I_2]$、$[I_3^-]$为平衡浓度。

由于在离子强度不大的溶液中，$\dfrac{\gamma_{I^-} \gamma_{I_2}}{\gamma_{I_3^-}} \approx 1$，因此

$$K \approx \frac{[I^-][I_2]}{[I_3^-]} \tag{4-5}$$

只要测得平衡时各组分的浓度，就可求得平衡常数。

为了测定平衡时的 $c(I_3^- \rightleftharpoons I^- + I_2)$、$c(I^-)$ 和 $c(I_2)$，可用过量的固体碘与已知浓度的 KI 溶液一起振荡，达到平衡后，取上层清液，用 $Na_2S_2O_3$ 标准溶液滴定。反应式如下：

$$2S_2O_3^{2-} + I_2 = 2I^- + S_4O_6^{2-}$$

由于溶液存在 $I_3^- \rightleftharpoons I^- + I_2$ 的平衡，因此用 $Na_2S_2O_3$ 溶液滴定，最终测得的是平衡时 I_2 和 I_3^- 的总浓度，设这个总浓度为 c，则

$$c = c(I_2) + c(I_3^-) \tag{4-6}$$

碘的浓度 $c(I_2)$ 可通过在相同温度条件下，测定过量碘与水处于平衡时溶液中碘的浓度来代替。设该浓度为 $c' = c(I_2)$，则整理式(4-6)得

$$c(I_3^-) = c - [I_2] = c - c'$$

从式(4-4)可以看出，形成一个 I_3^- 就需要一个 I^-，所以平衡时$[I^-]$为

$$[I^-] = c_0 - [I_3^-]$$

式中，c_0 为 KI 的起始浓度，将$[I^-]$、$[I_2]$、$[I_3^-]$代入式(4-5)即可求得此温度下的平衡常数。

三、实验前应思考的问题

(1) 为什么本实验中量取标准溶液，有的用移液管，有的用量筒？

(2) 进行滴定分析，仪器要做哪些准备？碘易挥发，因此在取溶液和滴定时操作上要注意什么？

四、基本操作

(1) 量筒的使用。

(2) 滴定管的使用。

(3) 移液管的使用。

五、实验用品

(1) 仪器：量筒(100 mL)，吸量管(10 mL)，移液管(50 mL)，碱式滴定管，碘量瓶(100 mL、250 mL)，锥形瓶(250 mL)，洗耳球。

(2) 固体试剂：碘。

(3) 液体试剂：0.0100 mol/L、0.0200 mol/L KI，0.00500 mol/L $Na_2S_2O_3$ 标准溶液，0.2%淀粉溶液。

六、实验内容

(1)取两个干燥的 100 mL 碘量瓶和一个 250 mL 碘量瓶，分别标上 1 号、2 号、3 号。用量筒分别量取 80 mL 0.0100 mol/L KI 溶液注入 1 号瓶，80 mL 0.0200 mol/L KI 溶液注入 2 号瓶，200 mL 蒸馏水注入 3 号瓶，然后在每个瓶中加入 0.5 g 研细的碘，盖好瓶塞。

(2)将 3 个碘量瓶在室温下振荡 30 min，然后静止 10 min，取上层清液进行滴定。

(3)用 10 mL 吸管吸取 1 号瓶上层清液两份，分别注入 250 mL 锥形瓶中，再各注入 40 mL 蒸馏水，用 0.0050 mol/L 标准 $Na_2S_2O_3$ 溶液滴定其中一份至呈淡黄色时(注意不要滴过量)注入 4 mL 0.2%淀粉溶液，此时溶液应呈蓝色，继续滴定至蓝色刚好消失，记下所消耗的 $Na_2S_2O_3$ 溶液的体积，平行做第二份清液。用同样的方法滴定 2 号瓶上层的清液。

(4)用 50 mL 移液管移取 3 号瓶上层清液两份，用 0.0050 mol/L 的标准 $Na_2S_2O_3$ 溶液滴定，方法同上。将数据记录在表格中。

(5)数据记录和处理。用 $Na_2S_2O_3$ 标准溶液滴定碘时，相应的碘的浓度计算方法如下。

1 号、2 号瓶碘浓度的计算：

$$c=\frac{c(Na_2S_2O_3)V(Na_2S_2O_3)}{2V(KI\text{-}I_2)}$$

3 号瓶碘浓度的计算：

$$c'=\frac{c(Na_2S_2O_3)V(Na_2S_2O_3)}{2V(H_2O\text{-}I_2)}$$

本实验测定的 K 值在 1.0×10^{-3}～2.0×10^{-3} 范围内合格(文献值 $K=1.5\times10^{-3}$)。

表 4-6　实验记录

室温：______

瓶号		1	2	3
取样体积 V/mL		10.00	10.00	50.00
$V(Na_2S_2O_3)$/mL	Ⅰ			
	Ⅱ			
	平均			
$c(Na_2S_2O_3)$/(mol/L)				
$c=c(I_2)+c(I_3^-)$/(mol/L)				
水溶液中碘的平衡浓 $c(I_2)$/(mol/L)				

续表

瓶号	1	2	3
$c(I_2)/(mol/L)$			
$c(I_3^-)/(mol/L)$			
$c(I^-)_0/(mol/L)$			
$c(I^-)/(mol/L)$			
K			
$K_{平均}$			

七、实验习题

(1)本实验中碘的用量是否要准确称取？为什么？

(2)出现下列情况：①所取碘的量不够；②三个碘量瓶没有充分振荡；③在吸取清液时，不注意将沉在溶液底部或悬浮在溶液表面的少量碘带入吸量管。将会对本实验产生何种影响？

实验 10　乙酸解离度和乙酸解离常数的测定

一、实验目的

(1)测定乙酸解离度和解离常数。

(2)学习使用 pH 计。

二、实验原理

乙酸是弱电解质，在水溶液中存在以下解离平衡：

$$HAc \rightleftharpoons H^+ + Ac^-$$

其平衡关系为

$$K_i = \frac{[H^+][Ac^-]}{[HAc]}$$

c 为 HAc 的起始浓度；$[H^+]$、$[Ac^-]$、$[HAc]$分别为 H^+、Ac^-、HAc 的平衡浓度，α为解离度，K_i 为解离平衡常数。

在纯的 HAc 溶液中，$[H^+]=[Ac^-]=c\alpha$，$[HAc]=c(1-\alpha)$，则

$$\alpha = \frac{[H^+]}{c} \times 100\% \qquad K_i = \frac{[H^+][Ac^-]}{[HAc]} = \frac{[H^+]^2}{c-[H^+]}$$

当$\alpha<5\%$时，$c-[H^+]\approx c$，故$K_i=\dfrac{[H^+]^2}{c}$。

根据以上关系，通过以测定已知浓度的 HAc 溶液的 pH，就知道其$[H^+]$，从而可以计算该 HAc 溶液的解离度和解离平衡常数。

三、实验前应思考的问题

(1)烧杯是否必须烘干？还可以做怎样的处理？

(2)测定 pH 时，为什么要按从稀到浓的次序进行？

四、实验用品

(1)仪器：碱式滴定管，吸量管(10 mL)，移液管(25 mL)，锥形瓶(50 mL)，烧杯(50 mL)，pH 计。

(2)液体试剂：0.20 mol/L HAc，0.2 mol/L NaOH 标准溶液，酚酞指示剂。

五、基本操作

(1)滴定管的使用。

(2)移液管的使用。

(3)容量瓶的使用。

(4)pH 计的使用。

六、实验内容

1. 乙酸溶液浓度的测定

以酚酞作指示剂，用已知浓度的 NaOH 标准溶液标定 HAc 的准确浓度，把结果填入表 4-7。

表 4-7　实验记录

溶液序号		Ⅰ	Ⅱ	Ⅲ
NaOH 溶液的浓度/(mol/L)				
HAc 溶液的用量/mL				
NaOH 溶液的用量/mL				
HAc 溶液的浓度/(mol/L)	测定值			
	平均值			

2. 配制不同浓度的 HAc 溶液

用移液管和吸量管分别取 25.00 mL、5.00 mL、2.50 mL 测得准确浓度的 HAc 溶液，把它们分别加入三个 50 mL 容量瓶中，再用蒸馏水稀释至刻度，摇匀，并计算出三个容量瓶中 HAc 溶液的准确浓度。

3. 测定乙酸溶液的 pH，计算乙酸的解离度和解离平衡常数

把以上四种不同浓度的 HAc 溶液分别加入四个洁净干燥的 50 mL 烧杯中，按由稀到浓的顺序在 pH 计上分别测定它的 pH，记录数据和温度，计算解离度和解离平衡常数，数据填入表 4-8。

表 4-8　实验记录

溶液编号	c/(mol/L)	pH	$[H^+]$/(mol/L)	α	解离平衡常数 K	
					测定值	平均值
1						
2						
3						
4						

七、实验习题

改变所测乙酸溶液的浓度或温度，则解离度和解离平衡常数有无变化？若有变化，会有怎样的变化？

实验 11　硫酸亚铁铵的制备

一、实验目的

根据有关原理及数据，设计实验并制备复盐硫酸亚铁铵。进一步掌握水浴加热、溶解、过滤、蒸发、结晶等基本操作。了解检验产品中杂质含量的一种方法——目视比色法。

二、实验原理

硫酸亚铁铵又称莫尔盐，是浅蓝绿色单斜晶体，能溶于水，但难溶于乙醇。在空气中不易被氧化，比硫酸亚铁稳定，所以在化学分析中可以作为基准物质，用来直接配制标准溶液或标定未知溶液的浓度。

由硫酸铵、硫酸亚铁和硫酸亚铁铵在水中的溶解度数据（表 4-9）可知，在一定温

度范围内，硫酸亚铁铵的溶解度比组成它的每一组分的溶解度都小。因此，很容易从浓的硫酸亚铁和硫酸铵混合液中制得结晶状的莫尔盐 $FeSO_4 \cdot (NH_4)_2SO_4 \cdot 6H_2O$。在制备过程中，为了使 Fe^{2+}不被氧化和水解，溶液需保持足够的酸度。

表 4-9　几种盐的溶解度数据(g/100 g H_2O)

盐的相对分子质量 \ t/℃	10	20	30	40
$M[(NH_4)_2SO_4]=132.1$	73.0	75.4	78.0	81.0
$M(FeSO_4 \cdot 7H_2O)=277.9$	37.0	48.8	60.0	73.3
$M[(NH_4)_2SO_4 \cdot FeSO_4 \cdot 6H_2O]=392.1$	—	36.5	45.0	53.0

本实验是先将金属铁屑溶于稀硫酸制得硫酸亚铁溶液：

$$Fe(铁屑)+H_2SO_4(稀) = FeSO_4+H_2\uparrow$$

然后加入等物质的量的硫酸铵制得混合溶液，加热浓缩，冷却至室温，便析出硫酸亚铁铵复盐。

$$FeSO_4+(NH_4)_2SO_4+6H_2O = FeSO_4 \cdot (NH_4)_2SO_4 \cdot 6H_2O$$

目视比色法是确定杂质含量的一种常用方法，在确定杂质含量后便能定出产品的级别。将产品配成溶液，与各标准溶液进行比色，如果产品溶液的颜色比某一标准溶液的颜色浅，就可以确定杂质含量低于该标准溶液中的含量，即低于某一规定的限度，这种方法又称为限量分析。

三、实验前应思考的问题

(1) 制备硫酸亚铁及硫酸亚铁铵时，为什么溶液要保持酸性?

(2) 怎样确定所需的硫酸铵用量?

四、实验内容

(1) 根据上述原理，设计制备复盐硫酸亚铁铵的方法。

(2) 列出实验所需的仪器、药品及材料。

(3) 制备硫酸亚铁铵。

(4) 所得产品进行 Fe^{3+}限量分析，以确定产品等级。

(5) 完成实验报告。

五、提示及注意事项

(1) 由机械加工过程得到的铁屑表面沾有油污，可采用碱煮(Na_2CO_3 溶液煮约 10 min)的方法除去。

(2) 在铁屑与硫酸作用的过程中，会产生大量的 H_2 及少量有毒气体（如 H_2S、PH_3 等），应注意通风，避免发生事故。

(3) 所制得的硫酸亚铁溶液和硫酸亚铁铵均应保持较强的酸性（pH 为 1～2）。

(4) 在进行 Fe^{3+} 的限量分析时，应使用含氧较少的去离子水来配制硫酸亚铁铵溶液。

六、实验习题

(1) 铁屑净化及混合硫酸亚铁和硫酸铵溶液以制备复盐时均需加热，加热时应注意什么问题？

(2) 抽滤得到硫酸亚铁铵晶体后，如何去除晶体表面上附着的水分？

实验 12　离子鉴定和未知物的鉴别

一、实验目的

运用所学的元素及化合物的基本性质，进行常见物质的鉴定或鉴别，进一步巩固常见阳离子和阴离子重要反应的基本知识。

二、实验方法

当一个试样需要鉴定或者一组未知物需要鉴别时，通常可根据以下几个方面进行判断。

1) 物态

观察试样在常温时的状态，如果是固体要观察它的晶形。

观察试样的颜色。这是判断的一个重要因素。溶液试样可根据离子的颜色，固体试样可根据化合物的颜色及配成溶液后离子的颜色，预测哪些离子可能存在，哪些离子不可能存在。

嗅闻试样的气味。

2) 溶解性

固体试样的溶解性也是判断的一个重要因素。首先试验是否溶于水，在冷水中怎样，热水中怎样，不溶于水的再依次用盐酸（稀、浓）、硝酸（稀、浓）试验其溶解性。

3) 酸碱性

酸或碱可直接根据对指示剂的反应加以判断。两性物质借助于既能溶于酸，又能溶于碱的性质加以判别。可溶性盐的酸碱性可利用它的水溶液加以判别，有时也可根据试液的酸碱性来排除某些离子存在的可能性。

4) 热稳定性

物质的热稳定性是有差别的，有的物质常温时就不稳定，有的物质灼热时易分解，还有的物质受热时易挥发或升华。

鉴定或鉴别反应：通过与某试剂反应，生成沉淀，或沉淀溶解，或放出气体。必要时再对生成的沉淀和气体做性质试验，如显色反应、焰色反应、硼砂珠试验、其他特征反应。

三、实验前应思考的问题

(1) 加稀硫酸或稀盐酸溶液于固体试样中，如观察到有气泡产生，则该固体试样中可能存有哪些阴离子？

(2) 分离鉴定阳离子时常用的沉淀剂有哪些？

四、实验内容

十种钠盐的鉴别：

$NaNO_3$	Na_2S	$Na_2S_2O_3$	Na_3PO_4	$NaCl$
Na_2CO_3	$NaHCO_3$	Na_2SO_4	$NaBr$	Na_2SO_3

要求：(1) 写出简单可行的鉴别方案。

(2) 写出简明必要的鉴别过程。

(3) 写出简洁具体的鉴别结果。

五、提示

可选用的试剂：$AgNO_3$、HCl、HNO_3、$CaCl_2$、$BaCl_2$、H_2SO_4、$KMnO_4$、pH 试纸。

第 5 章　分析化学实验

5.1　分析化学实验要求及注意事项

分析化学实验是化学及相关专业的重要基础课之一。通过分析化学实验的学习，可以加深对分析化学基础理论、基本知识的理解，正确和较熟练地掌握分析化学实验技能和基本操作，提高观察、分析和解决问题的能力，培养严谨的工作作风和实事求是的科学态度，树立严格的“量”的概念，为学习后续课程和未来的科学研究及实际工作打下良好的基础。

5.2　分析化学实验的学习方法

1. 要求

(1) 认真预习，写预习报告及实验报告。

预习的目的：了解掌握实验原理、实验步骤、注意事项等。

(2) 操作规范，遵守纪律。

实验态度端正，不得在实验室追逐打闹、吸烟等；保持实验台、实验室干净整洁；不要将废滤纸、碎玻璃及其他杂物倒在水槽中，以免堵塞下水道。使用后的仪器要洗净、放好，爱护仪器、小心轻放。

2. 成绩评定标准

预习报告 10%、实验报告 40%、考勤 10%、操作技能 10%、实验考试 30%。

旷课一次扣 5 分。迟到、早退扣 3～5 分。不洗、不收仪器一次扣 3 分。因操作不规范而损坏仪器扣 5 分。

病假、事假必须有医生或班主任签字的假条，否则一律按旷课处理。

5.3　溶液的配制及浓度计算

1. 溶液配制

(1) 直接法，用分析天平准确称取一定量的基准试剂，溶解于少量水中，再定量转移到容量瓶中，用水稀释至刻度定容。

(2)标定法，先配制成近似所需浓度的溶液，再用基准试剂或另一种已知准确浓度的标准溶液来标定它的准确浓度。

2. 溶液浓度

摩尔浓度(物质的量浓度)：$c = n/V$ (mol/L)　(滴定分析常用)
式中，n 为溶质的物质的量，mol；V 为溶液的体积，L。

物质的质量浓度：$\rho_B = m/V$ (g/L)　(比色分析常用)
式中，m 为溶质的质量，g；V 为溶液的体积，L。

实验 13　酸碱溶液的标定

一、实验目的

(1)掌握 HCl 标准溶液的配制、标定过程。

(2)掌握强酸滴定二元弱碱及强碱滴定弱酸的滴定过程，掌握突跃范围及指示剂的选择。

(3)了解基准物质邻苯二甲酸氢钾($KHC_8H_4O_4$)的性质及其应用。

二、实验原理

无水 $NaCO_3$ 作基准物质标定盐酸：

$$Na_2CO_3 + 2HCl = 2NaCl + H_2CO_3$$

$$H_2CO_3 = CO_2\uparrow + H_2O$$

化学计量点时，溶液 pH 为 3.8～3.9，可用甲基橙为指示剂，用盐酸标准溶液滴定至溶液颜色由黄色变橙色即为终点。

硼砂作基准物质标定盐酸：

$$Na_2B_4O_7 \cdot 10H_2O + 2HCl = 4H_3BO_3 + 2NaCl + 5H_2O$$

化学计量点时，溶液呈弱酸性(pH≈5.1)，可选用甲基红作指示剂。

以邻苯二甲酸氢钾为基准物质标定氢氧化钠溶液：

$$KHC_8H_4O_4 + NaOH = NaKC_8H_4O_4 + H_2O$$

化学计量点时，溶液呈弱碱性(pH≈7.0)，可选用酚酞作指示剂。

三、实验前应思考的问题

(1)溶解基准物质时加入 20～30 mL 水，是用量筒量取还是用移液管移取？为什么？

(2)标准溶液加入滴定管前为什么要用该溶液润洗滴定管 2～3 次？而锥形瓶是否也需要先用该溶液润洗或烘干？为什么？

(3)如何计算称取基准物质邻苯二甲酸氢钾或无水碳酸钠的质量范围？称得太多或太少对标定有何影响？

(4)滴定至临近终点时加入半滴的操作是怎样进行的？

四、实验用品

(1)0.1 mol/L 盐酸溶液：取浓盐酸约 5 mL，加水稀释到 1 L，搅匀。

(2)0.1 mol/L NaOH 溶液：用台秤称取约 2 g NaOH 固体，加入新鲜的或煮沸除去 CO_2 的蒸馏水，溶解完全后，稀释至 500 mL 待用。

(3)试剂：2%甲基红指示剂(60%乙醇溶液)，无水 Na_2CO_3 基准物质，硼砂($Na_2B_4O_7 \cdot 10H_2O$)，0.1%甲基橙指示剂，酚酞指示剂(2 g/L 乙醇溶液)，邻苯二甲酸氢钾($KHC_8H_4O_4$)基准物质。

五、实验步骤

1. 盐酸溶液的配制及标定

1)以 Na_2CO_3 为基准物质标定

用差减法准确称取 0.15～0.20 g 无水碳酸钠三份，分别放入 250 mL 锥形瓶内，加水 30 mL 溶解，加甲基橙指示剂 1～2 滴，然后用待标定的盐酸溶液滴定至溶液由黄色变为橙色，即为终点，由碳酸钠的质量及实际消耗的盐酸体积，计算 HCl 溶液的浓度和测定结果的相对平均偏差。

2)以硼砂($Na_2B_4O_7 \cdot 10H_2O$)为基准物质标定

用差减法准确称取 0.4～0.6 g 硼砂三份，分别放入 250 mL 锥形瓶内，加水 50 mL，微热溶解，冷却后，加 2 滴甲基红指示剂，然后用盐酸溶液滴定至溶液由黄色变为浅红色，即为终点，由硼砂的质量及实际消耗的盐酸体积，计算 HCl 溶液的浓度和测定结果的相对平均偏差。

2. 氢氧化钠溶液的配制及标定

准确称取 3 份 $KHC_8H_4O_4$，每份 0.4～0.6 g，加入 250 mL 烧杯中，加约 50 mL 蒸馏水，溶解完全后，加 2～3 滴酚酞指示剂，用待标定的 NaOH 溶液滴定至微红色 30 s 不褪色即为终点。计算 NaOH 溶液的浓度和测定结果的相对平均偏差。

六、实验习题

(1)标定 HCl 溶液的两种基准物质无水碳酸钠和硼砂各有什么优缺点？

(2) 为什么配制 0.1 mol/L HCl 溶液 1 L 需要量取 9 mL 浓盐酸？写出计算式。

(3) 标定 NaOH 溶液常用的基准物质有哪几种？各有什么优缺点？

(4) 待标定的 NaOH 溶液滴定至微红色 30 s 后褪色会影响测定结果吗？为什么？

实验 14　EDTA 溶液的标定及自来水总硬度的测定

一、实验目的

(1) 掌握 EDTA 溶液滴定的原理和方法，包括酸度控制和指示剂的选择。

(2) 了解水的硬度的概念，测定水硬度的意义，以及水的硬度的表示方法。

(3) 了解 EDTA 测定自来水总硬度的原理和方法，包括酸度控制和指示剂的选择。

二、实验原理

乙二胺四乙酸二钠盐 (EDTA) 常含少量水分和杂质，所以不能直接配制成标准溶液。通常先把 EDTA 配制成所需要的大致浓度，再用 $CaCO_3$、$ZnSO_4 \cdot 7H_2O$、$MgSO_4 \cdot 7H_2O$ 等基准试剂进行标定。

在 pH≈10 的条件下，以铬黑 T (EBT) 为指示剂，则

开始时：M (金属离子) + EBT ══ M-EBT (紫红色)

滴定过程中：Ca^{2+} + EDTA ══ Ca-EDTA (无色)

Mg^{2+} + EDTA ══ Mg-EDTA (无色)

滴定终点时：M-EBT (紫红色) + EDTA ══ M-EDTA (无色) + EBT (纯蓝色)

在 pH≈5.5 的条件下，以二甲酚橙 (XO) 为指示剂，则

开始时：M (金属离子) + XO ══ M-XO (紫红色)

滴定过程中：Zn^{2+} + EDTA ══ Zn-EDTA (无色)

滴定终点时：Zn-XO (紫红色) + EDTA ══ Zn-EDTA (无色) + XO (黄色)

水的总硬度指水中钙离子、镁离子的总浓度，其中包括碳酸盐硬度 (通过加热能以碳酸盐形式沉淀下来的钙离子、镁离子，又称暂时硬度) 和非碳酸盐硬度 (加热后不能沉淀下来的那部分钙离子、镁离子，又称永久硬度)。

目前我国使用较多的表示方法有两种：一种是将所测得的钙、镁离子质量折算成 CaO 的质量，即用每升水中含有 CaO 的毫克数表示，单位为 mg/L；另一种以度 (°) 计：1 硬度单位表示 10 万份水中含 1 份 CaO (每升水中含 10 mg CaO)，1°＝10 ppm CaO，这种硬度的表示方法称为德国度。我国生活饮用水卫生标准规定以 $CaCO_3$ 计的硬度不得超过 450 mg/L。

$$Ca^{2+} + EDTA = Ca\text{-}EDTA$$
$$Mg^{2+} + EDTA = Mg\text{-}EDTA$$

三、实验前应思考的问题

(1) 为什么要使用两种指示剂分别标定 EDTA？

(2) 滴定为什么要在缓冲溶液中进行？如果没有缓冲溶液将会导致什么现象发生？

(3) 什么是水的总硬度？怎样计算水的总硬度？

(4) 加三乙醇胺的目的是什么？在什么情况下可以不加三乙醇胺？

四、实验用品

(1) 0.02 mol/L 的 EDTA：4 g EDTA 溶解于 500 mL 水中。

(2) NH_3-NH_4Cl 缓冲溶液 (pH≈10)：称取 20 g NH_4Cl 溶于水后，加 100 mL 浓氨水，用蒸馏水稀释至 1 L。

(3) 铬黑 T 指示剂 (含 0.05 mol/L 的 Mg-EDTA)：0.5 g/100 mL 乙醇溶液 (如果待测试样含铁、铝等干扰离子，每 100 mL 指示剂中应含 25 mL 三乙醇胺)。

(4) 40%六次甲基四胺水溶液 (pH≈5.5)。

(5) 0.2%二甲酚橙水溶液。

(6) 甲基红指示剂：0.1 g/100 mL，60%乙醇溶液。

(7) 盐酸溶液 (1+1)：市售浓盐酸与蒸馏水以 1∶1 体积比混合。

(8) 氨水溶液 (1+2)：市售浓氨水与蒸馏水以 1∶2 体积比混合。

(9) $ZnSO_4 \cdot 7H_2O$ 基准试剂。

(10) $CaCO_3$ 基准试剂或 $MgSO_4 \cdot 7H_2O$ 基准试剂。

五、实验步骤

1. EDTA 溶液的配制及标定

1) 以铬黑 T 为指示剂标定 EDTA 溶液 (以 $CaCO_3$ 为基准物质)

准确称量 0.2500 g $CaCO_3$ 基准试剂于 150 mL 烧杯中，先以少量水 (约 5 mL 左右) 润湿，盖上表面皿，从烧杯嘴处往烧杯中滴加约 5 mL HCl 溶液 (1∶1)，使 $CaCO_3$ 全部溶解。加 50 mL 水，微沸几分钟以除去 CO_2。冷却后用水冲洗烧杯内壁和表面皿，定量转移至 250 mL 容量瓶中，定容，摇匀。此为 0.0100 mol/L 的 $CaCO_3$ 标准溶液。

用移液管准确移取 20.00 mL (或 25.00 mL) 上述 $CaCO_3$ 标准溶液于 250 mL 锥形

瓶内，加 1 滴甲基红，用氨水溶液(1∶2)中和 $CaCO_3$ 标准溶液中的 HCl，当溶液由红变黄即可。加约 20 mL 水，然后加约 10 mL NH_3-NH_4Cl 缓冲溶液，再加 5 滴铬黑 T 指示剂，以 EDTA 标准溶液滴定至溶液由紫红色变为纯蓝色，即为终点。平行滴定 3 份，取平均值计算 EDTA 的准确浓度和相对平均偏差。

2) 以二甲酚橙为指示剂标定 EDTA 溶液(以 $ZnSO_4 \cdot 7H_2O$ 为基准物质)

准确称量 0.7188 g $ZnSO_4 \cdot 7H_2O$ 基准试剂于 150 mL 烧杯中，先以少量水(约 5 mL)润湿，沿着烧杯壁往烧杯中加约 6 mL(1∶1) HCl 溶液，使 $ZnSO_4 \cdot 7H_2O$ 全部溶解，加 50 mL 水。冷却后用水冲洗烧杯内壁和表面皿，定量转移至 250 mL 容量瓶中，定容，摇匀。此为 0.0100 mol/L 的 Zn 标准溶液。

用移液管准确移取 20.00 mL(或 25.00 mL)上述 $CaCO_3$ 标准溶液于 250 mL 锥形瓶内，加 2 滴二甲酚橙作指示剂，滴加六次甲基四胺水溶液(或少量多次加入固体六次甲基四胺)至溶液呈现稳定的紫红色，再加 3 mL 六次甲基四胺水溶液。以 EDTA 标准溶液滴定至溶液由紫红色变为黄色，即为终点。平行滴定 3 份，取平均值计算 EDTA 的准确浓度和相对平均偏差。

2. 自来水总硬度的测定

用移液管准确移取 100.00 mL 水样于 250 mL 锥形瓶内，加 1～2 滴(1∶1) HCl 酸化，煮沸数分钟除去 CO_2。加 3 mL 三乙醇胺(20%)掩蔽铁、铝等离子，然后加 5 mL NH_3-NH_4Cl 缓冲溶液，加 1 mL Na_2S(2%)掩蔽铜、钴、镍、锌、铅等，再加 3 滴铬黑 T 指示剂，立即用 EDTA 标准溶液滴定至溶液由紫红色变为纯蓝色，即为终点。平行滴定 3 份，取平均值计算水样总硬度和相对平均偏差。(水样中含干扰离子较少时，可不加三乙醇胺、Na_2S 等)

当水样中 Mg^{2+} 极少时，由于 $CaIn^-$ 比 $MgIn^-$ 的显色灵敏度要差很多，往往得不到敏锐的终点。为了提高终点变色的敏锐性，可在 EDTA 标准溶液中加入适量的 Mg^{2+}(在 EDTA 标定前加入，这样就不影响 EDTA 与被测离子之间的滴定定量关系)，或在缓冲溶液中加入一定量的 Mg-EDTA 盐。

水的总硬度可由 EDTA 标准溶液的浓度和消耗体积来计算。以 CaO 计，单位为 mg/L。

六、实验习题

(1) 络合滴定法与酸碱滴定法相比，有哪些不同点？

(2) 铬黑 T 指示剂中为什么要加入 Mg-EDTA 溶液？

(3) 用于测定水的硬度的 EDTA 标准溶液应该采用哪种指示剂标定？最适当的基准物质是什么？

实验 15　高锰酸钾标准溶液的标定及过氧化氢含量的测定

一、实验目的

(1) 掌握 0.02 mol/L $KMnO_4$ 溶液的配制及标定方法。

(2) 掌握用草酸钠（$Na_2C_2O_4$）基准物质标定 $KMnO_4$ 的方法。

(3) 了解自催化还原反应的特点及自身指示剂的应用。

(4) 掌握用 $KMnO_4$ 标准溶液滴定 H_2O_2 溶液的原理及方法。

二、实验原理

高锰酸钾不能直接配制成准确浓度的溶液，必须用 $Na_2C_2O_4$ 等基准物质进行标定。反应式为

$$2MnO_4^- + 5C_2O_4^{2-} + 16H^+ = 2Mn^{2+} + 10CO_2\uparrow + 8H_2O$$

滴定时利用 MnO_4^- 本身的紫红色指示终点，称为自身指示剂；反应中产生的 Mn^{2+} 有催化剂的作用，称为自催化还原反应。掌握好滴定过程中的酸度、温度及滴定速度是该实验能否成功的关键。

商品双氧水中 H_2O_2 的含量，可在室温硫酸中用高锰酸钾法测定。在酸性溶液中，H_2O_2 还原 MnO_4^-：

$$2MnO_4^- + 5H_2O_2 + 6H^+ = 2Mn^{2+} + 5O_2\uparrow + 8H_2O$$

滴定开始时反应较慢，可加入少量 Mn^{2+} 进行催化。

三、实验前应思考的问题

(1) 标定 $KMnO_4$ 溶液浓度时，$KMnO_4$ 溶液为什么要放在酸式滴定管中？

(2) 用高锰酸钾滴定过氧化氢时，能否用 HNO_3 或 HCl 控制酸度？为什么？

(3) 根据实验原理写出计算过氧化氢含量的公式。

四、实验用品

(1) 0.02 mol/L $KMnO_4$ 标准溶液（$c_{1/5\ KMnO_4} = 0.1$ mol/L）。

(2) 1 mol/L 硫酸溶液（1 ∶ 5）。

(3) $Na_2C_2O_4$（基准物质或分析纯）。

五、实验步骤

1. 高锰酸钾溶液的配制及标定

(1) 0.02 mol/L $KMnO_4$ 标准溶液的配制。称取约 1.6 g 固体 $KMnO_4$ 溶解于 500 mL

水中，盖上表面皿，加热至沸并保持微沸状态 1 h，冷却后，用微孔玻璃漏斗过滤。滤液储存于棕色试剂瓶中，室温条件下静置 2～3 天后过滤备用(蒸馏水常含少量还原性物质，能加速 $KMnO_4$ 的分解，故做如上处理)。

(2) 0.02 mol/L $KMnO_4$ 标准溶液的标定。准确称取 0.15～0.20 g 草酸钠基准试剂 3 份，分别放于 250 mL 锥形瓶内，加水 60 mL 溶解，加入 15 mL 硫酸溶液(1 : 5)，在水浴中加热到 75～85 ℃(锥形瓶内液面开始冒蒸汽)，趁热用 $KMnO_4$ 标准溶液滴定。开始时反应慢，待溶液中产生了 Mn^{2+}(有催化作用)后，滴定速度可加快，直到溶液呈微红色并保持 30 s 不褪色即为终点。平行滴定 3 份，取平均值计算 $KMnO_4$ 的准确浓度和相对平均偏差。

2. 过氧化氢含量的测定

用移液管移取 1.00 mL 未开封的过氧化氢置于 250 mL 容量瓶中，定容、摇匀。用移液管准确移取 20.00 mL(或 25.00 mL)上述 H_2O_2 溶液于 250 mL 锥形瓶内，加水 60 mL，加 30 mL 硫酸溶液(1 : 5)，用 $KMnO_4$ 标准溶液滴定，直到溶液呈微红色并保持 30 s 不褪色即为终点。平行滴定 3 份，取平均值计算过氧化氢的准确浓度和相对平均偏差。

六、思考题

(1) 高锰酸钾溶液的标定为何要在较高温度下进行？开始滴定时高锰酸钾为何不能加入太快？

(2) 用高锰酸钾滴定时如果酸度控制不好会出现什么问题？

(3) 用高锰酸钾滴定过氧化氢时，为何不能通过加热来加速反应？

实验 16　I_2 和 $Na_2S_2O_3$ 标准溶液的标定

一、实验目的

(1) 掌握 I_2 标准溶液的配制及标定的原理和方法。

(2) 掌握 $Na_2S_2O_3$ 标准溶液配制及标定的原理和方法。

二、实验原理

$$Cr_2O_7^{2-} + 6I^- + 14H^+ \longrightarrow 2Cr^{3+} + 3I_2 + 7H_2O$$

$$2Na_2SO_3 + I_2 \longrightarrow 2NaI + Na_2S_4O_6$$

三、实验前应思考的问题

用 $K_2Cr_2O_7$ 作为基准物质标定 $Na_2S_2O_3$ 溶液时，为什么要加入过量的 KI 和盐酸溶液?为什么要放置一定时间后才能加水稀释?

四、实验用品

(1) 0.05 mol/L I_2 标准溶液：1 g I_2 与 2 g KI 混合，加少量水研磨溶解后，稀释至 90 mL(其准确浓度需用 $K_2Cr_2O_7$ 标定)。

(2) 0.0170 mol/L $K_2Cr_2O_7$ 标准溶液($c_{1/6\,K_2Cr_2O_7}$ = 0.1000 mol/L)：准确称取 1.226 g $K_2Cr_2O_7$ 基准试剂，溶解于约 50 mL 水中，定量转移到 250 mL 容量瓶中，定容、摇匀。

(3) $Na_2S_2O_3$ 标准溶液(约 0.1 mol/L)：称取 13 g $Na_2S_2O_3 \cdot 5H_2O$ 溶解于 500 mL 新制的去离子水中，加 0.1 g Na_2CO_3，保存于棕色瓶中，一周后进行标定。

(4) KI 溶液(100 g/L)：使用前配制。

(5) 0.5%淀粉水溶液：0.5 g 淀粉加入 100 mL 水中，加热煮沸溶解，冷却后使用。

(6) 盐酸溶液(1∶1)。

五、实验步骤

1. $Na_2S_2O_3$ 溶液的标定

用移液管准确移取 20.00 mL $K_2Cr_2O_7$ 标准溶液于 250 mL 锥形瓶内，加 5 mL 盐酸溶液(1∶1)，加入 10 mL KI 溶液(100 g/L)。摇匀后盖上表面皿，于暗处放置 5 min(使 $K_2Cr_2O_7$ 与 KI 充分反应，释放出棕色的碘分子)。加水 100 mL 稀释，用 $Na_2S_2O_3$ 溶液滴定至浅黄绿色后加 2 mL 淀粉水溶液(此时溶液呈深蓝黑色)，继续用 $Na_2S_2O_3$ 溶液滴定至黑蓝色刚好消失，此时溶液呈浅绿蓝色(Cr^{3+}的颜色)，即为终点。平行滴定 3 份，取平均值计算 $Na_2S_2O_3$ 的准确浓度和相对平均偏差。

2. I_2 溶液的标定

用酸式滴定管放出 20.00 mL 待标定的 I_2 溶液(不能用移液管吸取，以防止碘挥发)于 250 mL 锥形瓶内，加 50 mL 水，用 $Na_2S_2O_3$ 溶液滴定至浅黄色后加 2 mL 淀粉水溶液(此时溶液呈深蓝黑色)，继续用 $Na_2S_2O_3$ 溶液滴定至黑蓝色刚好消失，此时溶液呈无色透明。平行滴定 3 份，取平均值计算 I_2 的准确浓度和相对平均偏差。

六、实验习题

(1) 配制 I_2 标准溶液为什么要加入 KI?

(2) 标定 I_2 溶液时，既可用 $Na_2S_2O_3$ 溶液滴定 I_2 溶液，也可以用 I_2 溶液滴定

$Na_2S_2O_3$ 溶液，且都采用淀粉指示剂。但在两种情况下加入淀粉的时间是否相同？为什么？

实验 17　生药总灰分的测定

一、实验目的

(1)掌握生药总灰分测定的原理和方法。
(2)掌握马弗炉的使用方法及注意事项。

二、实验原理

通过称量灼烧前后生药的质量之差测定生药中无机矿物质含量。

三、实验前应思考的问题

(1)什么是恒量？
(2)测定生药灰分时为什么必须先将坩埚放在电炉上加热至冒烟炭化？

四、实验用品

马弗炉、电炉、瓷坩埚。

五、实验步骤

将测定用的供试生药样品粉碎，过二号筛，混合均匀后，取供试品 2～3 g，置于炽灼至恒量的坩埚中，称定质量(准确至 0.1 mg)，先将坩埚放在电炉上加热至冒烟炭化(注意避免燃烧)后，将坩埚转移到马弗炉中，逐渐升高温度至 500～600 ℃，使完全灰化，冷却，称量，直至恒量(两次称量之差≤0.2 mg)。根据残渣质量，计算供试品中总灰分的含量(%)。

六、实验习题

加热过程中为什么要逐渐升高温度至 500～600 ℃？如果急剧升温会怎样？

实验 18　可溶性氯化物中氯含量的测定(莫尔法)

一、实验目的

(1)掌握莫尔法测定氯离子的方法原理。
(2)掌握铬酸钾指示剂的正确使用方法。

二、实验原理

此法是在中性或弱碱性溶液中，以 K_2CrO_4 为指示剂，用 $AgNO_3$ 标准溶液进行滴定。由于 AgCl 的溶解度比 Ag_2CrO_4 的小，因此溶液中首先析出 AgCl 沉淀，当 AgCl 定量析出后，过量一滴 $AgNO_3$ 溶液即与 CrO_4^{2-} 生成砖红色 Ag_2CrO_4 沉淀，表示达到终点。主要反应式如下

$$Ag^+ + Cl^- = AgCl\downarrow \text{(白色)} \qquad K_{sp}=1.8\times10^{-10}$$

$$Ag^+ + CrO_4^{2-} = Ag_2CrO_4\downarrow \text{(砖红色)} \qquad K_{sp}=2.0\times10^{-12}$$

滴定必须在中性或在弱碱性溶液中进行，最适宜 pH 范围为 6.5～10.5。指示剂的用量对滴定有影响，一般以 5.0×10^{-3} mol/L 为宜。

三、实验前应思考的问题

(1) 能否用莫尔法以 NaCl 标准溶液直接滴定 Ag^+？为什么？

(2) 做空白滴定有何意义？K_2CrO_4 溶液的浓度大小或用量多少对测定结果有何影响？

四、实验用品

(1) NaCl 基准试剂：使用前应在 500～600 ℃下干燥 2～3 h，储于干燥器内备用。

(2) 0.05 mol/L $AgNO_3$：2 g $AgNO_3$ 固体溶解于 250 mL 水中备用。

(3) 5%的 K_2CrO_4 溶液：5 g K_2CrO_4 固体溶解于 100 mL 水中备用。

五、实验步骤

1. 硝酸银标准溶液标定

准确称取 0.5～0.65 g 基准 NaCl，置于小烧杯中，用蒸馏水溶解后，转入 200 mL 容量瓶中，加水稀释至刻度，摇匀。准确移取 20.00 mL NaCl 标准溶液注入锥形瓶中，加入 20 mL 水，加入 1 mL 5% K_2CrO_4，在不断摇动下，用 $AgNO_3$ 溶液滴定至呈现砖红色即为终点。平行滴定 3 份，取平均值计算硝酸银标准溶液的准确浓度和相对平均偏差。

2. 可溶性氯化物中氯含量的测定

准确称取 0.8 g 含氯试样，置于小烧杯中，用蒸馏水溶解后，转入 250 mL 容量瓶中，加水稀释至刻度，摇匀。准确移取 20.00 mL 含氯试样溶液注入锥形瓶中，加入 20 mL 水，加入 1 mL 5% K_2CrO_4，在不断摇动下，用 $AgNO_3$ 溶液滴定至呈现砖红色即为终点。平行滴定 3 份，取平均值计算含氯试样的氯含量和相对平均偏差。

为了保证结果的准确度，可以做空白滴定，即取 20.00 mL 蒸馏水按上述同样操

作滴定，计算时扣除空白滴定所耗 $AgNO_3$ 溶液的体积。

六、实验习题

(1) 装 $AgNO_3$ 溶液应该用酸式滴定管还是碱式滴定管？为什么？

(2) 装 $AgNO_3$ 溶液的滴定管用完后一定要先用蒸馏水清洗一遍，再用自来水冲洗，为什么？

实验 19　邻二氮菲吸光光度法测定铁

一、实验目的

(1) 掌握吸光光度法测量铁的原理与方法。

(2) 了解分光光度计的构造及使用方法。

(3) 吸收曲线的制作及最大吸收波长的选择。

二、实验原理

邻二氮菲 (Phen) 是测定微量铁的较好试剂。在 pH＝2～9 的溶液中，试剂与 Fe^{2+} 生成稳定的橘红色配合物，其 $\lg K=21.3$，摩尔吸光系数 $\varepsilon=1.1\times10^4$，其反应式如下

$$Fe^{2+} + 3(Phen) = Fe(Phen)_3^{2+}$$

橘红色配合物的最大吸收峰在 510 nm 波长处。当铁为+3 价时，可用盐酸羟胺还原，该方法的选择性很高，相当于含铁量 40 倍的 Sn^{2+}、Al^{3+}、Ca^{2+}、Mg^{2+}、Zn^{2+}、SiO_3^{2-}，20 倍 Cr^{3+}、Mn^{2+}、V(Ⅴ)、PO_4^{3-}，5 倍 Co^{2+}、Cu^{2+}等均不干扰测定。

三、实验前应思考的问题

(1) 实验中加入 NaAc 溶液的目的是什么？

(2) 实验中加盐酸羟胺后为什么要摇匀并放置 2 min？

四、实验用品

(1) 0.1 mg/mL 硫酸亚铁铵标准溶液：准确称取 0.8634 g 的 $NH_4Fe(SO_4)_2 \cdot 12H_2O$[或 0.7020 g 的 $NH_4Fe(SO_4)_2 \cdot 6H_2O$]，置于烧杯中，加入 20 mL 1∶1 H_2SO_4 和少量水，溶解后，定量地转移至 1 L 容量瓶中，以水稀释至刻度，摇匀。

(2) 药品：1 mol/L NaAc 溶液，0.15%邻二氮菲水溶液，10%盐酸羟胺水溶液(使用当天配制)，1∶1 H_2SO_4。

(3) 仪器 7200 型分光光度计。

五、实验步骤

1. 吸收曲线的制作和测量波长的选择

用吸量管吸取 0.00 mL、1.00 mL 铁标准溶液，分别注入两个 50 mL 比色管中，各加入 1 mL 盐酸羟胺溶液，摇匀并放置 2 min，再分别加 2 mL 邻二氮菲(Phen)，5 mL NaAc，用水稀释至刻度，摇匀。放置 10 min 后，用 1 cm 比色皿，以试剂空白(0.00 mL 铁标准溶液)为参比溶液，在 460～540 nm，每隔 10 nm 测一次吸光度，在最大吸收峰附近，每隔 5 nm 测定一次吸光度。在坐标纸上，以波长 λ 为横坐标，吸光度 A 为纵坐标，绘制 A 和 λ 的关系吸收曲线(图 5-1)。从吸收曲线上选择测定 Fe 的适宜波长，一般选用最大吸收波长 λ_{max}。

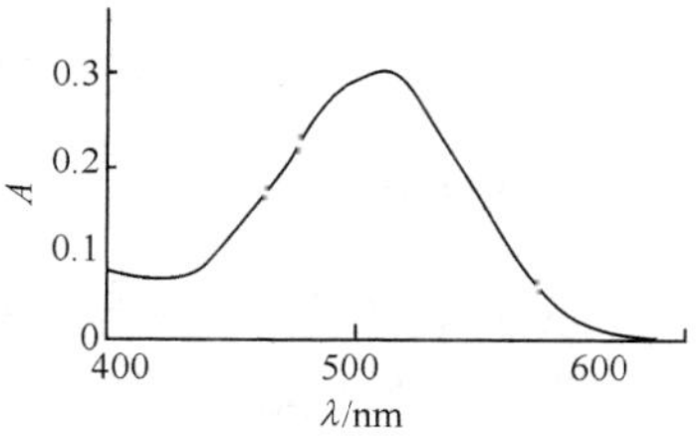

图 5-1　邻二氮菲-铁的吸收曲线

2. 标准曲线的制作

用移液管吸取 100 μg/mL 铁标准溶液 10.00 mL 于 100 mL 容量瓶中，加入 2 mL 2 mol/L 的 HCl，用水稀释至刻度，摇匀。此溶液每毫升含 Fe^{3+} 10 μg。

在 6 个 50 mL 比色管中，用吸量管分别加入 0.00 mL、2.00 mL、4.00 mL、6.00 mL、8.00 mL、10.00 mL 10 μg/mL 铁标准溶液，分别加入 1 mL 盐酸羟胺，摇匀并放置 2 min，再分别加 2 mL Phen、5 mL NaAc 溶液，每加一种试剂后摇匀。然后，用水稀释至刻度，摇匀后放置 10 min。用 1 cm 比色皿，以试剂为空白(0.00 mL 铁标准溶液)，在所选择的波长下，测量各溶液的吸光度。以含铁量为横坐标，吸光度 A 为纵坐标，绘制标准曲线(可用电脑绘制，直接得到相关系数等数据)，如图 5-2 所示。

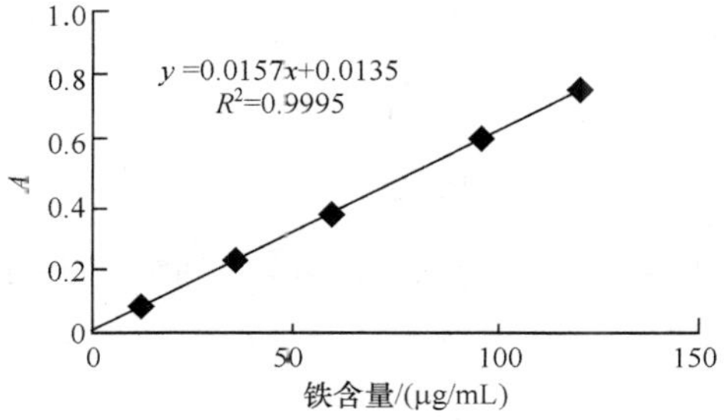

图 5-2　铁标准曲线(示例)

3. 试样中铁含量的测定

准确吸取适量试液于 50 mL 比色管中，按上述标准系列的步骤显色后，在其相同条件下测定吸光度，由标准曲线上查出试样中相当于铁的微克数，然后计算其试样中微量铁的含量(mg/L)。

六、实验习题

(1)用邻二氮菲测铁含量时，加盐酸羟胺的目的是什么?
(2)比色实验中影响准确度的因素有哪些?

实验 20　食品中亚硝酸盐含量的测定

一、实验目的

(1)掌握吸光光度法测定亚硝酸盐的原理与方法。
(2)进一步熟悉分光光度计的使用方法。

二、实验原理

在弱酸性条件下亚硝酸盐与对氨基苯磺酸发生重氮反应，生成的重氮化合物与盐酸萘乙二胺偶联成紫红色的偶氮染料。该法可测定食品、蔬菜、水中的亚硝酸盐含量。反应式如图 5-3 所示。

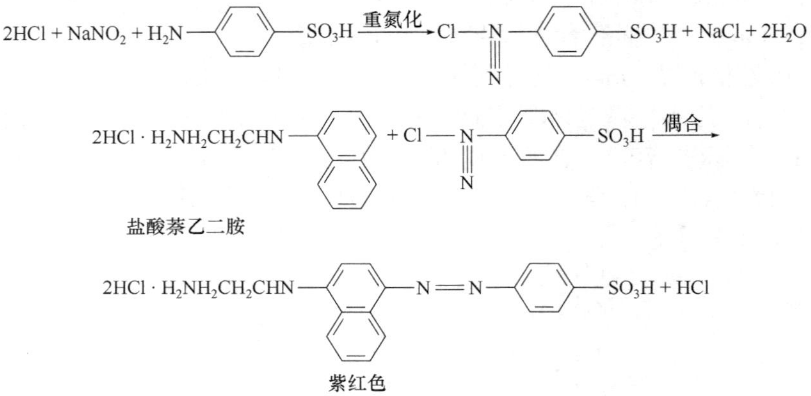

图 5-3　偶氮染料比色法测定亚硝酸盐的原理

三、实验前应思考的问题

(1)显色实验中，加入 2 mL 对氨基苯磺酸溶液后为什么必须静置 3 min?
(2)复习用 Excel 绘制标准曲线的知识。

四、实验用品

(1)4 g/L 对氨基苯磺酸溶液：称取 0.4 g 对氨基苯磺酸溶于 200 g/L 盐酸中配成

100 mL 溶液，避光保存。

(2) 2 g/L 盐酸萘乙二胺溶液：称取 0.2 g 盐酸萘乙二胺溶于 100 mL 水中，避光保存。

(3) $NaNO_2$ 标准储备溶液：准确称取 0.1500 g 干燥 24 h 的分析纯 $NaNO_2$，用水溶解后定量转入 500 mL 容量瓶中，加水稀释至刻度并摇匀(0.3000 g/L)。测定前再稀释为所需浓度的操作液(6 μg/mL)。

(4) $NaNO_2$ 标准溶液配制：将 $NaNO_2$ 标准储备液稀释 50 倍使用。

(5) 7200 型分光光度计。

五、实验步骤

1. 试样预处理

1) 肉制品

原样→捣碎→搅拌均匀并加入硼砂液→沸水浴 15 min→加 $ZnSO_4$(沉淀蛋白质)→定容→撇去脂肪层→过滤(弃去不溶物)→滤液待测。

2) 果蔬类样品

因为果蔬类蛋白质含量少，所以操作时不用加蛋白质沉淀剂。

搅拌均匀样品+水→捣碎→加果蔬提取剂(50 g $BaCl_2$+$CdCl_2$→加 1000 mL 重蒸馏水中，用浓 HCl 调 pH 为 1)→振荡 1 h→用 2.5 mol/L NaOH 调至中性→定容→过滤→滤液应无色透明。

2. 标准曲线的制作

用吸量管准确移取 0 mL、1.00 mL、2.00 mL、3.00 mL、4.00 mL、5.00 mL $NaNO_2$ 操作液(6 μg/mL)分别置于编号为 0、1、2、3、4、5 的 50 mL 的比色管中(分别含 0 μg、6 μg、12 μg、18 μg、24 μg、30 μg $NaNO_2$)，各加蒸馏水 20 mL，摇匀。然后分别向每个比色管中加入 2 mL 对氨基苯磺酸溶液，摇匀，静置 3 min。再分别加入盐酸萘乙二胺溶液 1 mL，加水稀释至 50 mL 刻度，摇匀。这时除 0 号瓶无色外，溶液的颜色由无色变为紫红色，且 1～5 号瓶颜色逐渐加深，呈梯度变化。

在 540 nm 波长下，测量 1～5 号比色管中溶液的吸光度。以 $NaNO_2$ 含量为横坐标，吸光度 A 为纵坐标，绘制标准曲线(可用电脑绘制，直接得到相关系数等数据)。

3. 亚硝酸盐含量的测定

用移液管准确移取 10.00 mL 待测试样溶液加入 6 号比色管中，加蒸馏水 10 mL，摇匀。其余步骤同“标准曲线的制作”。在 540 nm 波长下，测量 6 号比色管(待测试样)的吸光度，由标准曲线上查出试样中 $NaNO_2$ 的含量。

六、实验习题

(1) 如果实验中 10 mL 待测试样所测得的吸光度值不在标准曲线的范围内，怎么办?

(2) 盐酸萘乙二胺溶液应如何保存?

实验 21　维生素 C 含量的测定(直接碘量法)

一、实验目的

掌握直接碘量法测定维生素 C 含量的测定原理和方法。

二、实验原理

维生素 C 又称抗坏血酸,分子式为 $C_6H_8O_6$。由于分子中的烯二醇基具有还原性，能被 I_2 定量氧化成二酮基。维生素 C 的半反应式为

$$C_6H_8O_6 = C_6H_6O_6 + 2H^+ + 2e^- \qquad E^{\ominus} \approx +0.18\ V$$

根据等物质的量规则，有 $n(1/2\ I_2) = n(1/2\ C_6H_8O_6)$。

由于维生素 C 的还原性很强，在空气中极易被氧化，尤其在碱性介质中更甚，测定时加入 HAc 使溶液呈弱酸性，减小维生素 C 的副反应。

三、实验前应思考的问题

(1) 配制及使用 I_2 标准溶液过程中有哪些注意事项?

(2) 复习用 $K_2Cr_2O_7$ 标定 I_2 标准溶液的知识。

四、实验用品

(1) 材料：西红柿、橘子等。

(2) 试剂：抗坏血酸药片，0.02 mol/L(1/2 I_2)标准溶液(1.3 g I_2 与 2 g KI 混合溶解于 1000 mL 水中，其准确浓度需用 $K_2Cr_2O_7$ 标定)，0.5%淀粉溶液，2 mol/L HAc 溶液(1+8)。

五、实验步骤

1. 样品制备

(1) 将水果洗净削皮，用滤纸吸干表面的水，称量 50 g，用榨汁器将水果榨汁，并进行过滤，用蒸馏水洗涤滤渣。将得到的滤液果汁转移到锥形瓶中，加 2 mL 淀粉溶液，再加少量蒸馏水，用乙酸溶液酸化，使溶液的 pH 达到 3。

(2)在分析天平上准确称取研细的维生素 C(药片)0.4 g 左右，置于烧杯中，加入新煮沸并冷却的蒸馏水 50 mL 和 25 mL HAc 溶液进行溶解，然后定量转入 250 mL 容量瓶中，用水稀释至刻度，摇匀，备用。

2. 测定

用移液管吸取上述试液 25.00 mL，加入 0.5%淀粉指示剂 2 mL，立即用 I_2 标准溶液滴定至呈现稳定的蓝色，即达到滴定终点。平行测定 2～3 次，计算维生素 C 的含量。相对偏差≤±0.5%。

六、实验习题

(1)本实验中影响滴定准确度的因素有哪些?
(2)本实验中加 HAc 溶液的目的是什么?

实验 22　胃舒平药片中铝和镁的测定

一、实验目的

(1)掌握用返滴定法测定铝的方法。
(2)培养学生在实验中解决实际问题的能力。

二、实验原理

胃舒平是一种中和胃酸的胃药，主要用于胃酸过多、胃溃疡和十二指肠溃疡，它的主要成分为氢氧化铝、三硅酸镁及少量颠茄流浸膏，在加工过程中，为了使药片成形，加了大量的赋形剂，如糊精等。药片中铝和镁的含量可用 EDTA 络合滴定法测定。先将药片用酸溶解，分离除去不溶于水的物质。然后取试液准确加入一定量过量的 EDTA，调节 pH=4 左右，煮沸数分钟，使铝离子与 EDTA 充分络合，用返滴定法测定铝。另取试液，调节 pH=8～9，将铝离子沉淀分离，在 pH=10 的条件下，以铬黑 T 为指示剂，用 EDTA 滴定滤液中的镁离子。

三、实验前应思考的问题

在测定镁离子时，加入三乙醇胺的作用是什么?

四、实验用品

试剂：0.02 mol/L EDTA，0.02 mol/L 锌标准溶液，20%六次甲基四胺溶液水溶液，氨水(1∶1)，盐酸(1∶1)，乙醇胺溶液(1∶2 水溶液)，氨-氯化铵缓冲溶液，0.2%二甲酚橙指示剂，甲基红指示剂，0.2%乙醇溶液，K-B 指示剂(酸性铬蓝 K-萘酚绿

B 混合指示剂），氯化铵固体。

五、实验步骤

1. 样品处理

称取胃舒平药片 10 片，研细后，准确称取药粉约 2 g 于 100 mL 烧杯中，加入 1：1 HCl 20 mL，加蒸馏水至 100 mL，煮沸。冷却后过滤，并以水洗涤沉淀，收集滤液及洗涤液于 250 mL 容量瓶中，稀释至刻度，摇匀。

2. 铝的测定

准确吸取上述试液 5.00 mL，加水至 25 mL 左右，滴加 1：1 氨水至刚出现浑浊，再加 1：1 HCl 至沉淀恰好溶解。准确加入 0.02 mol/L EDTA 溶液 25.00 mL，再加入 20%六次甲基四胺溶液 10 mL，煮沸 1 min 并冷却后，加入二甲酚橙指示剂 2～3 滴，以标准锌溶液滴定至溶液由黄色转变为红色为终点，平行 3 次。根据 EDTA 加入量与锌标准镕液滴定体积，计算每片药片中 $A1(OH)_3$ 的含量。

3. 镁的测定

吸取试液 25.00 mL，滴加 1：1 NH_3 水至刚出现沉淀，再加入 1：1 HCl 至沉淀恰好溶解，加入固体 NH_4Cl 2 g，滴加 20%六次甲基四胺溶液至沉淀出现并过量 15 mL，加热至 80 ℃，维持 10～15 min。冷却后过滤，以少量蒸馏水洗涤沉淀数次。收集滤液与洗涤液于 250 mL 锥形瓶中，加入三乙醇胺 10 mL、氨性缓冲溶液 10 mL、甲基红指示剂 1 滴和 K-B 指示剂少许。用 EDTA 溶液滴定至试液由暗红色转变为蓝绿色为终点，平行 3 次。计算每片药片中镁的含量（以 MgO 表示）。

注意：测定镁时，加入甲基红一滴，能使终点更敏锐。

六、实验习题

（1）测定 Al^{3+}为什么不采用直接滴定法？

（2）能否采用 F^-掩蔽 Al^{3+}，而直接测定 Mg^{2+}？

实验 23　植物中总黄酮类化合物的含量测定

一、实验目的

（1）培养学生在实验中解决实际问题的能力。

（2）通过实验让学生掌握植物药中总黄酮类化合物成分的含量测定方法。

二、实验原理

黄酮类化合物是植物药中广泛存在的活性成分之一，具有强心、降血脂、抗氧化、抗炎、抗变态反应和提高机体免疫力等多种功能，在食品、药品及保健品等领域都有广泛的应用。分光光度法测定总黄酮类物质含量依据的是绝大多数黄酮物质具有邻二酚羟基，在亚硝酸盐作用下产生邻二醌结构，再在碱性条件下与铝形成红色络合物，在 500 nm 附近有最大吸收峰。图 5-4 为芦丁标准溶液的紫外吸收光谱。

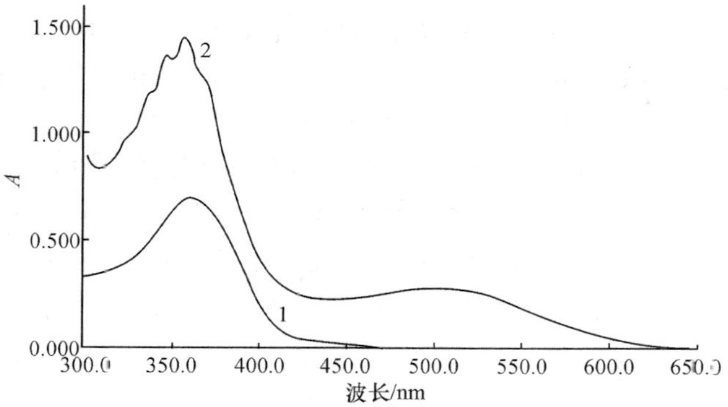

图 5-4　芦丁标准溶液的紫外吸收光谱

1. 未加显色剂的芦丁溶液；2. 加显色剂的芦丁溶液

三、实验前应思考的问题

(1) 如果测定过程中发现样品吸光度超过了标准曲线的最大吸光度，怎么办？

(2) 如何计算 RSD%值？

四、实验用品

(1) 40 g/L 氢氧化钠溶液。

(2) 50 g/L 亚硝酸钠溶液。

(3) 50 g/L 硝酸铝溶液。

(4) 无水乙醇。

(5) 芦丁对照品。

(6) 7200 型分光光度计。

五、实验步骤

1. 植物样品的处理

将自然晾干的植物样品(如贵州鼠尾草、刺三甲叶片、飞龙掌血叶片等)在电热鼓风干燥箱中于 60 ℃±1 ℃烘干 5 h，在研钵中研碎，精确称取样品粉末适量(0.5～

1.0 g，视样品中总黄酮含量高低而定)，按 1∶20 的固液比用体积分数为 70%的乙醇浸泡、超声提取。提取条件：时间 30 min，超声频率 40 kHz，功率 150 W，提取结束后，合并提取液、过滤、冷却、浓缩，用 70%的乙醇定容至 50 mL，摇匀备用。

2. 芦丁标准曲线的绘制

(1) 芦丁标准溶液的制备。精确称取 120 ℃干燥至恒量的芦丁 27.5 mg，置 50 mL 容量瓶中，加 70%乙醇适量，置水浴上微热使其溶解、冷却，加入 70%乙醇至刻度，摇匀，每 1 mL 含芦丁 0.550 mg。

(2) 标准曲线的绘制。精确吸取质量浓度 0.550 mg/mL 的芦丁标准溶液 0 mL、0.25 mL、0.50 mL、1.00 mL、2.00 mL、3.00 mL，4.00 mL 分别置于 7 支 10 mL 比色管中，加体积分数 70%的乙醇补足至 5.0 mL，分别加入 50 g/L 亚硝酸钠溶液 0.40 mL，摇匀，放置 6 min 后，精确加入 50 g/L 硝酸铝溶液 0.40 mL，摇匀，放置 6 min，再精确加入 40 g/L 氢氧化钠溶液 4.00 mL，并用体积分数为 70%乙醇稀释至刻度，摇匀，静置 12 min。以试剂空白为参比，于 510 nm 波长下测定吸光度 A，以吸光度为纵坐标，显色液中芦丁的质量浓度 c(mg/mL) 为横坐标，绘制标准曲线。

3. 测定波长的选择

精确吸取芦丁标准溶液(0.550 mg/mL)、植物样品的提取液各 1.00 mL，分别置于 2 支 10 mL 比色管中，加体积分数 70%的乙醇补足至 10.00 mL，以 70%的乙醇溶液建立基线，在 200～700 nm 波长范围进行波长扫描，得到芦丁和植物样品提取液显色前的紫外吸收光谱；精确吸取芦丁标准溶液(0.550 mg/mL)、植物样品的提取液各 1.00 mL，分别置于 2 支 10 mL 比色管中，加体积分数 70%的乙醇补足至 5.0 mL，分别加入 50 g/L 亚硝酸钠溶液 0.40 mL，摇匀，放置 6 min 后，精确加入 50 g/L 硝酸铝溶液 0.40 mL，摇匀，放置 6 min，再精确加入 40 g/L 氢氧化钠溶液 4.00 mL，并用体积分数为 70%的乙醇稀释至刻度，摇匀，静置 12 min。以试剂空白建立基线，在 200～700 nm 波长范围进行波长扫描，得到芦丁和植物样品提取液显色后的紫外吸收光谱。

4. 样品测定

精确量取植物样品乙醇提取液 1.00 mL，按标准曲线的绘制方法加显色剂处理，于 510 nm 波长下测得样品的吸光度 A，代入回归方程得样品的总黄酮类化合物以芦丁计算的质量浓度 c(mg/mL)，换算为干燥药材中总黄酮的含量。

5. 重复性试验

精确称取植物样品 5 份，按含量测定方法进行测定，计算平均含量及 RSD%值。

6. 加标回收试验

精确称取一定量植物样品 3 份,再精确加入芦丁标准溶液(浓度为 0.550 mg/mL)4.00 mL，按样品含量测定方法进行提取、测定，计算加标回收率及 RSD%值。

六、实验习题

(1)总黄酮类物质含量的测定除了用本实验的方法外，还有哪些方法?
(2)举出几个药用植物中总黄酮类物质成功开发的例子。

实验 24　双波长分光光度法测定银黄注射液中绿原酸和黄芩苷的含量

一、实验目的

(1)培养学生在实验中解决实际问题的能力，并通过实践加深对理论知识的理解。
(2)通过实验让学生掌握双波长分光光度法的方法原理。

二、实验原理

银黄注射液是金银花、黄芩提取物的灭菌水溶液，临床主要用于病毒或细菌感染引起的上呼吸道感染、扁桃体炎、肺炎等，其主要有效成分是绿原酸和黄芩苷。

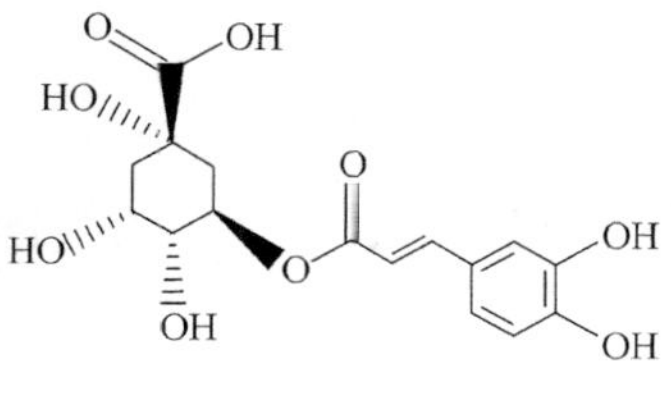
绿原酸

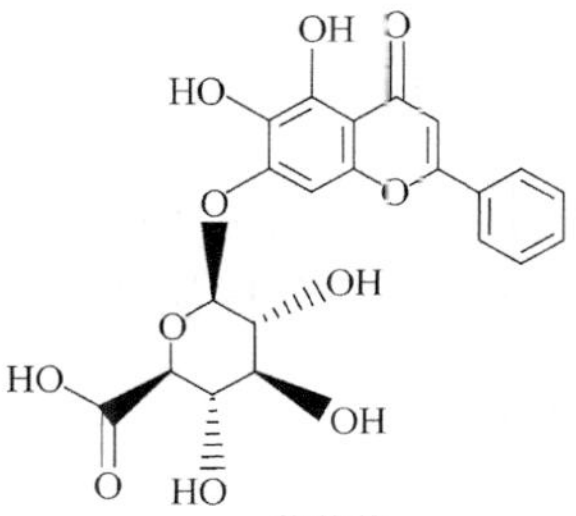
黄芩苷

本实验的原理是在绿原酸及黄芩苷混合溶液中，它们的吸光物质之间不相互作用，总的吸光度等于两者的吸光度之和，根据吸光度的加和性原理可以通过求解方程组来分别求出各组分的含量

$$A_{\lambda_1}^{绿+黄} = A_{\lambda_1}^{绿} + A_{\lambda_1}^{黄} = \kappa_{\lambda_1}^{绿} c_{绿} + \kappa_{\lambda_1}^{黄} c_{黄} \tag{5-1}$$

$$A_{\lambda_2}^{绿+黄} = A_{\lambda_2}^{绿} + A_{\lambda_2}^{黄} = \kappa_{\lambda_2}^{绿} c_{绿} + \kappa_{\lambda_2}^{黄} c_{黄} \tag{5-2}$$

解此方程组，得

$$c_{黄}=\frac{A_{\lambda_1}^{绿+黄}-A_{\lambda_1}^{绿}c_{绿}}{\kappa_{\lambda_1}^{黄}} \tag{5-3}$$

$$c_{绿}=\frac{A_{\lambda_1}^{绿+黄}\kappa_{\lambda_2}^{黄}-A_{\lambda_2}^{绿+黄}\kappa_{\lambda_1}^{黄}}{A_{\lambda_1}^{绿}\kappa_{\lambda_2}^{黄}-A_{\lambda_2}^{绿}\kappa_{\lambda_1}^{黄}} \tag{5-4}$$

式中，绿代表绿原酸；黄代表黄芩苷；c 为浓度；A 为吸光度；K 为摩尔吸光系数；λ 为吸收波长。

本实验通过测定绿原酸及黄芩苷混合溶液在波长 λ_1(如 265 nm)和 λ_2(如 330 nm)处的吸光度 $A_{\lambda_1}^{绿+黄}$ 和 $A_{\lambda_2}^{绿+黄}$，计算 $\kappa_{\lambda_1}^{绿}$、$\kappa_{\lambda_2}^{黄}$、$\kappa_{\lambda_1}^{绿}$、$\kappa_{\lambda_2}^{黄}$。代入式(5-1)和式(5-2)，便可以求出 $c_{绿}$ 和 $c_{黄}$。图 5-5 为绿原酸及黄芩苷的紫外吸收光谱。

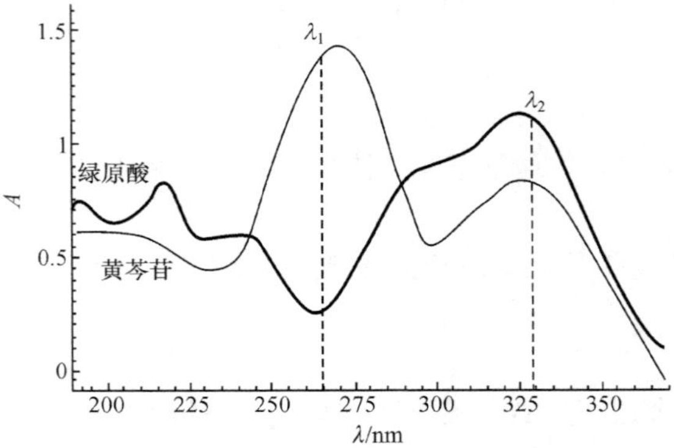

图 5-5　绿原酸及黄芩苷的紫外吸收光谱

三、实验前应思考的问题

(1) 本实验中如何测定摩尔吸光系数 K?

(2) 双波长分光光度法利用了吸光度的什么性质?

四、实验用品

(1) 绿原酸及黄芩苷对照品。

(2) 紫外-可见分光光度计。

(3) 银黄注射液。

五、实验步骤

(1) 对照品溶液的配制。分别称取适量绿原酸和黄芩苷对照品用蒸馏水配制成 10 μg/mL 的标准溶液。

(2) λ_1 和 λ_2 的确定。分别取适量浓度为 10 μg/mL 的绿原酸和黄芩苷对照品溶液，以蒸馏水为参比在紫外-可见分光光度计上扫描绿原酸和黄芩苷水溶液在 200～

400 nm 范围的吸收光谱，以确定测定波长 λ_1 和 λ_2。

(3) 计算 $\kappa_{\lambda_1}^{绿}$、$\kappa_{\lambda_2}^{黄}$、$\kappa_{\lambda_1}^{绿}$、$\kappa_{\lambda_2}^{黄}$。根据绿原酸和黄芩苷水溶液在 λ_1 和 λ_2 处的吸光度，利用朗伯-比尔定律 $A=\kappa c$b (注：b 通常为 1 cm)，计算 $\kappa_{\lambda_1}^{绿}$、$\kappa_{\lambda_2}^{黄}$、$\kappa_{\lambda_1}^{绿}$、$\kappa_{\lambda_2}^{黄}$。

(4) 银黄注射液中绿原酸及黄芩苷的测定。取适量银黄注射液 (如有必要，可预先稀释一定倍数)，以蒸馏水为参比在紫外-可见分光光度计上测定吸光度，得到 $A_{\lambda_1}^{绿+黄}$ 和 $A_{\lambda_2}^{绿+黄}$。将数据代入式 (5-3) 和式 (5-4)，即可求出银黄注射液中绿原酸及黄芩苷的浓度，进而求出含量。

六、实验习题

(1) 银黄注射液中绿原酸及黄芩苷的含量测定除了用本实验的方法外，还有哪些方法？

(2) 本实验中要想取得准确的测定结果，应注意哪些方面？

第 6 章　有机化学实验

6.1　有机化学实验基础知识

有机化学实验是化学、化工、药学、环境工程等专业重要的基础课程，是实施创新教育的重要途径。课程分设三个层次：验证性实验、综合性实验和设计性实验，课程教学目的是使学生获得系统、规范、严格、科学的有机化学实验训练。

6.2　有机化学实验室规则

为了保障有机化学实验课正常、有效、安全地进行，保证实验课的教学质量，学生必须遵守以下规则。

(1) 在进行有机化学实验学习之前，必须认真阅读实验内容，了解进入实验室后应注意的事项及有关规定。

(2) 在每次做有机化学实验前，必须认真预习有关实验内容和相关的参考资料，想好每一步操作的目的、实验中的关键步骤及难点，了解所用药品的性质及应注意的安全问题。按有机化学实验要求写好实验预习报告，方可进行实验。没有做好预习要求者，不得进行实验。

(3) 实验室内不能吸烟和吃东西，师生必须身着实验服方能进入实验室进行实验。

(4) 每次实验前，先将所需反应装置搭好，按要求先进行自查，经指导教师检查合格后，方可进行下一步操作。实验中严格按操作规程操作，如要改变，必须经指导教师同意。

(5) 实验中要认真、仔细观察实验现象，如实做好实验记录。实验完成后，报实验教师登记实验结果，并将产品回收统一保管。按时写出符合要求的实验报告。

(6) 实验过程中必须保持实验室的环境卫生。公用仪器用完后放回原处，保持原样；药品用完后及时将盖子盖好，放回原处。仪器损毁应如实填写破损单。废液倒入废液桶内(或特殊指定容器中)，固体废物(如沸石等)应倒入垃圾桶内。实验过程中，不得喧哗，不得擅自离开实验室。

(7) 实验结束后，将所使用仪器洗、挂、放好，拔掉电源插头。将个人实验台面打扫干净。请指导教师检查、签字后方可离开实验室。值日生做完实验室清洁，检查完毕，再请指导教师检查、签字。离开实验室前检查水、电、气是否关闭。

6.3　有机化学实验室安全知识

有机化学实验中常使用一些易燃、易爆，具有一定毒性的有机试剂和溶剂，使用不当会对人体造成伤害。因此，有机化学实验中除要注意安全用电、防止割伤和灼伤事故的发生外，防火、防爆、防中毒也是有机化学实验中的重要注意事项。

6.3.1　防火

(1) 有机化学实验室需配置二氧化碳、干粉等灭火器和消防沙。使用干粉灭火器时，拔出销钉，将出口对准着火点，压下上手柄，干粉即可喷出，从火的周围开始向中心扑灭。

(2) 不能用敞口容器加热和放置易燃、易挥发的化学药品，尽量防止或减少易燃物气体的外逸。处理和使用易燃物时，应远离明火。需根据实验要求和物质的特性，选择正确的加热方法；注意室内通风。

(3) 易燃、易挥发的废物，不得倒入常规废液缸和垃圾桶中，应专门回收处理。

(4) 实验室不得存放大量易燃、易挥发的试剂。

(5) 一旦着火，应沉着应对，及时采取正确的灭火措施，控制事故的扩大。步骤为：①立即切断电源，移走易燃物；②根据易燃物的性质采取适当的方法进行扑救，小火可用石棉布或消防沙盖熄，火势较大时应用灭火器扑救；③身上着火时，应就近在地上低速打滚将火焰扑灭，切记不能在实验室内乱跑，以免引发更大的火灾。

6.3.2　防爆

(1) 使用易爆物品时，如过氧化合物、芳香族多硝基化合物等，应严格按操作规程操作。

(2) 要通过控制加料速度和反应温度来适当控制反应速度，必要时采用冷却措施。

(3) 在使用玻璃仪器组装实验装置前，要先检查玻璃仪器是否有破损。常压操作反应过程中，要经常检查反应装置是否被堵塞。如发现堵塞应停止加热或反应，将堵塞排除后再继续实验。减压蒸馏时，不能用平底烧瓶、锥形瓶、薄壁试管等不耐压容器作为接收瓶或反应瓶。

(4) 无论是常压蒸馏还是减压蒸馏，均不能将液体蒸干，以免局部过热或产生过氧化物而发生爆炸。

6.3.3　防中毒

(1) 大多数化学药品具有一定的毒性，中毒主要是化学药品通过呼吸道和皮肤接触而对人体造成危害。因此，称量药品时应使用工具，不得直接用手接触。做完实验后需洗手再吃东西，任何药品不得用嘴尝。

(2) 使用和处理有毒或腐蚀性物质时，应在通风橱中进行或加气体吸收装置，并戴好防护器。尽可能避免蒸气外逸，防止造成污染。

(3) 如发生中毒现象，应让中毒者及时离开现场，到通风好的地方，严重者需及时送医。

6.4　有机化学实验实验报告

(1) 性质实验报告包括实验名称、实验目的、实验原理、主要试剂和产物的物理常数、试剂规格和用量、装置示意图和操作步骤。预习报告中的每一个操作步骤后均需留有适当空白，以供实验时观察记录用。

(2) 合成实验报告包括实验名称、实验目的、实验原理(或反应式，包括主反应、副反应)、主要试剂和产物的物理常数、试剂规格和用量、装置示意图和操作规程(按实际情况记录)、实验步骤和现象记录、实验结果(包括产品外观、质量、产率)、实验总结(包括实验成功经验、失败原因分析、观察到的反常现象及原因分析、改进的设想等)。

6.5　有机化学实验考核

有机化学实验为独立开设的考查课程，成绩评定办法为：实验 60%(包括实验预习报告、实验态度、产品质量、产率)，理论考试 40%。

实验 25　熔点的测定

一、实验目的

了解熔点测定的意义，掌握测定熔点的方法。

二、实验原理

当加热结晶物质到一定温度，使其从固态转变为液态，此时的温度为该化合物的熔点。纯粹的固体有机化合物一般有固定的熔点。常用熔点测定法鉴定纯粹固体有机化合物。纯化合物开始熔化至完全熔化(初熔至全熔)的温度范围称为熔程，一般不超过 0.5～1 ℃。如该化合物含有杂质，其熔点往往偏低，且熔程也较长。因此，根据熔程长短也可判别固体化合物的纯度。

三、实验前思考的问题

(1)要测到固体物质准确的熔点，样品应如何处理？为什么？

(2)用浓硫酸作为毛细管法测定熔点的浴液时，有哪些注意事项？

四、实验用品

(1)仪器：提勒管或双浴式熔点管，温度计(200 ℃)，橡胶塞，熔点毛细管，长玻璃管(70～80 cm)，玻璃棒，表面皿，小胶圈，酒精灯，铁架台，显微熔点测定仪。

(2)试剂：萘，乙酰苯胺，苯甲酸，尿素，浓硫酸。

五、实验步骤

1. 毛细管法测定熔点

1)样品的装入

放少许待测熔点的干燥样品(约 0.1 g)于干净的表面皿上，用玻璃棒或不锈钢刮刀将它研成粉末并集成一堆。将熔点管开口端向下插入粉末中，然后把熔点管开口端向上，轻轻地在桌面上敲击，以使粉末落入和填紧管底。或者取一支长 30～40 cm 的玻璃管，垂直于一干净的表面皿上，将熔点管从玻璃管上端自由落下，可以更好地达到上述目的，为了使管内装入高 2～3 mm 紧密结实的样品，一般需如此重复数次。沾于管外的粉末需拭去，以免沾污加热浴液。要测得准确的熔点，样品一定要研得极细，装得密实，使热量的传导迅速均匀。对于蜡状的样品，为了解决研细及装管的困难，只得选用较大口径(2 mm 左右)的熔点管。

2)熔点浴

熔点浴的设计最重要的一点是受热均匀。下面介绍两种在实验室中最常用的熔点浴。

(1)提勒管(Thiele tube)：又称 b 形管，如图 6-1(a)所示。管口装有开口软木塞，将温度计插入管中，刻度应面向木塞开口，其水银球位于 b 形管上下两叉管口之间，装好样品的熔点管借少许浴液黏附于温度计下端，使样品的部分置于水银球侧面中部[图 6-1(b)]。b 形管中装入加热液体(浴液)，高度达上叉管处即可。在图示的部位加热，受热的浴液做沿管上升的运动。从而促成了整个 b 形管内浴液呈对流循环，使得温度较均匀。

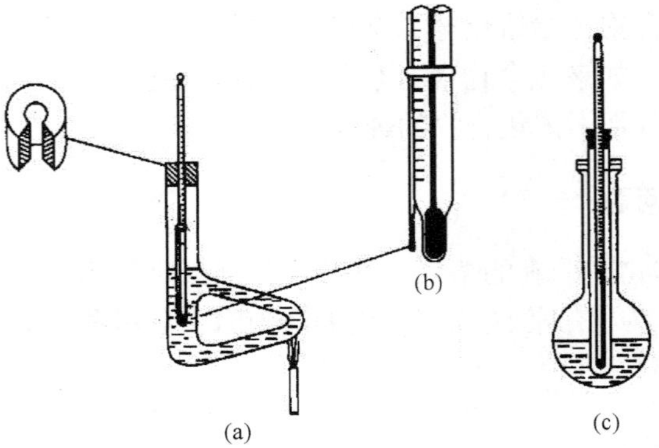

图 6-1　毛细管法测定熔点的装置

(2) 双浴式：如图 6-1(c) 所示，将试管经开口软木塞插入 250 mL 平底(或圆底)烧瓶内，直至离瓶底约 1 cm 处，试管口也配一个开口软木塞，插入温度计，其水银球应距试管底 0.5 cm。瓶内装入约占烧瓶 2/3 体积的加热液体，试管内也放入一些加热液体，使在插入温度计后，其液面高度与瓶内相同。熔点管黏附于温度计和在 b 形管中相同。

在测定熔点时，凡是样品熔点在 220 ℃以下的，可采用浓硫酸作浴液。但高温时，浓硫酸会分解放出三氧化硫及水。长期不用的熔点浴应先渐渐加热去掉吸入的水分，如加热过快，有冲出的危险。

当有机物和其他杂质触及硫酸时，会使硫酸变黑，有碍熔点的观察。此时可加入少许硝酸钾晶体共热使之脱色。

除浓硫酸之外，也可采用磷酸(可用于 300 ℃以下)、液状石蜡或有机硅油等。例如，将 7 份浓硫酸和 3 份硫酸钾或 5.5 份浓硫酸和 4.5 份硫酸钾在通风橱中一起加热，直至固体溶解，这样的溶液可应用在 220～320 ℃的范围。若以 6 份浓硫酸和 4 份硫酸钾混合，则可使用至 365 ℃。但此类加热液体不适用于测定低熔点的化合物，因为它们在室温下呈半固态或固态。

3) 熔点的测定

将提勒管垂直夹于铁架台上，按前述方法装配完毕，以浓硫酸作为加热液体，用温度计水银球蘸取少许硫酸滴于熔点管上端外壁上，即可使之黏附。将黏附有熔点管的温度计小心地伸入浴中，以小火缓缓加热。开始时升温速度可以较快，到距离熔点 10～15 ℃时，调整火焰使温度每分钟上升 1～2 ℃。越接近熔点，升温速度应越慢(掌握升温速度是准确测定熔点的关键)。这一方面是为了保证有充分的时间让热量由管外传至管内，以使固体熔化；另一方面因观察者不能同时观察温度计所示度数和样品的变化情况，只有缓慢加热，才能使此项误差减小。记下样品开始塌落并有液相产生时(初熔)和固体完全消失时(全熔)的温度计读数，即为该化合物的熔程。要注意在初熔前是否有萎缩或软化、放出气体及其他分解现象。例如，一物质在 120 ℃时开始萎缩，在 121 ℃时有液滴出现，在 122 ℃时全部液化，应记录如下：熔点 121～122 ℃，120 ℃时萎缩。

熔点测定至少要有两次重复的数据。每一次测定都必须用新的熔点管另装样品，不能将已测过熔点的熔点管冷却，使其中的样品固化后再做第二次测定。因为有时某些物质会产生部分分解，有些会转变成具有不同熔点的其他结晶形式。测定易升华物质的熔点时，应将熔点管的开口端烧熔封闭，以免升华。

如果要测定未知物的熔点，应先对样品粗测一次。加热可以稍快，知道大致的熔点范围后，待浴温冷至熔点以下约 30 ℃，再取另一根装样的熔点管做精确的测定。

熔点测好后，温度计的读数须对照温度计校正图进行校正。

一定要待熔点浴冷却后，方可将浓硫酸倒回瓶中。温度计冷却后，用废纸擦去硫酸，否则温度计极易炸裂。

2. 熔点仪测定熔点

图 6-2 为常见熔点仪外观图。

1) 测试前的准备工作

硅油的灌入：用注射器吸取硅油从溢出口注入，共需注入 60 mL 硅油，然后将溢油瓶套在溢出口上(如长期测量熔点低于 90 ℃时，可用超纯水代替硅油)。

油浴管的更换：首先取下溢油瓶，然后卸下侧板，用手伸进仪器箱体内，一手托住油浴管，一手拉下弹簧，然后竖直向下再水平取出油浴管。取出油浴管时，须小心谨慎，以免玻璃破损。把油管装入仪器内，按上述方法的相反次序进行。

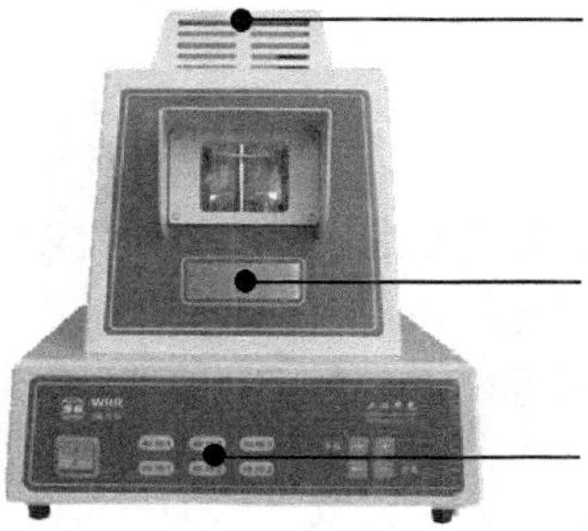

图 6-2　熔点仪

2) 熔点测定

(1) 通过起始温度拨盘输入所需要的起始温度，设置的起始温度应低于待测物质的熔点，且低于 280 ℃。根据线性升温速率，设定升温速率，越接近熔点，升温速率越慢。

(2) 开启电源，通过观察窗可以看到照明灯亮，硅油被电机搅拌，说明仪器已处于接通状态，同时显示屏会显示出当前的油浴温度，此后仪器自动达到预置设定温度并自动平衡，若要修改预置温度，则重新输入所需的预置温度，按一下“置入”键即可。

(3) 仪器预热 20 min，将装有待测物质的毛细管从插入口中的小孔置入油浴管中

(插入及取出毛细管时必须小心谨慎，切勿折曲)。

(4) 根据所选择升温速率，按下相应的键，左上方即有光亮指示，说明仪器已进入线性升温工作状态，四挡线性升温速率键可随时变换，对于未知熔点的样品可先用快速升温得到初步熔点范围后而精测。

(5) 通过观察窗观察毛细管内样品的熔化过程，出现初熔时，按下初熔键，初熔存储指示灯亮，说明初熔已被储存。出现终熔时，按下终熔键，显示屏上的数字便保持不动，这个数值就是终熔值。如果发生误动，则无法修改初、终熔读数，只好重新测量。

(6) 若要读出初熔值，按一下初熔读出键，显示屏上的数字就是初熔值，但几秒后，显示屏上的数字又转换到终熔值。这样一直可以重复读出。

(7) 谨慎取出测量完毕的毛细管。

(8) 如果要重复测同种样品，则按下置入键，仪器自动进入起始温度设定，等平衡后重复(3)～(7)的步骤即可。

(9) 如果要测其他物质的熔点，可通过起始温度拨盘重新输入新的起始温度，然后按一下置入键重复(3)～(7)的步骤即可。

(10) 一般先测量低熔点物质，后测高熔点物质。

六、实验习题

(1) 加热的快慢为什么会影响熔点？在什么情况下加热可以快些？在什么情况下加热则要慢些？

(2) 是否可以使用第一次测熔点时已经熔化了的有机化合物再做第二次测定呢？为什么？

(3) 测定易升华物质的熔点时，应采取怎样的处理措施？

(4) 测定熔点时，若遇下列情况将产生什么结果？①熔点管壁太厚；②熔点管不洁净；③样品未完全干燥或含有杂质；④样品研得不细或装得不紧密；⑤加热太快。

实验 26　蒸馏及沸点的测定

一、实验目的

(1) 了解测定沸点的意义。

(2) 掌握常量法(蒸馏法)的原理和方法。

二、实验原理

沸点(b.p.)：将液体加热，当液体的蒸气压增大至与外界液面的总压力(通常是大气压)相等时液体沸腾，这时的温度称为该液体的沸点。

沸点的影响因素：外压（外因）、分子间作用力（内因）。

蒸馏：将液体加热至沸腾，使液体气化，然后将蒸气冷凝为液体的过程。

应用：①分离纯化不同沸点的液体有机化合物；②溶剂的回收；③测定液体有机物的沸点，可作为鉴定液态有机物纯度的依据。

三、实验前应思考的问题

(1) 在进行蒸馏操作时，从安全和效果两方面考虑，应注意哪些问题？

(2) 测得某种液体有固定的沸点，能否认为该液体是纯物质？为什么？

四、实验用品

(1) 仪器：圆底烧瓶，温度计，冷凝管，尾接管，锥形瓶。

(2) 试剂：工业酒精，沸石。

五、实验步骤

(1) 按图 6-3 所示搭建实验装置，搭建仪器的顺序为从下到上、从左到右。

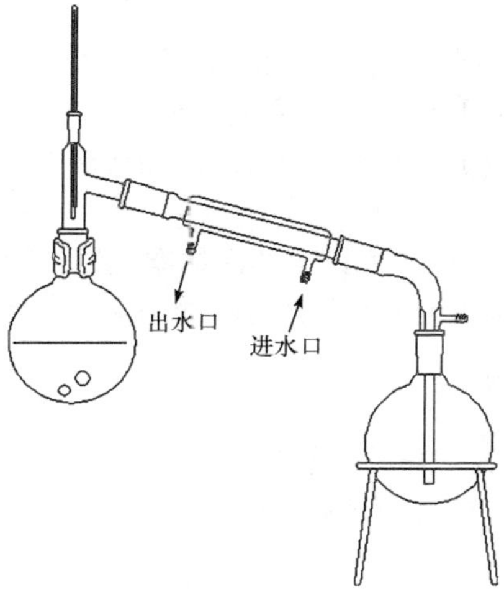

图 6-3　普通蒸馏装置

(2) 加料：仪器安装好后，检查装置的密封性，然后用玻璃漏斗加入 30 mL 工业酒精（加样体积为烧瓶体积的 1/3～2/3）及几小片助沸物沸石。

(3) 加热：接通冷凝水（冷凝水要下进上出），电热套或水浴加热。当液体平稳沸腾时，控制加热以调节蒸馏速度，通常以每秒蒸出 1～2 滴为宜。记录此时的沸点。

(4) 蒸馏完毕，应先停火，移走热源，关闭电源，待稍冷却后关好冷却水，拆除装置，拆仪器与搭仪器的顺序相反。

六、实验习题

（1）蒸馏装置中，温度计正确的位置是什么？为什么？

（2）蒸馏时加入沸石的作用是什么？如果蒸馏前忘记加沸石，能否立即将沸石加至将近沸腾的液体中？当重新蒸馏时，用过的沸石能否继续使用？

（3）当加热至有馏出液出来时，才发现冷凝管未通水，能否马上通水？如果不行，应该怎么办？

实验 27　重结晶及热过滤

一、实验目的

（1）掌握重结晶的基本操作。

（2）掌握抽滤、热过滤的操作方法。

二、实验原理

重结晶原理：一般情况下，固体有机物在溶剂中的溶解度与温度呈正相关。利用溶剂对被提纯物质及杂质的溶解度不同，调节熔剂温度，可以使被提纯物质从过饱和溶液中析出，而让杂质全部或大部分仍留在溶液中，或者相反，以达到分离纯化的目的。

重结晶只适宜杂质含量在 5%以下的固体有机混合物的提纯。从反应粗产物直接重结晶是不适宜的，必须先采取其他方法初步提纯，然后再重结晶提纯。

三、实验前应思考的问题

（1）重结晶实验应选择怎样的溶剂？

（2）做好重结晶实验应注意哪些事项？

四、实验用品

（1）仪器：锥形瓶，玻璃漏斗，加热套，布氏漏斗，循环水真空泵。

（2）试剂：工业乙酰苯胺，蒸馏水，活性炭。

五、实验步骤

（1）溶剂的选择：相似相溶。

（2）制饱和溶液：2 g 工业乙酰苯胺放入 100 mL 锥形瓶中，加入 30 mL 蒸馏水，加热搅拌，陆续加入蒸馏水，2～3 mL/次，至固体不溶。加入溶剂的量应同时考虑两个因素：溶剂少则收率高，但可能给热过滤带来麻烦，并可能造成更大的损失；溶剂多，显然会影响回收率。因此，两者应综合考虑。

(3) 杂质的除去：将固体样品加热溶解完毕后，待溶液稍冷后才能加入活性炭，活性炭用量为样品量的 1%～5%。热过滤前用热水润湿滤纸可减少样品的损失；热过滤低沸点、易燃有机溶剂时不可用酒精灯加热加热套。

(4) 晶体的析出：注意缓慢冷却，不要急冷和剧烈搅动。

(5) 晶体的收集和洗涤：减压抽滤，滤纸的大小要与布氏漏斗内径差不多，要先用母液转移晶体后再用冷溶剂进行洗涤。

(6) 晶体干燥，熔点测定法测定重结晶物的纯度。

六、实验习题

(1) 加热溶解粗产物时，为何先加入比计算量(根据溶解度数据)略少的溶剂，然后渐渐添加至恰好溶解，最后再加少量溶剂？

(2) 活性炭为什么要在固体物质全溶后加入？为什么不能在溶液沸腾时加入？

(3) 在热过滤时，溶剂挥发对重结晶有何影响？如何减少溶剂挥发？

实验 28　旋光度和折光率的测定

一、实验目的

(1) 掌握旋光仪的使用方法。

(2) 了解手性化合物的旋光性及其测定的原理、方法和意义。

(3) 学习有机化合物折光率测定和阿贝折光仪的使用。

二、实验原理

旋光性：手性化合物使平面偏振光偏振面旋转的性质。

比旋光度和旋光度：化合物的旋光性可用它的比旋光度或分子旋光度来表示。

$$\text{溶液的比旋光度}=[\alpha]_{\lambda}^{t}=\frac{\alpha}{l\rho_1}\times 100$$

式中，$[\alpha]_{\lambda}^{t}$ 表示旋光性物质在 t ℃、光源的波长为 λ 时的比旋光度；t 表示测定时的温度；λ 表示光源的光波长；α 表示标尺盘转动角度的读数(旋光度)；ρ_1 表示样品的质量浓度(100 mL 溶液中所含样品的质量)，单位为 g/mL。

物质的旋光度与溶液的浓度、溶剂、温度、旋光管长度和所用光源的波长等都有关系。比旋光度是物质的特性常数，测定旋光度可以检定旋光性物质的纯度和含量。折射现象：由于光在不同介质中的传播速度不是相同的，光线从一个介质进入

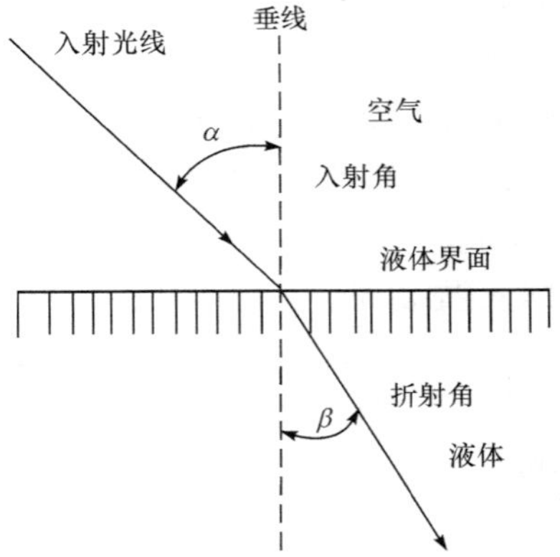

图 6-4　光线从空气进入液体时向垂线偏折

另一个介质，当它的传播方向与两个介质的界面不垂直时，则在界面处的传播方向发生改变的现象，如图 6-4 所示。

折光率(n)：光线在空气中的速度(v_0)与它在液体中的速度(v_1)之比。一个介质的折光率，就是光线从真空进入这个介质时的入射角的正弦与折射角的正弦之比，这种折光率称为该介质的绝对折光率。通常是以空气作为标准的。

$$n=\frac{v_0}{v_1}=\frac{\sin\alpha}{\sin\beta}$$

化合物的折光率与入射光线波长和测定时的温度有关，通常温度升高，液态化合物折光率降低(3.5～5.5)×10^{-4}。所以，折光率的表示需要注出所用光线波长和测定的温度，常用 n_D^t 来表示(D 表示钠光)。

折光率是化合物的特性常数，固体、液体和气体都有折光率，液体记载更为普遍。折光率不仅可作为化合物纯度的标志，也可用来鉴定未知物。如分馏时，配合沸点，作为划分馏分的依据。

三、实验前应思考的问题

(1)测定旋光度时应注意哪些问题?

(2)使用阿贝折射仪时需要注意哪些地方?

四、实验用品

(1)仪器：旋光仪，阿贝折射仪。

(2)试剂：葡萄糖，蒸馏水，无水乙醇，丙酮。

五、实验步骤

1. 旋光度的测定

1)旋光仪零点的校正

旋光仪(图 6-5)接通电源，钠光灯发光稳定后(约 5 min)，将装满蒸馏水的测定管放入旋光仪中，校正目镜的焦距，使视野清晰。旋转手轮，调整检偏镜刻度盘，使视场中三分视场的明暗程度一致，读取刻度盘上所示的刻度值。反复操作三次，取其平均值作为零点(零点偏差值)。

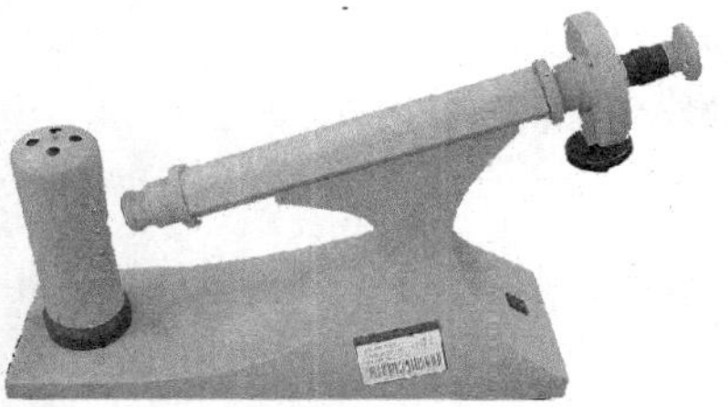

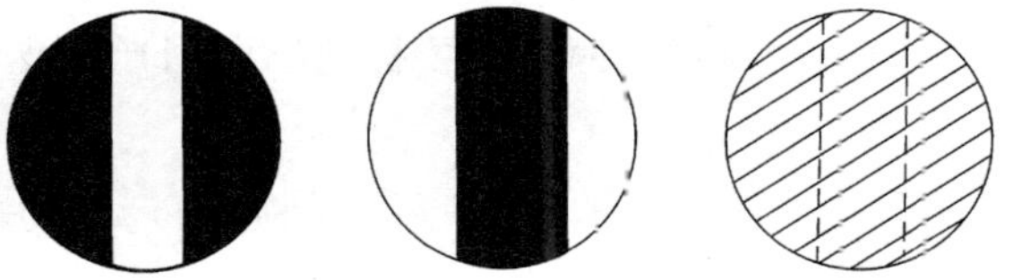

图 6-5　旋光仪和三分视场变化示意图

测定时，旋转手轮，调整检偏镜刻度盘，应调节视场成明暗相等的单一视场，读取刻度盘上所示的刻度值。

2) 旋光度的测定

准确称取 2.5 g 样品放在烧杯中用少量纯水溶解，将液体转入 10 mL 容量瓶中配成溶液，依上法测定其旋光度。这时所得的读数与零点之间的差值即为该物质的旋光度。记下样品管的长度及溶液的温度，然后按公式计算其比旋光度。反复操作 3 次，取平均值。

2. 折光率的测定

1) 校正

重蒸馏水校正：打开棱镜（图 6-6），滴 1～2 滴重蒸馏水于镜面上，关紧棱镜，转动左面刻度盘，使读数镜内标尺读数等于重蒸馏水的折光率（n_D^{20} =1.33299，n_D^{25}=1.3325），调节反射镜，使入射光进入棱镜组，从测量望远镜中观察，使视场最亮，调节测量镜，使视场最清晰。转动消色散镜调节器，消除色散，再用一特制的小螺丝刀旋动右面镜筒下方的方形螺旋，使明暗界线和“十”字交叉重合，校正工作完成。

2) 测定

打开棱镜，用滴管将待测液体（无水乙醇、丙酮）2～3 滴均匀地滴在磨砂面棱镜上，要求液体无气泡并充满视场，关紧棱镜。转动反射镜使视场最亮。轻轻转动左面的刻度盘，并在右镜筒内找到明暗分界或彩色光带，再转动消色调节器，至看到一个明晰的分界线。转动左面刻度盘，使分界线对准“十”字交叉点上，并读折光率，重复 3 次。

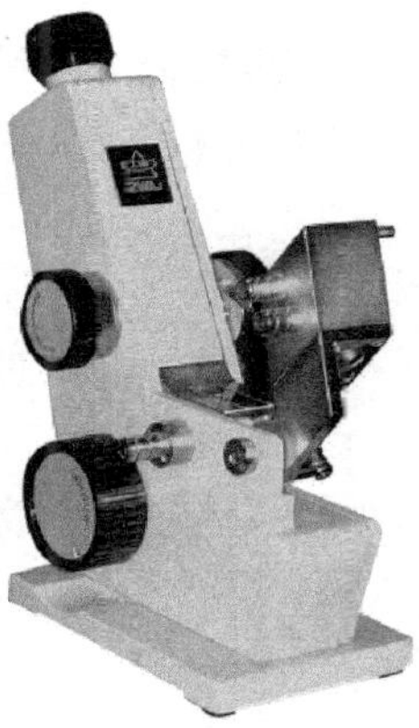

图 6-6　阿贝折射仪

六、实验习题

(1) 测定一个未知物时，至少要做改变浓度或盛液管长度的测定，为什么？

(2) 旋光仪和折光仪都可以测定溶液浓度，区别是什么?

(3) 测定样品时为何要标注出所用光线波长和测定时的温度?

实验 29 薄层色谱

一、实验目的

(1) 学习薄层色谱一般的原理和操作方法。

(2) 利用薄层色谱法鉴定镇痛药片 APC 中的主要成分。

二、实验原理

色谱法原理：利用混合物中各组分在某一物质中的吸附或溶解性能(分配)的不同，或其他亲和作用性能的差异，使混合物的溶液流经该物质时进行反复吸附、解吸附或分配等作用，吸附力弱的组分随流动相迅速向前移动，吸附力强的组分滞留在后，使各组分具有不同的移动速率，最终得以在固定相薄层上分离。

镇痛药 APC 是几种药物的混合物，含有阿司匹林、非那西汀、咖啡因和其他成分，由于组分本身是无色的，经薄层层析后，通过紫外灯或碘熏蒸显色，并与纯组分的 R_f 比较来加以鉴定。

三、实验前应思考的问题

(1) 薄层色谱的铺板要领是什么? 涂层的均匀度对实验有何影响?

(2) 影响薄层层析(TLC)效果有哪些因素?

四、实验用品

(1) 仪器：薄层玻璃板，展开槽，硅胶 GF254，紫外检测仪。

(2) 试剂：95%乙醇，无水乙醚，二氯甲烷，冰醋酸，APC 镇痛药片，乙酰苯胺，1%阿司匹林的醇溶液，1%非那西汀的醇溶液，1%咖啡因的醇溶液。

五、实验步骤

(1) 薄层板的制备：取 10 cm×4 cm 的玻璃片 5 块，洗净晾干。在小烧杯中放 2.5 g 硅胶 GF254，10 mL 0.5%～1%的羧甲基纤维素钠水溶液，调成糊状，均匀地铺在 4 块玻璃板上，在室温晾干后，放入烘箱中，缓慢升温至 110 ℃，恒温 0.5 h，取出，置干燥器中备用。

(2) 样品的制备：取镇痛药片 APC 半片，研成粉状。取一支滴管，用少许棉花塞住其细口部，然后将粉状 APC 转入其中。另取一只滴管，将 2.5 mL 95%乙醇滴入盛有 APC 的滴管中，流出的萃取液收集于一小试管中。

(3) 点样：取三块制好的薄层板，每块板上点两个样点(图 6-7)，分别为 APC 的萃取液和 1%阿司匹林的 95%乙醇溶液、1%乙酰苯胺的 95%乙醇溶液、1%咖啡因的 95%乙醇溶液 3 个标准样品。

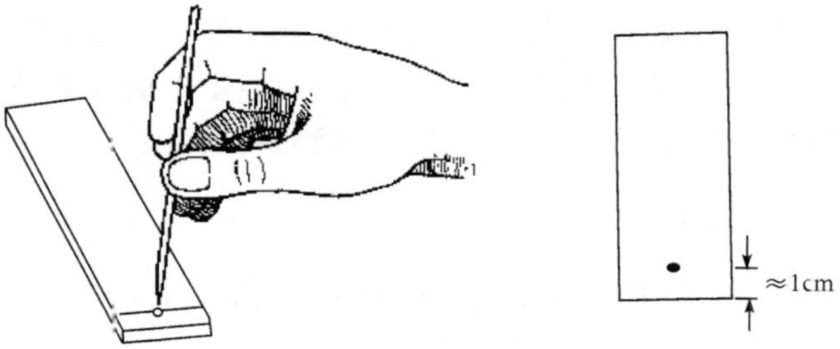

图 6-7　毛细管点样

(4) 展开：展开剂用无水乙醚 5 mL、二氯甲烷 2 mL、冰醋酸 7 滴的混合溶液，在展开缸中进行展开。观察展开剂前沿，当上升至离板的上端 1 cm 时取出，迅速在前沿处画线。

(5) 显色：本实验样品本身无颜色，在荧光灯下观察，可以看到粉红色斑点。将干后的薄层板放入 254 nm 紫外检测仪中显色，可清晰地看到展开得到的粉红色斑点，用铅笔将其画出，求出每个点的 R_f，并将未知物与标准样品比较。

可把以上的薄板再置于放有几粒碘结晶的广口瓶内，盖上瓶盖，直至薄板上暗棕色的斑点明显时取出，并与先前在紫外灯下观察做出的记号比较。

(6) 鉴定：计算比移值(R_f)

$$R_f = \frac{\text{原点中心到组分斑点中心的距离}}{\text{原点中心到展开剂前沿的距离}}$$

六、实验习题

(1) 综合所得到的各项实验数据，试确定镇痛片 APC 的成分。

(2) TLC 通用显色方法有哪些?

实验 30　柱　色　谱

一、实验目的

(1) 通过柱色谱的分离操作，加深了解微量有机物色谱分离鉴定的原理。

(2) 利用柱色谱法分离菠菜中的主要成分。

二、实验原理

利用不同组分对吸附剂表面吸附能力的差异和在流动相中溶解度的差异，使被分离组分在色谱柱中进行差速迁移而分离。极性大的化合物吸附能力强，不易被洗脱，极性小的化合物则吸附能力弱，易被洗脱；相应地，极性大的洗脱剂洗脱能力强，即使被吸附化合物解吸附的能力强。因此，可以根据被分离组分的性质，选择恰当的吸附剂和洗脱条件进行柱层析，达到分离的目的。

三、实验前应思考的问题

(1) 在柱层析中应如何选择吸附剂？常用的吸附剂有哪些？

(2) 影响柱色谱分离效果的因素有哪些？

四、实验用品

(1) 仪器：玻璃层析柱，硅胶 H(200～300 目)。

(2) 试剂：菠菜叶，丙酮，石油醚，无水硫酸钠。

五、实验步骤

(1) 试样的处理及制备(提取)：取菠菜叶 2 片，撕碎置研钵中，加大约 15 mL 丙酮一起研碎。过滤除去滤渣，滤液移至分液漏斗中，加 10 mL 石油醚萃取。分出石油醚层，用 0.5～1 g 无水硫酸钠干燥备用。

(2) 装柱：选择合适大小的层析柱，柱底部放入少量棉花，用玻璃棒轻轻塞紧。取 20～40 g 硅胶混悬于适量石油醚中，使之成为易流动状态，不断搅拌除尽气泡后一次倾入色谱柱中。若柱中有气泡，可用洗耳球轻轻敲打柱身，振动排除气泡。为防止层析柱的上表面被破坏，可在上端加入一张直径与柱径近乎相等的圆形滤纸片。

(3) 上样：在石油醚液面刚好流至滤纸面时，沿柱壁加入约 2 mL 已经处理好的试样，当试样接近滤纸面时，用少量石油醚洗下柱壁的有色物质，如此连续 2～3 次，直至洗净为止。

(4) 洗脱：从柱上端加入梯度洗脱剂，即加入石油醚-丙酮(9∶1)，当第一个谱带(黄色谱带)移至柱下方时，改用石油醚-丙酮(2∶1)洗脱，以增大洗脱剂极性，以此类推。观察色带的出现，并用锥形瓶顺序收集洗脱下来的各个色带。

六、实验习题

(1) 为什么极性大的组分要用极性较大的溶剂洗脱？

(2) 柱子中若有气泡或装填不均匀，将给分离带来什么样的影响？如何避免？

实验 31　环己烯的制备

一、实验目的

(1)学习、掌握由环己醇制备环己烯的原理及方法。
(2)了解分馏的原理及实验操作。
(3)复习并熟练掌握蒸馏、分液、干燥等实验操作方法。

二、实验原理

分馏的原理就是让上升的蒸气和下降的冷凝液在分馏柱中进行多次热交换，相当于在分馏柱中进行多次蒸馏，从而使低沸点的物质不断上升、被蒸出，高沸点的物质不断地被冷凝、下降、流回到加热容器中，结果将沸点不同的物质分离。本实验即是利用产物环己烯和水形成的二元共沸物(含水 10%)的沸点 70.8 ℃小于原料环己醇和水形成二元共沸物(含水 80%)的沸点 97.8 ℃，通过控制顶温度不超过 80 ℃，在反应过程中不断蒸出产物，使可逆的反应向正方向进行。

反应采用 85%的磷酸替代浓硫酸作催化剂，以减少氧化副反应的发生。

主反应:

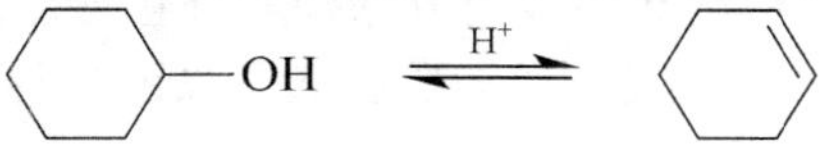

副反应:

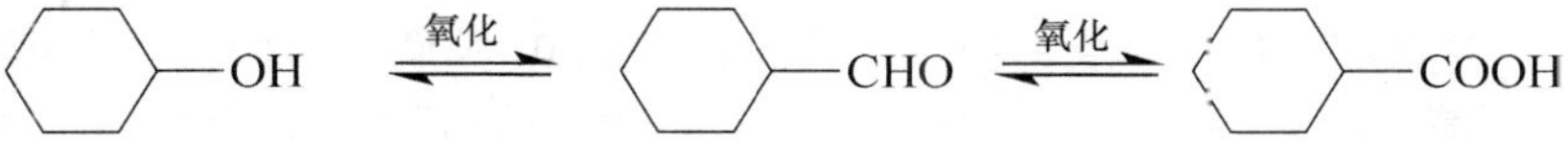

三、实验前应思考的问题

(1)本实验提高产率的措施是什么?
(2)如何判断反应终点?

四、实验用品

(1)仪器：50 mL 圆底烧瓶，冷凝管，分馏柱，温度计，接引管，接收瓶，石棉网，酒精灯，磁力搅拌器，2000 mL 烧杯，50 mL 分液漏斗。

(2)试剂：15.0 g(15.6 mL)环己醇，1 mL 85%的磷酸，食盐，无水氯化钙，5%碳酸钠水溶液。

五、实验步骤

(1)投料：按图 6-8 中反应装置所示，在 50 mL 干燥的圆底烧瓶中，放入 15.6 mL 环己醇(15 g，0.15 mol)、1 mL 85%的磷酸，充分振摇、混合均匀。投入几粒沸石。

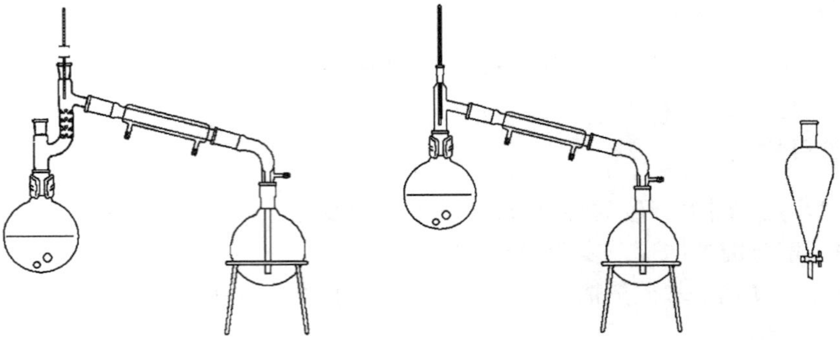

图 6-8　制备环己烯反应装置

(2) 蒸馏：将烧瓶在石棉网上用小火慢慢加热，控制加热速度使分馏柱上端的温度不要超过 90 ℃，馏出液为产物与水的共沸物。当烧瓶中只剩下很少量的残液并出现阵阵白雾时，即可停止蒸馏。全部蒸馏时间约需 1 h。

(3) 洗涤：馏出液用等体积的饱和食盐水洗涤，然后加 3～4 mL 5%的碳酸钠溶液中和微量的酸。

(4) 分液：将液体转入 50 mL 分液漏斗中，充分振摇后静止分层。将下层水溶液自漏斗下端活塞放出、上层的粗产物自漏斗的上口倒入干燥的烧杯中，加入 2 g 无水氯化钙干燥。

(5) 重蒸：将干燥后的粗产品过滤到 50 mL 圆底烧瓶中，加入几粒沸石，用水浴加热蒸馏。收集 80～85 ℃的馏分于一已称量的干燥接收瓶中，产量为 7～8 g。

六、实验习题

(1) 为什么要将环己醇与磷酸充分混合？否则会出现怎样的现象？

(2) 在纯化环己烯时，用等体积的饱和食盐水洗涤，而不用水洗涤，目的何在？

(3) 用无水氯化钙干燥有哪些注意事项？

实验 32　正溴丁烷的制备

一、实验目的

(1) 掌握由醇制备溴代烷的原理和方法。

(2) 熟悉掌握回流及气体吸收装置和分液漏斗的使用方法。

二、实验原理

实验室制备卤代烷的常用方法是用结构上相对应的醇与氢卤酸作用发生 S_NI 取

代反应。采用浓硫酸和溴化钠(或溴化钾)作为溴代试剂有利于加速反应和提高产率，但硫酸的存在会使醇脱水而生成烯烃和醚。

主反应：$NaBr + H_2SO_4 \longrightarrow HBr + NaHSO_4$

$n\text{-}C_4H_9OH + HBr \longrightarrow n\text{-}C_4H_9Br + H_2O$

副反应：$2n\text{-}C_4H_9OH \longrightarrow n\text{-}C_4H_9OC_4H_9 + H_2O$

$n\text{-}C_4H_9OH \longrightarrow CH_2 = CHC_2H_5 + H_2O$

$2HBr + H_2SO_4 \longrightarrow Br_2 + SO_2 + 2H_2O$

三、实验前应思考的问题

(1) 萃取过程有哪些注意事项？

(2) 怎样判断反应是否完成？

(3) 反应后的产物可能含有哪些杂质？各步洗涤的目的何在？用浓硫酸洗涤时为何要用干燥的分液漏斗？

四、实验用品

(1) 仪器：30 mL 圆底烧瓶，冷凝管，温度计，接引管，锥形瓶，石棉网，酒精灯，25 mL 分液漏斗，20 mL 圆底烧瓶，磁力搅拌器。

(2) 试剂：2.5 mL 正丁醇，3.33 g 无水溴化钠，4 mL 浓硫酸，饱和碳酸氢钠溶液，无水氯化钙，沸石。

五、实验步骤

(1) 投料：按基础化学实验常用装置简介中普通回流装置、气体吸收装置和蒸馏装置组装实验装置，如图 6-9 所示。

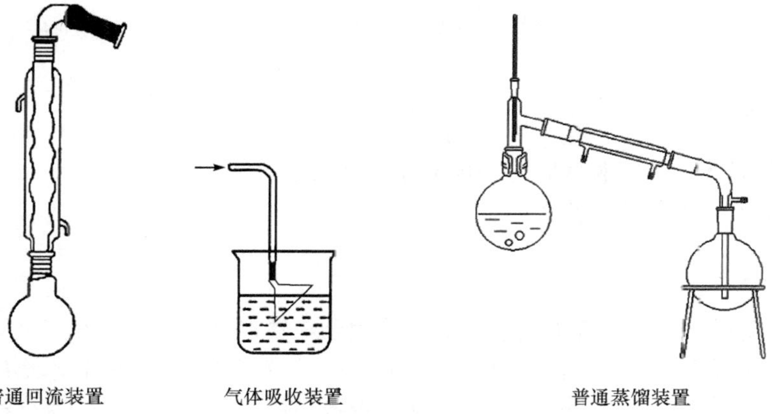

图 6-9　制备正溴丁烷反应装置图

在 30 mL 圆底烧瓶中加入 3.3 mL 水，并小心分批加入 4 mL 浓硫酸，混合均匀后，冷至室温。再依次加入 2.5 mL 正丁醇和 3.33 g 溴化钠，充分摇振后加入 2 粒沸石。

(2) 回流：安装上回流冷凝管，冷凝管上口接气体吸收装置，用 5%的氢氧化钠作吸收剂，小火加热，保持微沸，并不时摇动烧瓶促进反应完成。由于无机盐水溶液有较大的相对密度，不久会分出上层溶液即正溴丁烷，回流 30 min。

(3) 蒸馏：待反应液冷却后，移去冷凝管，如图 6-9 所示，加上蒸馏头改为蒸馏装置，蒸出粗产物正溴丁烷。

(4) 洗涤：将馏出液移至 25 mL 分液漏斗中，加入 3.3 mL 的水洗涤。静置分层后，将有机相(下层)转入另一干燥的分液漏斗中，用 1.7 mL 的浓硫酸洗涤。尽量分去硫酸层(下层)，有机相依次用 3.3 mL 的水，饱和碳酸氢钠溶液和水洗涤(有机相均为下层)后，转入干燥的锥形瓶中。

(5) 干燥：用 0.5 g 无水氯化钙干燥，间歇摇动锥形瓶，直到液体清亮为止。

(6) 蒸馏：将干燥后的粗产品倒入圆底烧瓶中蒸馏(注意不要把氯化钙倒入瓶中)，收集 95～103 ℃的馏分，得出产量，计算产率。

纯粹正溴丁烷的沸点为 101.6 ℃，折光率 $n_D^{20} = 1.4399$。

六、实验习题

(1) 加料时，可以先使溴化钠与浓硫酸混合，然后加正丁醇及水吗？为什么？

(2) 用分液漏斗洗涤产物时，正溴丁烷时而在上层时而在下层。用什么简便的方法加以判断？

(3) 从反应混合物中分离出粗产品正溴丁烷时，为何用蒸馏的方法，而不直接用分液漏斗呢？

实验 33　正丁醚的制备

一、实验目的

(1) 掌握醇分子间脱水制醚的反应原理和实验方法。

(2) 学习分水器的实验操作。

二、实验原理

本实验利用恒沸混合物蒸馏方法，采用分水器将反应生成的水层上面的有机层不断流回到反应瓶中，而将生成的水除去。在反应液中，正丁醚和水形成恒沸物，沸点为 94.1 ℃，含水 33.4%。正丁醇和水形成恒沸物，沸点为 93 ℃，含水 45.5%。

正丁醚和正丁醇形成二元恒沸物，沸点为 117.6 ℃，含正丁醇 82.5%。此外正丁醚还能和正丁醇、水形成三元恒沸物，沸点为 90.6 ℃，含正丁醇 34.6%，含水 29.9%。这些含水的恒沸物冷凝后，在分水器中分层。上层主要是正丁醇和正丁醚，下层主要是水。利用分水器可以使分水器上层的有机物流回反应器中。

主反应：$2CH_3CH_2C_2CH_2OH \xrightleftharpoons{H_2SO_4} (CH_3CH_2CH_2CH_2)_2O + H_2O$

副反应：$CH_3CH_2C_2CH_2OH \xrightarrow{H_2SO_4} CH_3CH_2CH = CH_2 + H_2O$

三、实验前应思考的问题

(1) 50%硫酸的配制方法？

(2) 对分水器中的水的体积做怎样的改进对产率有促进作用？

四、实验用品

(1) 仪器：100 mL 三颈瓶，200 ℃温度计，分水器，冷凝管，50 mL 分液漏斗，接收管，磁力搅拌器，接收瓶，酒精灯，石棉网。

(2) 试剂：5.2 mL 正丁醇，0.8 mL 浓硫酸，无水氯化钙，沸石。

五、实验步骤

(1) 投料：如图 6-10 所示，在 100 mL 三颈瓶中加入 5.2 mL 正丁醇，0.8 mL 浓硫酸，两粒沸石，摇动混合均匀，如图 6-10 所示安好装置。分水器内加水至支管后放出 0.5 mL 水，即分水器内有 (V–0.5) mL 水。

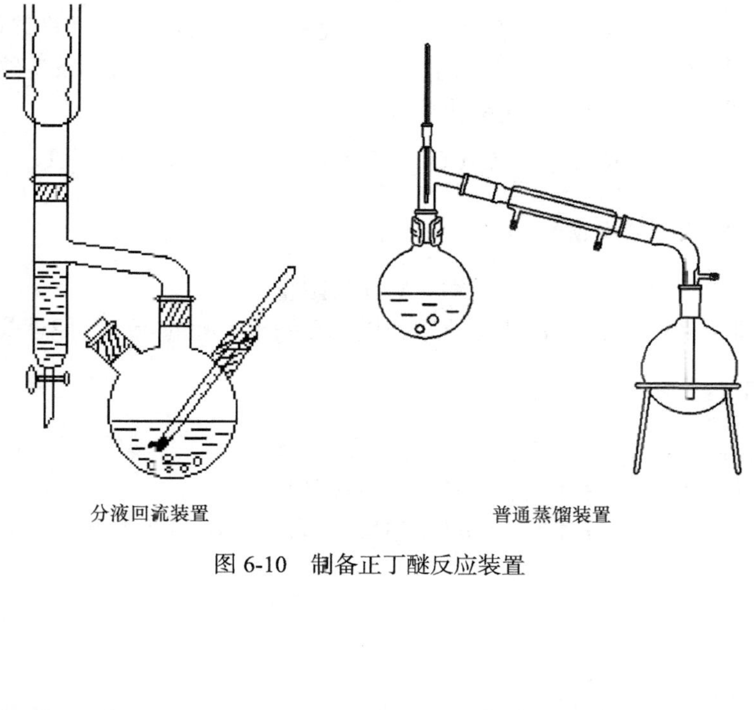

分液回流装置　　　普通蒸馏装置

图 6-10　制备正丁醚反应装置

(2) 回流：开始小火加热，保持瓶内液体微沸，开始回流，温度控制在 134～135 ℃，待分水器已全部被水充满时表示反应已基本完成(约需 1 h)，停止加热。

(3) 洗涤：反应物冷却后，把混合物连同分水器里的水一起倒入内盛 7 mL 水的分液漏斗中，充分振摇。静止后，分出粗产物正丁醚，用 50% H_2SO_4 洗涤两次(3 mL × 2)，再用 5 mL 水洗涤一次，分出有机层，用无水氯化钙干燥产品。

(4) 蒸馏：将干燥后的粗产品倒入圆底烧瓶中蒸馏(注意不要把氯化钙倒入瓶中)，收集 139～142 ℃的馏分。称量产品，计算产率，测定折光率及红外光谱。

六、实验习题

(1) 加料时，正丁醇和浓硫酸如不充分摇动混匀，将产生什么样的结果?

(2) 为什么粗产物正丁醚要用 50% H_2SO_4 洗涤?

(3) 解释温度控制在 134～135 ℃的重要性。

实验 34　乙酸正丁酯的合成

一、实验目的

(1) 学习有机酸合成酯的一般原理和方法。

(2) 熟悉分水回流装置的使用和有机物折光率的测定方法。

二、实验原理

酯化反应是可逆反应，而在室温下反应速率很慢。加热、加酸作催化剂可使酯化反应速率加快。同时为了使平衡向生成物方向移动，可采用增加反应物浓度(冰醋酸)和将生成物除去的方法，使酯化反应趋于完全。

主反应：$CH_3COOH + CH_3CH_2CH_2CH_2OH \underset{\text{回流}}{\overset{H_2SO_4}{\rightleftharpoons}} CH_3COOC_4H_9 + H_2O$

三、反应前应思考的问题

(1) 本实验可能产生哪些副产物? 应如何防止?

(2) 采取哪些措施来加快酯化速率和提高乙酸正丁酯的产率? 原理是什么?

四、实验用品

(1) 仪器：50 mL 圆底烧瓶，150 ℃温度计，分水器，冷凝管，50 mL 分液漏斗，磁力搅拌器，接收管，接收瓶，酒精灯，石棉网。

(2) 试剂：9.3 mL 正丁醇，9 mL 冰醋酸，浓 H_2SO_4，10%碳酸钠，无水硫酸镁，沸石。

五、实验步骤

(1) 投料：如图 6-11 所示，向圆底烧瓶中加入 9.3 mL 正丁醇和 9 mL 冰醋酸，在不断摇匀的同时小心加入 4～5 滴浓 H_2SO_4，混匀后加入沸石，装上回流冷凝管和分水管。

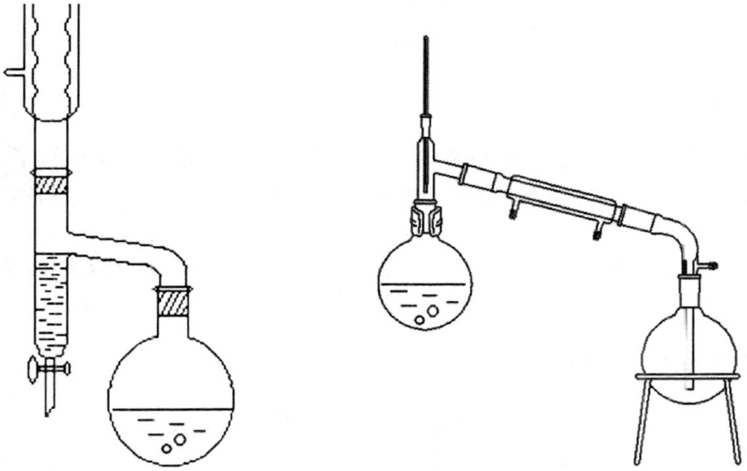

分液回流装置　　普通蒸馏装置

图 6-11　制备乙酸正丁酯合成反应装置

(2) 回流：在分水管中预先加入少量水至略低于支管口(1～2 cm)，石棉网上小火加热回流 40 min，控制回流速度 1～2 d/s。保持分水器中水层液面原有的高度。

(3) 洗涤：将分水器中的有机层和反应液一起倒入分液漏斗中，用 10 mL 水洗涤，并除去下层水层(包含乙酸和少量的正丁醇)；有机相继续用 10 mL 10%碳酸钠洗至中性(除去硫酸)；上层有机相再用 10 mL 水洗涤除去溶于酯中的少量无机盐，最后将有机层倒入小锥形瓶中，用无水硫酸镁干燥。

(4) 蒸馏：将干燥后的乙酸正丁酯滤入 50 mL 烧瓶中，常压蒸馏，收集 124～126 ℃的馏分。

(5) 折光率的测定：1.3907(19 ℃)。

六、实验习题

(1) 制备乙酸正丁酯时，加浓硫酸的目的是什么？

(2) 制备乙酸正丁酯时，用碳酸钠溶液洗涤主要除去哪些杂质？若改用氢氧化钠溶液是否可以？为什么？

(3) 如果在最后蒸馏时前馏分较多，其原因是什么？对产率有什么影响？

实验 35　己二酸的制备

一、实验目的

(1)学习用环己醇制备己二酸的原理和方法。

(2)掌握浓缩、过滤、重结晶等操作技能。

二、实验原理

己二酸是合成尼龙 66 的主要原料之一，它可以用硝酸或高锰酸钾氧化环己醇制得。本实验采用环己醇在 50%硝酸的酸性条件发生氧化反应，然后酸化得到己二酸。

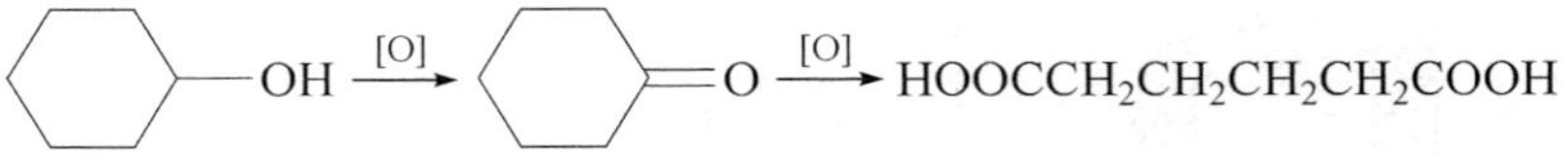

三、实验前应思考的问题

(1)为什么在装有 50% HNO_3 的烧瓶中要缓慢滴加环己醇?

(2)本反应有哪些需要特别注意的事项?

四、实验用品

(1)仪器：球形冷凝管，温度计，分液漏斗，100 mL 三颈烧瓶，布氏漏斗，抽滤瓶，磁力搅拌器，100 mL 烧杯，1000 mL 烧杯，玻璃漏斗等。

(2)试剂：50% HNO_3，NH_4VO_3，环己醇，稀 NaOH 吸收液。

五、实验步骤

(1)安装：在装有回流冷凝管、温度计和分液漏斗的 100 mL 三颈烧瓶中，放置 8 mL(0.085 mol)50% HNO_3 及 1 小粒偏钒酸铵，并在冷凝管上接一气体吸收装置，用稀 NaOH 吸收反应过程中产生的二氧化氮气体。

(2)加样：先滴入 5～6 滴环己醇，不停搅拌，保持温度 30 ℃左右，至反应开始放出二氧化氮气体。然后慢慢加入其余部分的环己醇，总量为 2.7 mL，调节滴加速度，并不停搅拌，滴加完毕需约 15 min。此阶段，保持瓶内温度在 50～60 ℃。

(3)洗涤：加完后用 80～90 ℃的热水浴加热 10 min，不停搅拌，至几乎无棕红色气体放出为止。然后将此热溶液倒入 50 mL 的烧杯中，冷却后析出己二酸，抽滤，用少量冷水洗涤两次，干燥。

(4)精制：用 5 mL 水加热溶解步骤(3)中的粗产物，然后在室温或低温中重结晶。乙二酸在冷水中的溶解度为 1.44 g/mL，在沸水中为 160 g/mL。纯己二酸为白色棱状晶体，熔点为 153 ℃。

六、实验习题

(1) 本实验的成败关键是什么？为什么？

(2) 环己醇和浓硝酸可否接着用同一个量筒来量取？

实验 36　环戊酮的制备

一、实验目的

(1) 学习用己二酸脱羧制备环戊酮的原理和方法。

(2) 学习盐浴的使用方法及反应过程中的蒸馏操作。

二、实验原理

实验室中常用的脂肪酮是通过相应的仲醇氧化制备得到的。最常用的氧化剂有重铬酸钾(钠)与浓硫酸的混合物、三氧化铬的冰醋酸溶液等。环状的酮还可以通过二元酸的脱水、脱羧反应制备。如己二酸和庚二酸受热时既脱水又脱羧可分别得到环戊酮和环己酮。本实验采用二元酸的脱水、脱羧反应制备环戊酮。

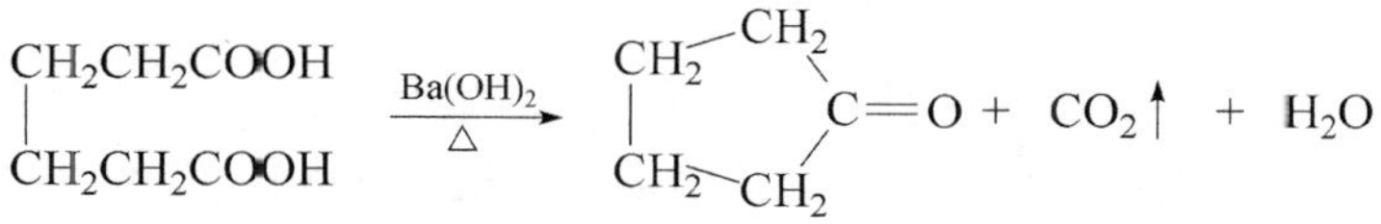

三、实验前应思考的问题

(1) 除用二元酸脱羧的方法外，还有什么方法可用于制备环戊酮？写出反应方程式。

(2) 反应中，氢氧化钡的作用是什么？使用时应注意什么？

四、实验用品

(1) 仪器：圆底烧瓶，蒸馏头，尾接管，直形冷凝管，锥形瓶，200 ℃温度计，研钵，油浴，烧杯。

(2) 试剂：己二酸，氢氧化钡，碳酸钾，无水碳酸钾。

五、实验步骤

(1) 投料：将 22 g 的己二酸粉末与 2 g 氢氧化钡在研钵中混合均匀后置于 100 mL 圆底烧瓶中，装配蒸馏装置，把温度计插入圆底烧瓶中（温度计末端距瓶底约

0.5 cm)，50 mL 的锥形瓶置于冰水浴中接收馏出物。

(2) 油浴蒸馏：小心加热进行脱羧反应。维持反应温度在 285～295 ℃，环戊酮(带有水和少量己二酸)被慢慢蒸出，直至瓶内仅有少量残渣为止。

(3) 分液：在馏出液中加入适量 K_2CO_3 粉末，振摇锥形瓶，直至水层饱和。将其移至分液漏斗中，静置后分去水层。

(4) 干燥：有机层置于 50 mL 干燥的锥形瓶中，用无水 K_2CO_3 干燥过夜。将干燥后的粗产品滤入 50 mL 圆底烧瓶中，用石棉网加热蒸馏，收集 128～131 ℃的馏分。称量，计算产率。

(5) 沸点和折光率的测定：纯环戊酮的沸点为 130.6 ℃，折光率为 1.4366(20 ℃)。

六、实验习题

(1) 为什么要维持反应温度在 285～295 ℃？

(2) 为什么馏出液要先用 K_2CO_3 饱和后再进行分离？

实验 37　以 L_9(34)表设计制备乙酰苯胺(乙酰水杨酸或肉桂酸)的方法

一、实验目的

(1) 学会查阅相关文献、资料。

(2) 运用所学的有机合成手段，合成所需的有机化合物。

(3) 运用适合的分离手段对制备的有机化合物进行分离和纯化。

(4) 学会根据反应条件、产物及反应物的性质设计实验装置。

(5) 掌握探索最佳反应条件的基本方法。

二、正交实验法原理

正交实验法就是利用正交表对试验进行整体设计、综合比较、统计分析，实现通过少数实验找到较好的生产条件。正交表能够在因素变化范围内均衡抽样，使每次试验都具有较强的代表性，由于正交表具备均衡分散的特点，确保了全面实验的某些要求，这些试验能较好或更好地达到实验的目的。

正交实验设计包括两部分内容：①怎样安排实验；②怎样分析实验结果。

三、设计实验内容

(1) 通过查阅文献，了解目标化合物的主要应用、常用合成方法及常用的催化剂，完成：①乙酰苯胺的制备方法有哪些？比较它们的优缺点；②乙酰苯胺有何用途？

③乙酰苯胺在制备过程中分几期？本身对环境有何影响？应如何注意？

(2)根据实验室的现有条件，设计合成指定的目标化合物：①实验原理；②设计合成方法，确定反应的基本条件和实验步骤；③绘制合成实验装置简图；④设计条件实验，确定最佳反应条件。

四、设计实验的要求

(1)独立进行文献的查阅和化合物合成的设计。

(2)以 4 人为一组，总结查阅的文献和合成设计，撰写文献查阅摘要。

(3)撰写设计性实验报告，并对探索最佳反应条件的实验结果进行分析、讨论。

五、实验习题

(1)如何控制有机合成反应进行的方向？在合成装置上有何体现？

(2)如何确定影响反应进行的主要因素与次要因素？

(3)分析合成的有机物是否是目标物，纯度如何？采用什么仪器检测？依据是什么？

第 7 章　物理化学实验

7.1　物理化学实验基本知识及要求

物理化学实验是化学实验学科的一个重要分支，它是借助于物理学的原理、技术和仪器，借助于数学运算工具来研究物系的物理性质、化学性质和化学反应规律的一门科学。

化学和物理学之间具有紧密的联系。化学过程包含或是伴有物理过程。例如，化学反应时常伴有物理变化，如体积变化、压力变化、热效应、电效应、光效应等，同时温度、压力、浓度的变化、光的照射、电磁场等物理因素的作用也都可能引起化学变化或影响化学变化的进行。另外，分子中电子的运动、原子的转动、振动，分子中原子相互间的作用力等微观物理运动形态，则直接决定了物质的性质及化学反应的能力。物理化学实验就是根据物质的物理现象和化学现象联系入手来探求化学变化基本规律的一门科学，在实验方法上也主要是采用物理学中的方法。

物理化学实验是继无机化学实验、有机化学实验后，在学生进入专业课程学习和做毕业论文之前的一门基础实验课程。这一特定的地位，使它起着承前启后的桥梁作用。物理化学实验既是主要使用精密仪器进行实验的一门实践性很强的课程，又是重演“发现”化学反应基本规律的一门理论性很强的课程。它不仅要求学生会动手组装和正确使用，而且要求学生能设计实验并对实验结果作出处理。它不仅培养学生会做精密实验的本领，而且培养学生会对实验数据进行处理，对实验结果进行讨论的能力。该课程的这一特点，不但决定了学生在学习中必须手脑并用，以培养较强的动手能力和综合分析的思维能力，而且可以起到和日后从事科学研究，发表科研论文的接轨作用。

7.2　物理化学实验目的

(1) 掌握物理化学实验的基本实验方法和实验技术，学会常用仪器的操作；了解近代大中型仪器在物理化学实验中的应用，培养学生的动手能力。

(2) 通过实验操作、现象观察和数据处理，锻炼学生分析问题、解决问题的能力。

(3) 加深对物理化学基本原理的理解，给学生提供理论联系实际和理论应用于实践的机会。

(4) 培养学生实事求是的科学态度，严肃认真、一丝不苟的科学作风。

7.3 基础实验要求

(1) 实验预习。进实验室之前必须仔细阅读实验内容及基础知识与技术部分的相关资料，明确本次实验中采用的实验方法及仪器、实验条件和测定的物理量等，在此基础上写出预习报告，包括实验目的、简要操作步骤、实验注意事项及数据记录表等。教师检查预习报告，没有预习报告者，不得进行实验(要有专用的、整洁的实验预习报告本)。

进入实验室后首先要核对仪器与药品，看是否完好，发现问题及时向指导教师提出，然后对照仪器进一步预习，并接受教师的提问、讲解，在教师指导下做好实验准备工作。

(2) 实验操作。经指导教师同意后方可进行实验。先做好各种准备工作，记录实验条件，如室温、大气压等。实验开始后，要仔细观察实验现象，严格控制实验条件，详细记录实验数据。要有良好的实验作风和严谨的科学态度。做到仪器摆放合理，实验台清洁整齐，实验操作有条有理，数据记录一丝不苟。仪器的使用要严格按照操作规程进行，不可盲动；对于实验操作步骤，通过预习应心中有数，严禁“抓中药”式的操作(看一下书，动一动手)。实验过程中要仔细观察实验现象，发现异常现象应仔细查明原因，或请教指导教师帮助分析处理。实验结果必须经教师检查，数据不合格的应重做，直至获得满意结果。要养成良好的记录习惯，即根据仪器的精度，把原始数据详细、准确、实事求是地记录在预习报告上。数据记录尽量采用表格形式，做到整洁、清楚，不随意涂改。实验完毕后，应清洗核对仪器，经指导教师同意后，方可离开实验室。值日生要认真负责。

实验报告：学生应在规定时间内独立完成实验报告，及时送指导教师批阅。实验报告的内容包括实验目的、简明原理、简单操作步骤及流程图、原始数据、数据处理、结果讨论和思考题。数据处理应有处理步骤，而不是只列出处理结果。结果讨论应包括对实验现象的分析解释；查阅文献的情况；对实验结果误差的定性分析或定量计算；实验的心得体会及对实验的改进意见等。这是实验报告中的重要一项，可以锻炼学生分析问题的能力。

(3) 良好的实验习惯。不得任意搬动仪器开关、旋转仪器旋钮和装置上的活塞；注意维护实验环境的整洁，不乱扔废弃物；不大声喧哗，走路脚步要轻，东西轻拿轻放；实验结束后主动打扫桌面、地面，归置仪器药品；损坏仪器要及时报告老师，并按规定赔偿；要珍惜药品、爱护仪器，树立爱护国家财产的观念；协助教师检查实验室门、窗、水、电是否关好。

(4) 尊重教师，尊重劳动。学生要尊重实验课教师、实验室工作人员和所有为实验课辛勤劳动的职工。同学之间要团结协作、互相学习、共同进步。

由于实验方法的可靠程度，所用仪器的精密度和实验者感官的限度等各方面条件的限制，一切测量均带有误差——测量值与真值之差。因此，必须对误差产生的原因及其规律进行研究，方可在合理的人力物力支出条件下，获得可靠的实验结果，再通过实验数据的列表、作图、建立数学关系式等处理步骤，使实验结果变为有参考价值的资料，这在科学研究中是必不可少的。

1. 有效数字

当对一个测量的量进行记录时，所记数字的位数应与仪器的精密度相符合，即所记数字的最后一位为仪器最小刻度以内的估计值，称为可疑值，其他几位为准确值，这样一个数字称为有效数字，它的位数不可随意增减。在间接测量中，须通过一定公式将直接测量值进行运算，运算中对有效数字位数的取舍应遵循如下规则。

(1) 误差一般只取一位有效数字，最多两位。

(2) 有效数字的位数越多，数值的精密度也越大，相对误差越小。

(3) 若第一位的数值等于或大于 8，则有效数字的总位数可多算一位，如 9.23 虽然只有三位，但在运算时，可以看作四位。

(4) 运算中舍弃过多不定数字时，应用“4 舍 6 入，逢 5 尾留双”的法则。

(5) 在加减运算中，各数值小数点后所取的位数以其中小数点后位数最少者为准。

(6) 在乘除运算中，各数保留的有效数字应以其中有效数字最少者为准。

(7) 在乘方或开方运算中，结果可多保留一位。

(8) 对数运算时，对数中的首数不是有效数字，对数尾数的位数应与各数值的有效数字相当。

(9) 算式中，常数 π、e 及乘子 $\sqrt{2}$ 和某些取自手册的常数，如阿伏伽德罗常数、普朗克常数等，不受上述规则限制，其位数按实际需要取舍。

2. 数据处理

物理化学实验数据的表示法主要有如下三种方法：列表法、作图法和数学方程式法。

1) 列表法

将实验数据列成表格，排列整齐，使人一目了然。这是数据处理中最简单的方法，列表时应注意以下几点。

(1) 表格要有名称。

(2) 每行(或列)的开头一栏都要列出物理量的名称和单位，并把二者表示为相除的形式。因为物理量的符号本身是带有单位的，除以它的单位，即等于表中的纯数字。

(3)数字要排列整齐，小数点要对齐，公共的乘方因子应写在开头一栏与物理量符号相乘的形式，并为异号。

(4)表格中表达的数据顺序为：由左到右，由自变量到因变量，可以将原始数据和处理结果列在同一表中，但应以一组数据为例，在表格下面列出算式，写出计算过程。

2)作图法

作图法可更形象地表达出数据的特点，如极大值、极小值、拐点等，并可进一步用图解求积分、微分、外推、内插值。作图应注意如下几点。

(1)图要有图名，如"$\ln K_p$–$1/T$ 图"、"V-t 图"等。

(2)要用市售的正规坐标纸，并根据需要选用坐标纸种类：直角坐标纸、三角坐标纸、半对数坐标纸、对数坐标纸等。物理化学实验中一般用直角坐标纸，只有三组分相图使用三角坐标纸。

(3)在直角坐标中，一般以横轴代表自变量，纵轴代表因变量，在轴旁须注明变量的名称和单位(二者表示为相除的形式)，10 的幂次以相乘的形式写在变量旁，并为异号。

(4)适当选择坐标比例，以表达出全部有效数字为准，即最小的毫米格内表示有效数字的最后一位。每厘米格代表 1、2、5 为宜，切忌 3、7、9。如果作直线，应正确选择比例，使直线呈 45°倾斜为好。

(5)坐标原点不一定选在零，应使所作直线与曲线匀称地分布于图面中。在两条坐标轴上每隔 1 cm 或 2 cm 均匀地标上所代表的数值，而图中所描各点的具体坐标值不必标出。

(6)描点时，应用细铅笔将所描的点准确而清晰地标在其位置上，可用○、△、□、×等符号表示，符号总面积表示实验数据误差的大小，所以不应超过 1 mm 格。同一图中表示不同曲线时，要用不同的符号描点，以示区别。

(7)作曲线要用曲线板，描出的曲线应平滑均匀；应使曲线尽量多地通过所描的点，但不要强行通过每一个点，对于不能通过的点，应使其等量地分布于曲线两边，且两边各点到曲线的距离之平方和要尽可能相等。

(8)图解微分。图解微分的关键是作曲线的切线，而后求出切线的斜率值，即图解微分值。

3)数学方程式法

将一组实验数据用数学方程式表达出来是最为精练的一种方法。它不但方式简单，而且便于进一步求解，如积分、微分、内插等。此法首先要找出变量之间的函数关系，然后将其线性化，进一步求出直线方程的系数——斜率 m 和截距 b，即可写出方程式，也可将变量之间的关系直接写成多项式，通过计算机曲线拟合求出方程系数。

3. 数据处理软件在物理化学实验中的应用

在物理化学实验中经常会遇到各种类型不同的实验数据，要从这些数据中找到有用的化学信息，得到可靠的结论，就必须对实验数据进行认真的整理和必要的分析和检验。除上一节中提到的分析方法以外，化学、数学分析软件的应用大大减少了处理数据的麻烦，提高了分析数据的可靠程度。经验告诉我们，数据信息的处理与图形表示在物理化学实验中有着非常重要的地位。用于图形处理的软件非常多，部分已经商业化，如微软公司的 Excel、OriginLab 公司的 Origin 等。下面我们以 Origin 软件为例，简单介绍该软件在数据处理中的应用。

Origin 软件从诞生以来，由于强大的数据处理和图形化功能，已被化学工作者广泛应用。它的主要功能和用途包括：对实验数据进行常规处理和一般的统计分析，如计数、排序、求平均值和标准偏差、*t* 检验、快速傅里叶变换、比较两列均值的差异、进行回归分析等。此外，还可用数据作图，用图形显示不同数据之间的关系，用多种函数拟合曲线等。

1）数据的统计处理

当把实验的数据输入之后，打开 Origin 数据（data）栏，可以做如下工作。

（1）数据按照某列进行升序（ascending）或降序（decending）排列。

（2）按照列求和（sum）、平均值（mean）、标准偏差（standard deviation）等。

（3）按照行求平均值、标准偏差。

（4）对一组数据（如一列）进行统计分析，进行 *t* 检验，可以得到如下的检验结果：平均值、方差 s^2（variance）、数据量（*N*）、*t* 的计算值、*t* 分布和检验的结论等信息。

（5）比较两组数据（如两列）的相关性。

（6）进行多元线性回归（multiple regression）得到回归方程，得到定量结构性质关系（quantitative structure-properties relationship, QSPR），同时可以得到该组数据的偏差、相关系数等数据。

2）数据关系的图形表示

数据准备完之后，除了可以进行上面的统计处理以外，还可以进行二维图形的绘制。Origin5.0 以上的版本还可以绘制三维图形，以及各种不同图形的排列等可视化操作。用图形方法显示数据的关系比较直观，容易理解，因而在科技论文、实验报告中经常用到。Origin 软件提供了数据分析中常用的绘图、曲线拟合和分辨功能，其中包括以下几方面。

（1）二维数据点分布图（scatter）、线图（line）、点线图（line-symbol）。

（2）可以绘制带有数据点误差、数据列标准差的二维图。

（3）用于生产统计、市场分析等的条形图（tar）、柱状图（column）、扇形图（pie

chart)。

(4)表示积分面积的面积图(area)、填充面积图(fill area)、三组分图(ternary)等。

(5)在同一张图中表示两套 X 或 Y 轴，在已有的图形页中加入函数图形，在空白图形页中显示函数图形等。

另外，Origin 软件还可以提供强大的三维图形，方便而且直观地表示固定某一变量下系列组分变化的程度，例如：

(6)三维格子点图(3D scatter plot)、三维轨迹图(3D trajectory)、三维直方图(3D bars)、三维飘带图(3D ribbons)、三维墙面图(3D wall)、三维瀑布图(3D waterfall)。

(7)用不同颜色表示的三维颜色填充图(3D color fill surface)、固定基色的三维图(3D X or Y constant with base)、三维彩色地图(3D color map)等。

3)曲线拟合与谱峰分辨

虽然原始数据包含了所有有价值的信息，但是，信息质量往往不高。通过上一部分介绍得到的数据图形，仅能够通过肉眼来判断不同数据之间的内在逻辑联系，大量的相关信息还需要借助不同的数学方法得以实现。Origin 软件可以进一步对数据图形进行处理，提取有价值的信息，特别是对物理化学实验中经常用到的谱图和曲线的处理具有独到之处。

(1)数据曲线的平滑(去噪声)、谱图基线的校正或去数据背景。使用数据平滑可以去除数据集合中的随机噪声，保留有用的信息。最小二乘法平滑就是用一条曲线模拟一个数据子集，在最小误差平方和准则下估计模型参数。平滑后的数据可以进一步地进行多次平滑或者多通道平滑。

(2)数据谱图的微分和积分。物理化学实验中得到的许多谱图中常常“隐藏”着谱 y 对 x 的响应。例如，两个难分辨的组分，其组合色谱响应图往往不能明显看出两个组分的共同存在，谱图显示的可能是单峰而不是“肩峰”。微分谱图(dy/dx-x)比原谱图(y-x)对谱特征的细微变化反映要灵敏得多，因此常常采用微分谱对被隐藏的谱的特征加以区分。在光谱和色谱中，对原信号的微分可以检验出能够指示重叠谱带存在的弱肩峰；在电化学中，对原信号的微分处理可以帮助确定滴定曲线的终点。

对谱图的积分可以得到特征峰的峰面积，从而可以确定化学成分的含量比。因此，在将重叠谱峰分解后，对各个谱峰进行积分，就可以得到化学成分的含量比。在 Origin 软件中提供了三种积分方法：梯形公式、Simpson 公式和 Cotes 公式。

(3)对曲线进行拟合，求回归一元或多元函数。对曲线进行拟合，可以从拟合的曲线中得到许多的谱参数，如谱峰的位置、半峰宽、峰高、峰面积等。但是需要注意的是所用函数数目超过谱线拐点数的两倍就有可能产生较大的误差，采用的非线性最小二乘法也不能进行全局优化，所得到的解与设定的初始值有关。因此，在拟合曲线时，设定谱峰的初始参数要尽可能接近真实解，这就要求需要采用不同的初始值反复试算。在有些情况下，可以把复杂的曲线模型通过变量变换的方法简化为线性模型进行处理。Origin 软件中能够提供许多拟合函数，如线性拟合(linear regression)、多项式拟合(polynomial regression)、单个或多个 e 指数方式衰减(exponential decay)、e 指数方式递增(exponential growth)、S 型函数(sigmoidal)、单个或多个 Gauss 函数和 Lorentz 函数等，此外用户还可以自定义拟合函数。

实验 38 乌氏黏度计测定高分子化合物的相对分子质量

一、实验目的

(1)测定聚乙二醇的黏均相对分子质量。

(2)掌握用乌氏黏度计测定黏度的方法。

(3)了解黏度法测定高聚物相对分子质量的基本原理和公式。

二、实验原理

通常所测高聚物的相对分子质量是平均相对分子质量。

特性黏度和相对分子质量之间的经验关系式为

$$[\eta]=K\bar{M}^{\alpha} \tag{7-1}$$

式中，$\bar{M}$ 为黏均相对分子质量；K 为比例常数；α 为与分子形状有关的经验参数。表 7-1 为部分高分子化合物特性黏度-相对分子质量关系参数表。

表 7-1 部分高分子化合物特性黏度-相对分子质量关系$[\eta]=K\bar{M}^{\alpha}$ 参数表

高聚物	溶剂	温度/ ℃	$K\times10^4$	α
右旋糖酐	水	25	9.78	0.50
聚乙烯醇	水	25	2.0	0.76
聚乙二醇	水	30	1.25	0.78

已知在无限稀释条件下：

$$\lim_{c\to0}\frac{\eta_{sp}}{c}=\lim_{c\to0}\frac{\eta_r}{c}=[\eta] \tag{7-2}$$

$$\frac{\eta_{sp}}{c}=[\eta]+K'[\eta]^2c \qquad \frac{\ln\eta_r}{c}=[\eta]+\beta[\eta]^2c \tag{7-3}$$

黏度法测定得特性黏度$[\eta]$，根据上式，我们获得$[\eta]$的方法有两种：一种是以 η_{sp}/c 对 c 作图，外推到 $c\to0$ 的截距值；另一种是以 $\ln\eta_r/c$ 对 c 作图，也外推到 $c\to0$ 的截距值，如图 7-1 所示，两条线应会合于一点，这也是校核实验的可靠性方法。一般这两条直线的方程表达式列于图 7-1 中。

在测定高分子化合物的特性黏度时，以毛细管法的乌氏黏度计最为方便。

将 η_r 写成式(7-4)：

$$\eta_r = \frac{\eta}{\eta_0} = \frac{t}{t_0} \tag{7-4}$$

式中，t_0 为纯溶剂的流出时间；t 为溶液的流出时间。从式(7-4)求得 η_r，由下式计算出 η_{sp}，再由作图法求得$[\eta]$

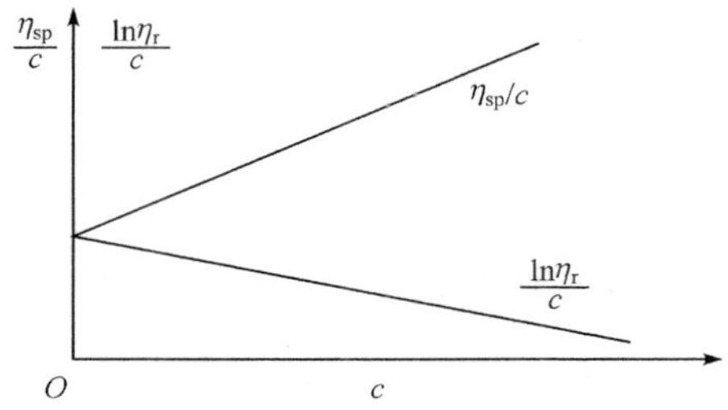

图 7-1　外推法求$[\eta]$

$$\eta_{sp}=(\eta-\eta_0)/\eta_0=\eta/\eta_0-1=\eta_r-1$$

因此通过测量不同浓度的溶液流过黏度计毛细管的时间，与溶剂流过的时间比较，计算不同浓度的相对黏度 η_r 值，再计算得到增比黏度 η_{sp}，作图求得特性黏度$[\eta]$，最后从式(7-1)即可计算得到高分子化合物的黏均相对分子质量 $\overline{M}$。

三、实验前应思考的问题

(1)为什么黏度的测量过程需要先恒温一段时间？

(2)实验过程中，为什么最后测量 t_0？

四、实验用品

(1)仪器：恒温槽，乌氏黏度计，10 mL、5 mL 移液管，500 mL 烧杯，100 mL 容量瓶，秒表，洗耳球，夹子，橡皮管(约 5 cm)2 根。

(2)药品：聚乙二醇，正丁醇，无水乙醇。

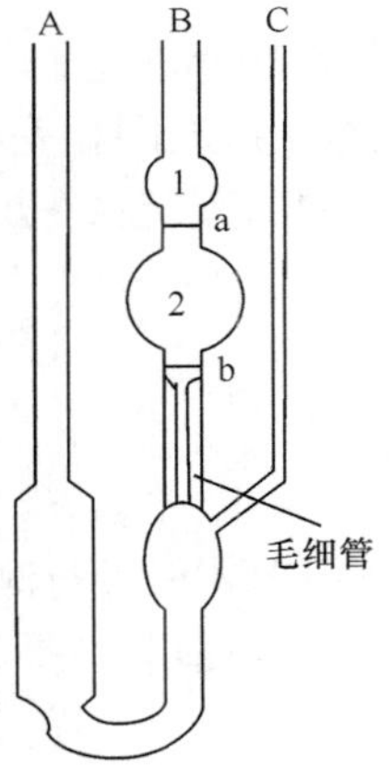

图 7-2　乌氏黏度计

五、实验步骤

本实验用的乌氏黏度计见图 7-2，它最大的优点是可以在黏度计里逐渐稀释从而节省许多重复操作。

1. 黏度计的清洗

首次使用黏度计时，先用洗液洗净黏度计，再用自来水、蒸馏水分别冲洗几次，每次都要注意反复流洗毛细管部分，洗好后烘干备用。

2. 恒温槽恒温调节

调节恒温槽温度至(30.0±0.02)℃(实际实验步骤 1 已经调好，接着连续做实验步骤 2，可以节约时间和能耗）。

3. 聚乙二醇溶液的配制

称取 2.40 g 聚乙二醇，置于 100 mL 洗净的烧杯中，加少量水溶解后将全部溶液转移至 100 mL 容量瓶中，定容，配成 2.40 g/100 mL 水溶液。

4. 溶液流出时间 t 的测定

在黏度计的 B 管和 C 管上套上橡胶管，然后将其垂直放入恒温槽用架子固定，使水面完全浸没球 1。

取 10 mL 聚乙二醇水溶液（2.40 g/100 mL），由 A 管注入黏度计中，恒温 10 min。

用夹子封闭 C 管口，用洗耳球从 B 管吸溶液使之上升至球 1。然后同时松开 C 管和 B 管，使 B 管溶液在重力作用下流经毛细管。记录溶液面通过 a 标线到 b 标线所用的时间，重复测定 3 次，任意两次时间相差小于 0.3 s。

依次从 A 管加入蒸馏水 2.00 mL、3.00 mL、5.00 mL、10.00 mL，稀释溶液为不同的浓度，分别测定 4 次。

每一次加溶液，均要封闭 C 管，并用洗耳球从 B 管口多次吸溶液至球 1，以洗涤 B 管并使溶液均匀混合。

分别按上述方法测定各溶液的流出时间 t，最后一次加入溶剂稀释后，溶液如量多，完全混合均匀后可以适量倒出部分溶液，保留的量够测定即可。

5. 溶剂流出时间 t_0 的测定

将黏度计中的溶液倾倒掉，再用自来水、蒸馏水分别冲洗几次，每次都要注意反复流洗毛细管部分，清洗好后，无需干燥。

移取 20 mL 已恒温的蒸馏水，由 A 管注入黏度计中，再恒温 10 min。

然后按上述方法测定各溶液的流出时间 t_0，重复 3 次，任意两次时间相差小于 0.1 s，否则必须重新清洗黏度计再测定。实验完毕倾倒出黏度计中的蒸馏水并烘干，以备下次使用。

六、注意事项

（1）黏度计必须洁净。

（2）实验过程中，恒温槽的温度要保持恒定，加入样品后待恒温才能进行测定。

（3）黏度计要垂直浸入恒温槽中，实验中不要振动黏度计，否则影响结果的准确性。

（4）在黏度计 B 管使溶液均匀混合时，要小心操作，避免产生大量气泡，气泡残存在毛细管中会影响测定结果。

七、数据记录及处理

室温：________ ℃　大气压：________

(1) 将所测实验数据及计算结果填入表 7-2 中。

表 7-2　不同浓度溶液流出时间表

原始溶液浓度 c_0 (g/mL) ________；恒温温度________ ℃；t_0 =________ s

加水量/mL	c/(g/mL)	t_1/s	t_2/s	t_3/s	$t_{平均}$/s	η_r	$\ln\eta_r$	η_{sp}	η_{sp}/c	$\ln\eta_r/c$
0	c_0 =0.24									
2	c_1 =0.20									
3	c_2 =0.16									
5	c_3 =0.12									
10	c_4=0.08									

(2) 作 η_{sp}/c-c 及 $\ln\eta_r/c$-c 图，并外推到 $c\to0$ 由截距求出[η]。由式(7-2)计算聚合物的黏均相对分子质量，K、α 值查阅表 7-1。

八、实验习题

黏度计的毛细管太粗或太细有什么缺点？

实验 39　渗透压法测定氯化钠注射液的毫渗透压摩尔浓度

一、实验目的

(1) 掌握稀溶液的依数性。
(2) 掌握用凝固点降低法测定渗透压的原理。
(3) 了解渗透压在制剂中的重要性。

二、实验原理

1. 基本概念

溶剂透过半透膜由低浓度溶液向高浓度溶液进行扩散的现象称为渗透，阻止该渗透所需施加的压力，即为渗透压。

溶液的渗透压(osmolality)依赖于溶液中粒子的数量，是溶液的依数性之一，通常以渗透压摩尔浓度来表示，它反映的是溶液中各种溶质对溶液渗透压贡献的总和。渗透压摩尔浓度的单位通常以每千克溶剂中溶质的毫渗透压摩尔表示，可按下列公式计算毫渗透压摩尔浓度(mOsmol/kg)：

$$O_T=(w/M)\times n\times 1000$$

式中，w 为每千克溶剂中溶解溶质的质量，g；M 为溶质的相对分子质量；n 为一个溶质分子溶解或解离时形成的粒子数，在理想溶液中，如葡萄糖的 $n=1$，氯化钠或硫酸镁的 $n=2$，氯化钙的 $n=3$，枸橼酸钠的 $n=4$。

2. 渗透压摩尔浓度的测定

通常采用测量溶液的凝固点降低来间接测定其渗透压摩尔浓度。在理想的稀溶液中，凝固点降低符合式(7-5)的关系

$$\Delta T_f=K_f\,m \tag{7-5}$$

式中，ΔT_f 为凝固点降低值；K_f 为凝固点降低常数(以水为溶剂时为 1.86)；m 为质量摩尔浓度。

渗透压符合式(7-6)的关系

$$p_0=K_0\,m \tag{7-6}$$

式中，p_0 为渗透压；K_0 为渗透压常数；m 为溶液的质量摩尔浓度。

由于两式中的浓度等同，故可以用凝固点降低法测定溶液的渗透压摩尔浓度。

3. STY-1 型渗透压摩尔浓度测定仪

采用凝固点降低的原理设计的渗透压摩尔浓度测定仪见图 7-3，通常由测定电流或电位差的热敏探头、制冷系统和振荡器(或金属探针)组成。测定时将测定探头浸入待测溶液的中心，样品管下降至测量仪器的冷却槽中。启动制冷系统，当供试溶液的温度降至凝固点以下时，仪器采用振荡器(或金属探针)诱导溶液结冰，自动记录凝固点降低的温度。仪器显示的测定值为渗透压摩尔浓度。

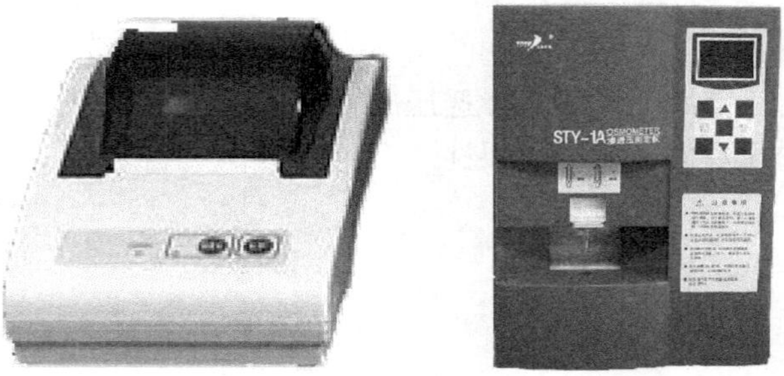

图 7-3　测定装置

三、实验前应思考的问题

(1) 每次开机检测前需要做什么检校工作？为什么？

(2) 如果重复测定一份样品，是否需重新取样至另一干净的样品管中？

四、实验用品

(1) 仪器和材料：STY-1 型渗透压摩尔浓度测定仪，移液枪，枪头若干。

(2) 药品：0.9%氯化钠注射液。

五、实验步骤

(1) 开机，仪器自动自检，约 1 min 后，仪器自检完毕，自动进入主菜单。

(2) 测量渗透压摩尔浓度：①仪器校准完零点及量程后，按“返回”键返回主画面；②通过上下键选定“测量摩尔浓度”，按“确认”键进入；③取干净的取样头用移液器吸取 100 μL 被测溶液，放入干净的测定管中；④将测定管放入仪器的冷却槽中；⑤按“确认”键开始测量渗透压摩尔浓度，按“返回”键终止，取消此次测量；⑥测量结束显示被测溶液的渗透压摩尔浓度值及渗透压比值；⑦按确认键保留本次测量结果。

注意：如果继续测量不同被测样品，则需换用新的取样头，并且两次测量之间用滤纸轻轻吸干传感器。

(3) 清洗冷针，需要单次或多次清洗冷针时，按上下键使光标处在清洗冷针处，按“确认”键，传感器下降至冷穴内后，冷针向下运动四次。可将注有清水的测定管事先插入传感器上或放入冷穴内，冷针向下运动时就可以进行清洗。

(4) 关机，关机后应清洗传感器，清理冷穴、冷室内的冰霜。

六、仪器使用注意事项

(1) 渗透压仪传感器头部为玻璃制成，勿碰伤。

(2) 该仪器系精密仪器，搬动时避免振动、倒置。

(3) 将仪器置于平坦稳固的工作台上，仪器的后面板距墙不少于 20 cm，仪器底部不得有任何杂物以阻碍风扇孔，影响仪器正常工作。

(4) 为了使测定结果准确并有良好的重现性，应避免测定溶液中存在气泡；在每次测定后，应用蒸馏水清洗传感器并用软纸将其擦干。

(5) 如果测量过程中，出现“测量中止按返回键返回”提示，说明离心管内有杂质，导致被测溶液过早结晶，需要重新取干净的离心管，重新测量。

七、实验数据记录与处理

记录实验数据：室温________℃；水的 K_f=1.86 K · kg/mol；毫渗透压摩尔浓度________。

八、实验习题

(1) 该仪器测定溶液的渗透压摩尔浓度的原理是什么?

(2) 该测定仪一般由哪些装置组成?

实验 40 表面活性剂临界胶束浓度的测定

一、实验目的

(1) 了解表面活性剂临界胶束浓度的测定原理。

(2) 掌握临界胶束浓度的测定方法。

二、实验原理

临界胶束浓度(critical micelle concentration, CMC)即指形成胶束的最低浓度。在表面活性剂溶液的性质与浓度的关系曲线上，临界胶束浓度处出现转折点。这是测定临界胶束浓度的实验依据。电导率和摩尔电导率有下列关系式:

$$\Lambda_m = \kappa / c \tag{7-7}$$

式中，Λ_m 为 1 mol 电解质溶液的电导能力；c 为电解质溶液的摩尔浓度。

对于离子型表面活性剂溶液，当溶液浓度很稀时，电导的变化规律也和强电解质一样；溶液的摩尔电导率 Λ_m 与其溶液浓度的 1/2 呈线性关系:

$$\Lambda_m = \Lambda_m^\infty - Ac^{1/2} \tag{7-8}$$

式中，Λ_m^∞ 为无限稀释时的摩尔电导率；A 为常数。

但当溶液浓度达到临界胶束浓度时，随着胶束的生成，电导率发生改变，摩尔电导急剧下降，这就是电导法测定 CMC 的依据。本实验利用电导法测定十二烷基硫酸钠的 CMC 值。

三、实验前应思考的问题

(1) 十二烷基硫酸钠的结构有什么特点?

(2) 为什么配置溶液和清洗电极都需要使用电导水?

四、实验用品

(1) 仪器：DDS-11A/C 电导率仪，铂电极，磁力加热搅拌器，25 mL 酸式滴定管，100 mL 烧杯，25 mL 移液管。

(2) 药品：电导水，0.010 mol/L、0.005 mol/L、0.002 mol/L 十二烷基硫酸钠($C_{12}H_{25}SO_4Na$)溶液。

五、实验步骤

(1) 装置如图 7-4 所示，用蒸馏水清洗电导电极，再用电导水润洗并吸干，以保证溶液浓度的准确。

(2) 用移液管移取 0.002 mol/L 十二烷基硫酸钠溶液 25 mL，放入 100 mL 烧杯中。

(3) 小心将电极插入溶液中并固定电极，在使用过程中电极的极片必须完全浸入所测溶液中。打开磁力搅拌器电源，搅拌(注意：不要让磁力搅拌子碰到电极)，测溶液电导率。

(4) 然后依次用滴定管滴加 0.010 mol/L 十二烷基硫酸钠溶液 1.00 mL、4.00 mL、5.00 mL、5.00 mL、5.00 mL，记录滴加的溶液体积，测定电导率并记录。

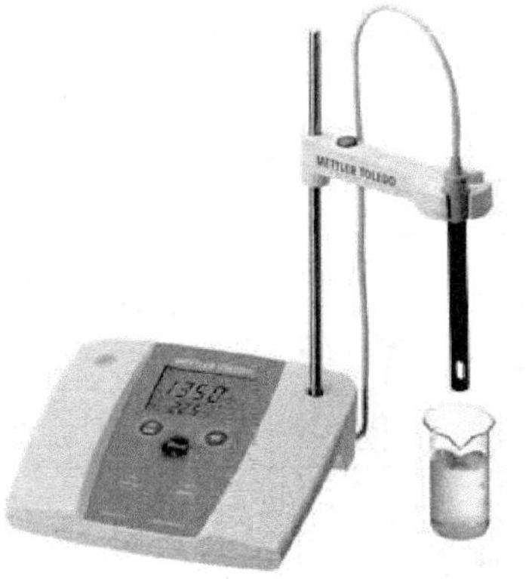

图 7-4 电导率测定装置

(5) 将校正开关置于校正，取出电极用电导水润洗并吸干，清洗电导电极时，两个铂片不能有机械摩擦，可用电导水淋洗，后将其竖直，用滤纸轻吸，将水吸净，并且不能使滤纸沾洗内部铂片。电极在冲洗后必须吸干水。

(6) 另用移液管移取 0.005 mol/L 的十二烷基硫酸钠溶液 25.00 mL，放入另一 100 mL 烧杯中，小心将电极插入溶液中并固定电极，打开磁力搅拌器电源，搅拌，测溶液电导率，然后依次用滴定管滴加 0.010 mol/L 十二烷基硫酸钠溶液 5.00 mL、10.00 mL、10.00 mL、10.00 mL、10.00 mL，记录滴加的溶液体积，同时测定电导率并记录。

(7) 测完后关闭电源，并弃去被测液。

(8) 充分用蒸馏水清洗电导电极，最后小心地用保护套管套上电极。

(9) 以 Λ_m-$c^{1/2}$ 作图得到 CMC。

六、注意事项

(1) 配制溶液和清洗电极时应使用电导水。

(2) 配各浓度溶液所用十二烷基磺酸钠溶液必须澄清，这样配出的溶液各处浓度均匀。

溶液配制浓度的准确度影响 Λ_m-$c^{1/2}$ 图，从而方程的确定受影响，产生误差。

七、实验记录和数据处理

表 7-3　实验记录

	实验号	1	2	3	4	5	6
一号烧杯	滴加溶液体积/mL	0	1.00	4.00	5.00	5.00	5.00
	溶液总体积/mL	50	51	55	60	65	70
	c/(mol/L)	0.002	0.0024	0.004	0.005	0.006	0.007
	电导率 κ/(mΩ/cm)						
二号烧杯	实验号	7	8	9	10	11	12
	滴加溶液体积/mL	0	5.00	10.00	10.00	10.00	10.00
	溶液总体积/mL	50	55	65	75	85	95
	c/(mol/L)	0.010	0.011	0.012	0.013	0.014	0.015
	电导率 κ/(mΩ/cm)						

将计算结果列于表 7-4 中，作 κ-c 曲线和 Λ_m-$c^{1/2}$ 曲线如图 7-5 和图 7-6 所示，分别在曲线的延长线交点上确定出 CMC 值。

表 7-4　数据处理

浓度/(mol/L)	电导率 κ/(mΩ/cm)	浓度的开方($c^{1/2}$)	摩尔电导率 $\Lambda_m=\kappa/c$
0.002			
0.0024			
0.004			
0.005			
0.006			
0.007			
0.010			
0.011			
0.012			
0.013			
0.014			
0.015			

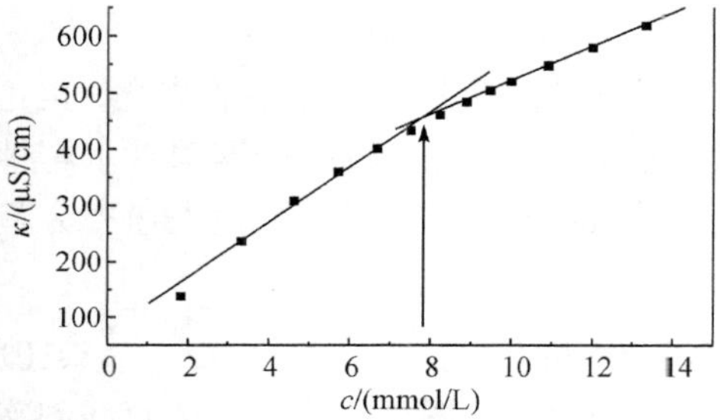

图 7-5　κ-c 曲线

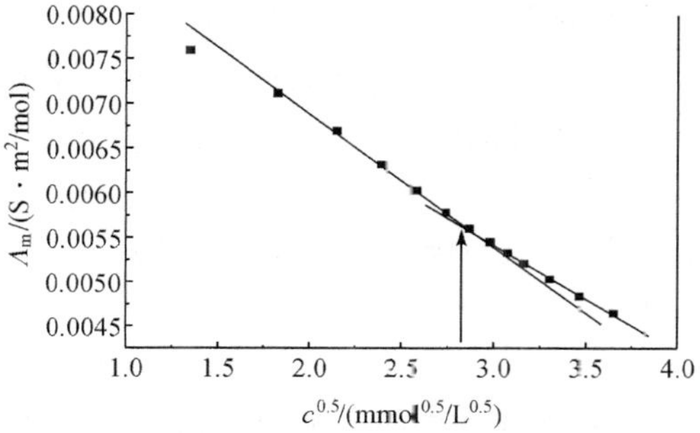

图 7-6　Λ_m-$c^{1/2}$ 曲线

八、实验习题

(1) 表面活性剂溶液的临界胶束浓度的意义是什么?

(2) 为什么可以用电导法测定表面活性剂的临界胶束浓度?

实验 41　硫酸链霉素水解常数 k 的测定及药物有效期的预测

一、实验目的

(1) 了解药物水解反应的特征。

(2) 掌握硫酸链霉素水解反应速度常数 k 的测定方法，并求出硫酸链霉素药物的有效期。

二、实验原理

链霉素在临床上用于治疗各种结核病，是由放线菌属的灰色链丝菌产生的抗菌素，分子中的三个碱性中心与硫酸成盐，分子式为 $(C_{21}H_{39}N_7O_{12})_{2.3}H_2SO_4$，其水溶液在碱性条件下易水解失效，在 pH=4.0～4.5 时最为稳定，在碱性条件下水解生成麦芽酚 (α-甲基-β-羟基-γ-吡喃酮)，反应如下

$$(C_{21}H_{39}N_7O_{12})_{2.3}H_2SO_4+H_2O \longrightarrow 麦芽酚 + 硫酸链霉素其他降解物$$

该反应为伪一级反应，服从一级反应的动力学方程，如式 (7-9) 所示。若以 $\lg(c_0-x)$ 对 t 作图应为直线

$$\lg(c_0-x)=(k/-2.303)t+\lg c_0 \quad (7\text{-}9)$$

式中，c_0 为硫酸链霉素水溶液的初浓度；x 为 t 时刻链霉素水解掉的浓度；t 为时间，以 min 为单位；k 为水解反应速率常数。

硫酸链霉素在碱性条件下水解得麦芽酚，而麦芽酚在酸性条件下与三价铁离子

作用生成稳定的紫红色螯合物，故可用比色分析的方法进行测定。

本实验是通过比色分析方法测定硫酸链霉素水溶液的有效期。

由于硫酸链霉素水溶液的初始 c_0 正比于全部水解后产生的麦芽酚的浓度，也正比于全部水解测得的吸光度 A_∞，即 $c_0 \propto A_\infty$；在任意时刻 t，硫酸链霉菌素水解掉的浓度 x 应与该时刻测得的消光值 A_t 成正比，即 $x \propto A_t$，将上述关系代入速率方程中得

$$\lg(A_\infty - A_t) = (-k/2.303)\,t + \lg A_\infty \tag{7-10}$$

通过测定不同时刻 t 的吸光度 A_t，以 $\lg(A_\infty - A_t)$ 对 t 作图得一直线，由直线斜率求出反应速率常数 k。

根据阿伦尼乌斯公式(7-11)和式(7-12)，计算反应的活化能：

$$\ln\frac{k_2}{k_1} = \frac{E_a}{R} \times \frac{T_2 - T_1}{T_2 T_1} \tag{7-11}$$

即

$$E_a = \frac{T_2 T_1}{T_2 - T_1} R \times \ln\frac{k_2}{k_1} \tag{7-12}$$

药物的有效期一般是指当药物分解掉原含量的 10%时所需要的时间 $t_{0.9}$，可由式(7-13)计算。

$$t_{0.9} = \ln(100/90)/k = (1/k)\ln(100/90) = 0.105/k \tag{7-13}$$

再由式(7-11)和式(7-13)求出 25 ℃时的反应速率常数和该温度下药物的有效期。

三、实验前应思考的问题

(1)使用的 50 mL 磨口瓶为什么要事先干燥？

(2)取样分析时，为什么要预先加入铁试剂和硫酸溶液？

四、实验用品

(1)仪器：765PC 紫外-可见分光光度计(图 7-7)，恒温槽，水浴锅，50 mL、100 mL 磨口锥形瓶，20 mL 移液管，5 mL 吸量管，50 mL 量筒。

(2)药品：2.0 mol/L 氢氧化钠溶液，0.4%硫酸链霉素溶液，1.12～1.18 mol/L 硫酸溶液，0.5%铁试剂。

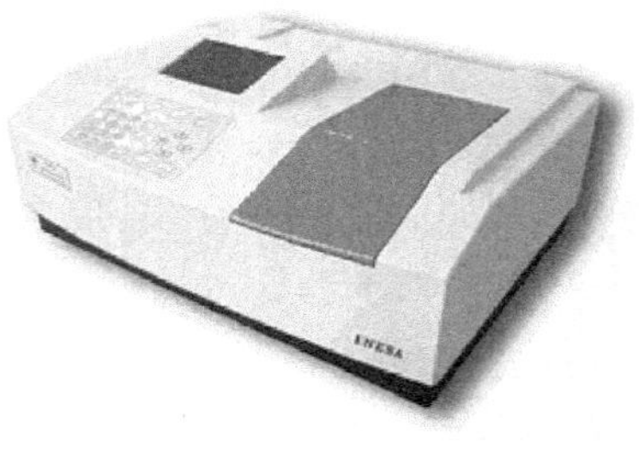

图 7-7　765PC 紫外-可见分光光度计

五、实验步骤

(1) 调整两个恒温槽的温度分别为 (50±0.2) ℃、(70±0.2) ℃。

(2) 用量筒取 50 mL 约 0.4%的硫酸链霉素溶液置于 100 mL 的磨口瓶中。

(3) 取 5 个干燥的 50 mL 磨口锥形瓶，编好号，分别用移液管准确加入 20.00 mL 0.5 mol/L 0.5%铁试剂，再加入 5 滴 1.12～1.18 mol/L 硫酸溶液。

(4) 将含硫酸链霉素溶液的 100 mL 锥形磨口瓶放入 50 ℃的恒温槽中，用吸量管吸取 2.0 mol/L 的氢氧化钠溶液 0.50 mL，迅速加入硫酸链霉素溶液中，从碱一开始加入即打开秒表，开始记录时间。

(5) 每隔 10 min，准确取反应液 5 mL 加入有铁试剂的 50 mL 磨口锥形瓶，摇匀呈紫红色，放置 5 min。而后在波长 520 nm 下用分光光度计测定吸光度 A_t，记录实验数据 (表 7-5)。共取样 5 次。

(6) 最后将剩余反应液放置于沸水浴中加热 10 min，然后取出放至室温，再吸取 5 mL 反应液于干燥的 50 mL 磨口锥形瓶中，再加入 20 mL 0.5%铁试剂和 5 滴硫酸溶液，摇匀至紫红色，测其吸光度即为全部水解时的吸光度 A_∞。

(7) 然后在 70 ℃恒温槽，按上述 (2)～(5) 操作每隔 5 min 取样分析一次，共测 5 次为止，记录实验数据 (表 7-6)。

表 7-5　实验数据及处理

温度 50 ℃　　　　A_∞=________

t/min	10	20	30	40	50
A_t					
$A_\infty - A_t$					
$\lg(A_\infty - A_t)$					

表 7-6　实验数据及处理

温度 70 ℃

t/min	5	10	15	20	25
A_t					
$A_\infty - A_t$					
$\lg(A_\infty - A_t)$					

六、数据处理

(1) 以 $\lg(A_\infty - A_t)$ 对 t 作图，求出不同温度时反应的速率常数。

根据式 (7-10)：$\lg(A_\infty - A_t) = (-k/2.303)t + \lg A_\infty$，可得 $-k/2.303$=斜率，可计算 k_{50}、k_{70}。

(2) 根据阿伦尼乌斯公式 (7-11) 和式 (7-12) 计算反应的活化能 E_a。

(3)将各个数据代入式(7-11)，求出 25 ℃时的反应速率常数，已知 k_2(50 ℃)，E_a；R=8.314 J/(mol · K)，T_2=323.15 K，可求 25 ℃时(T_1=298.15 K)的反应速率常数 k_1。

(4)求出 25 ℃时的药物有效期。根据式(7-13)，可计算出该温度下药物的有效期。

七、实验习题

(1)分光光度计的工作原理是什么?

(2)对反应液进行比色分析时和实验中有什么注意事项?

实验 42　药物稳定性及有效期的测定

一、实验目的

(1)培养学生独立思考、解决实际问题的能力。

(2)掌握化学反应动力学方程和温度对化学反应速率常数的影响。

(3)熟悉药物的结构特点及其影响稳定性的因素，设计化学动力学实验。

(4)了解药物含量的测定方法。

二、实验内容

药物的稳定性是药物保持其物理、化学、生物学和微生物学的性质，通过对原料药和制剂在不同条件(如 pH、温度、水分、光、氧气等)下稳定性的研究，掌握药品质量随时间变化的规律，为药品的生产、包装、储存条件和有效期的确定提供依据，以确保临床用药的安全、稳定、有效。

药品稳定性研究是质量控制研究的首要内容，稳定性研究贯穿药品研究与开发的全过程，与药品质量研究和质量标准的建立紧密相关。一般始于药物制剂的处方前研究，在药品临床研究期间和上市后还应继续进行稳定性研究。

药物稳定性研究的设计应结合原料药的理化性质、剂型的特点和具体的处方及工艺条件进行。根据研究目的和条件的不同，稳定性研究内容可分为影响因素试验、加速试验、长期试验等。

三、实验设计

(1)要求学生自己查阅相关文献，了解药物性质的特点，借鉴他人研究药物化学稳定性的方法。

(2)结合实验室的实际情况，自主设计实验方案，药物选择：选注射剂或药物水溶液。

(3)选择合适的实验方法，通过加温加速实验。

(4) 确定合理的分析方法，为动力学研究提供基础。

(5) 独立完成实验操作和数据处理，对某一药物的储存有效期进行预测。

(6) 预测药物稳定性，计算药物的有效期。

四、实验要求

(1) 首先设计一个合理的实验方案，设计实验方案时，要考虑实验室的条件，并交老师审核。

(2) 经老师审核后，根据设计的方案确定实验条件，配制所需药品，选择所需仪器。

(3) 实验测试、数据处理并进行结果计算。

(4) 按照毕业论文的格式撰写实验报告。

实验 43　二元液系相图的绘制

一、实验目的

(1) 用沸点仪测定在常压下环己烷-乙醇的气液平衡相图。

(2) 了解沸点的测定方法。

(3) 掌握阿贝折射仪的测量原理及使用方法。

二、实验原理

两种蒸气压不同的挥发性液体在混合之后，其溶液组成与其平衡气相的组成不同。在恒外压下，二组分系统达到气液平衡时，表示液态混合物的沸点与平衡时气液两相组成关系的相图，称为沸点和组成 (t-x) 图。大致分为三大类：理想液体混合物或接近理想液体混合物的双液系，其混合物沸点介于两纯物质沸点之间，见图 7-8 (a)；各组分蒸气压对拉乌尔定律产生很大的负偏差，有最高恒沸点，见图 7-8 (b)；各组分蒸气压对拉乌尔定律产生很大的正偏差，有最低恒沸点，见图 7-8 (c)。

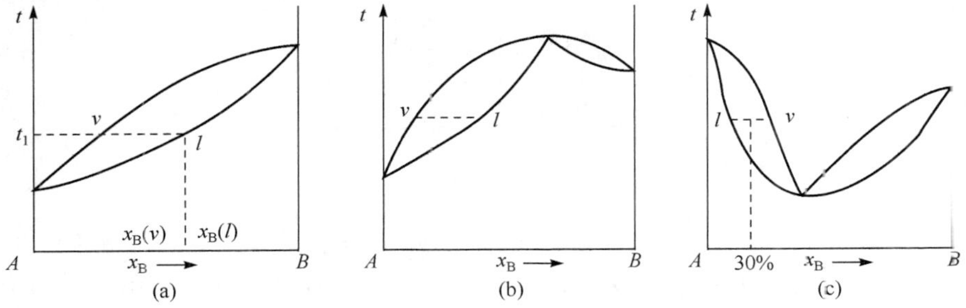

图 7-8　完全互溶双液系相图

如图 7-9 所示装配实验装置。

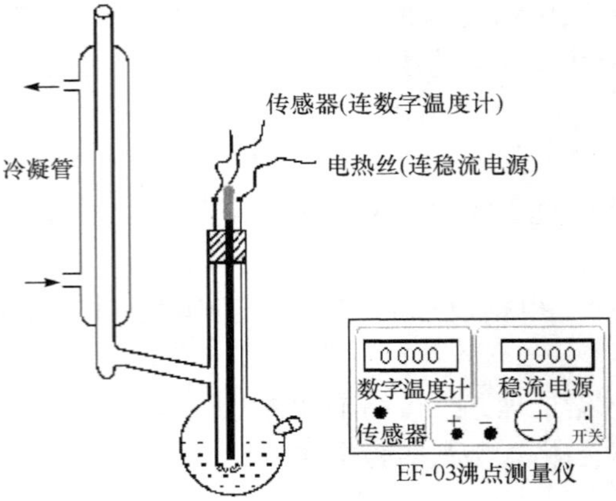

图 7-9　沸点测定实验装置

折光率是物质的一个特征数值，它与物质的浓度及温度有关，因此在测量物质的折光率时要求温度恒定。所测温度应控制在指定值的±0.2 ℃范围内。

溶液的浓度不同、组成不同，折光率也不同。因此可先配制一系列已知组成的溶液，在恒定温度下测其折光率，作出折光率-组成工作曲线，便可通过测折光率的大小在工作曲线上找出未知溶液的组成。

采用阿贝折射仪测定气液组成的折光率，获得气液组成。阿贝折射仪的读数见图 7-10。

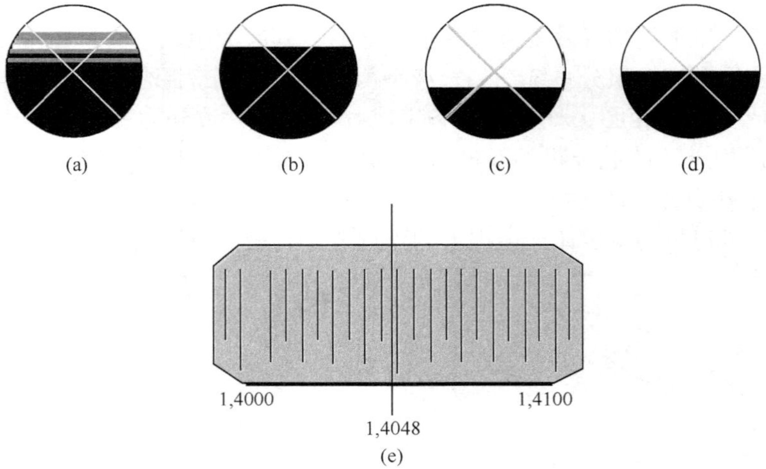

图 7-10　阿贝折射仪读数系统

已知 101.325 kPa 下，纯环己烷的沸点为 80.1 ℃，乙醇的沸点为 78.4 ℃，25 ℃时，纯环己烷的折光率为 1.42338，乙醇的折光率为 1.35935

用擦镜纸将镜面擦干，取样管垂直向下将样品滴加在镜面上，注意不要有气泡，然后将上棱镜合上，关上旋钮。打开遮光板，合上反射镜。轻轻旋转目镜，使视野最清晰。旋转刻度调节手轮（下手轮），使目镜中出现明暗面（中间有色散面）[图 7-10(a)]。旋转色散调节手轮（上手轮），使目镜中色散面消失，出现半明半暗面[图 7-10(b)、(c)]。再旋转刻度调节手轮，使分界线处在十字相交点[图 7-10(d)]。在下标尺[图 7-10(e)]上读取样品的折光率。

三、实验前应思考的问题

(1) 为什么测纯环己烷、纯乙醇的沸点时蒸馏瓶必须洗净且烘干，而测混合液沸点和组成时，蒸馏瓶则不洗也不烘干？

(2) 在测定纯液体样品时，沸点仪为什么必须是干燥的？整个实验中，取样管为什么必须是干燥的？

(3) 为什么实验需使用超级恒温槽？

(4) 为什么测量时体系一定要达到气液平衡状态，即体系温度要保持稳定？

四、实验用品

(1) 仪器：EF-03 沸点测量仪，阿贝折射仪，沸点仪，取样管。

(2) 药品：无水乙醇（A.R.），环己烷（A.R.），环己烷-乙醇标准溶液（环己烷质量分数分别为 0.20%、0.40%、0.50%、0.60%、0.80%、0.90%）。

五、实验步骤

阿贝折射仪上的温度稳定在某一定值，调节恒温槽温度并使其稳定，为了适应开课季节气温的变化，可选择若干温度测量，一般可选 25 ℃、30 ℃、35 ℃三个温度。

(1) 无水乙醇沸点的测定。按图 7-9 将干燥的沸点仪安装好。连接沸点仪实验装置，温度传感器勿与加热丝相碰。冷凝管接通冷凝水。从侧管加入约 20 mL 无水乙醇于蒸馏瓶内，盖好瓶塞，将电热丝浸入液体中，并将传感器（温度计）浸入液体内。按操作使用说明，将稳流电源调至 1.8～2.0 A，用加热丝将液体加热至缓慢沸腾。

液体沸腾后，待测温温度计的读数稳定后应再维持 3～5 min 以使体系达到平衡。操作过程中，需不时地连同支架一起倾斜蒸馏瓶，将冷凝管下端小球中气相凝聚的液体倾回蒸馏瓶内，重复 3 次。记下温度计的读数，即为无水乙醇的沸点，同时记录大气压。

关闭电源，停止加热，将干燥的取样管自冷凝管上端插入冷凝液收集小球中，取气相冷凝液样，迅速用阿贝折射仪测其折光率。

(2)环已烷沸点的测定。同(1)步操作，测定环已烷的沸点。测定前应注意，必须将沸点仪洗净并充分干燥。

(3)环已烷-乙醇溶液折光率与组成工作曲线的测定。同(1)步操作，测量环已烷-乙醇标准溶液的折光率。

(4)测定系列浓度待测溶液的沸点和折光率。量取 20 mL 乙醇从侧管加入沸点仪蒸馏瓶内，测其沸点。注意传感器浸入溶液内。打开电源开关，调节“加热电源调节”旋钮，使加热丝将液体加热至缓慢沸腾，因最初在冷凝管下端内的液体不能代表平衡气相的组成，为加速达到平衡需使小球中气相冷凝液流回蒸馏瓶内，重复 3 次(注意：加热时间不宜太长，以免物质挥发)，待温度稳定后，记下乙醇的沸点及环境气压，即为溶液的沸点。

(5)通过侧管加 0.5 mL 环已烷于蒸馏瓶中，加热至沸腾，待温度变化缓慢时，同上法回流三次，温度基本不变时记下沸点，切断电源，停止加热，分别用干燥的取样管自冷凝管上端插入冷凝液收集小球中，取气相冷凝液样、从侧管处吸出少许液相混合液样，迅速测定各自的折光率。剩余溶液倒入回收瓶。

(6)依次加入 1 mL、2 mL、4 mL、12 mL 环已烷，同上法测定溶液的沸点和气液相的组成。

(7)将溶液倒入回收瓶，用吹风机吹干蒸馏瓶。

(8)从侧管加入 20 mL 环已烷，测其沸点。

(9)依次加入 0.2 mL、0.4 mL、0.6 mL、1.0 mL、1.2 mL 乙醇，按步骤(4)、(5)测其沸点和气液相的组成。每份样品的读数次数及平均值由实验需要而定。

(10)实验完毕后，关闭仪器和冷凝水，关闭电源，整理实验台。将溶液倒入回收瓶。

六、注意事项

(1)注意线路的连接，电阻丝不能露出液面，一定要浸没于溶液中，以免通电红热后引起有机溶剂燃烧。电阻丝两端电压不能过大，过大会引起有机溶剂燃烧或烧断电阻丝。加热时，应缓慢将稳流电源调至 1.8～2.0 A。

(2)若发现电热丝未加热，应先关闭电源，然后先检查线路，再检查电热丝的接触情况。

(3)取样时，应该先关闭电源，停止加热。取样时取样管应该垂直向下。

(4)使用阿贝折射仪测定折光率时，动作要迅速，以避免样品中易挥发组分损失，确保数据准确。

(5)使用阿贝折射仪时，棱镜上不能接触硬物，擦拭棱镜时需用擦镜纸等柔软的纸。要特别注意在每次样品测定时一定要用擦镜纸将镜面擦干。

七、数据处理

绘出实验大气压下环己烷-乙醇双液体系的沸点-组成图，确定其恒沸温度和恒沸组成。将实验数据填入表 7-7 和表 7-8。

表 7-7　环己烷-乙醇标准溶液

室温________℃　大气压：始________kPa　终________kPa　平均值________kPa

<table>
<tr><td colspan="2">环己烷质量分数/%</td><td>0.00</td><td>0.20</td><td>0.40</td><td>0.60</td><td>0.80</td><td>0.90</td><td>1.00</td></tr>
<tr><td rowspan="4">折射率 n</td><td>1</td><td></td><td></td><td></td><td></td><td></td><td></td><td></td></tr>
<tr><td>2</td><td></td><td></td><td></td><td></td><td></td><td></td><td></td></tr>
<tr><td>3</td><td></td><td></td><td></td><td></td><td></td><td></td><td></td></tr>
<tr><td>平均</td><td></td><td></td><td></td><td></td><td></td><td></td><td></td></tr>
</table>

表 7-8　环己烷-乙醇溶液折射率及沸点测定

<table>
<tr><td colspan="2">样品组成</td><td rowspan="3">沸点</td><td colspan="4">气相冷凝液</td><td colspan="4">液相</td></tr>
<tr><td rowspan="2">乙醇</td><td rowspan="2">环己烷</td><td colspan="3">折射率</td><td rowspan="2">平均</td><td colspan="3">折射率</td><td rowspan="2">平均</td></tr>
<tr><td>1</td><td>2</td><td>3</td><td>1</td><td>2</td><td>3</td></tr>
<tr><td rowspan="6">20 mL</td><td>0.0</td><td></td><td></td><td></td><td></td><td></td><td></td><td></td><td></td><td></td></tr>
<tr><td>0.5</td><td></td><td></td><td></td><td></td><td></td><td></td><td></td><td></td><td></td></tr>
<tr><td>1.0</td><td></td><td></td><td></td><td></td><td></td><td></td><td></td><td></td><td></td></tr>
<tr><td>2.0</td><td></td><td></td><td></td><td></td><td></td><td></td><td></td><td></td><td></td></tr>
<tr><td>4.0</td><td></td><td></td><td></td><td></td><td></td><td></td><td></td><td></td><td></td></tr>
<tr><td>12.0</td><td></td><td></td><td></td><td></td><td></td><td></td><td></td><td></td><td></td></tr>
<tr><td>0.0</td><td rowspan="6">20 mL</td><td></td><td></td><td></td><td></td><td></td><td></td><td></td><td></td><td></td></tr>
<tr><td>0.2</td><td></td><td></td><td></td><td></td><td></td><td></td><td></td><td></td><td></td></tr>
<tr><td>0.4</td><td></td><td></td><td></td><td></td><td></td><td></td><td></td><td></td><td></td></tr>
<tr><td>0.6</td><td></td><td></td><td></td><td></td><td></td><td></td><td></td><td></td><td></td></tr>
<tr><td>1.0</td><td></td><td></td><td></td><td></td><td></td><td></td><td></td><td></td><td></td></tr>
<tr><td>1.2</td><td></td><td></td><td></td><td></td><td></td><td></td><td></td><td></td><td></td></tr>
</table>

(1) 由表 7-7 数据作出环己烷-乙醇标准溶液的浓度[x(环己烷)]与折射率的工作曲线。

(2) 根据表 7-8 中的折射率平均值，从工作曲线上查出平衡时气-液两相的组成[x(环己烷)]，填入表 7-9 中。

表 7-9　平衡时气液两相的组成

样品	沸点	气相组成		液相组成	
		$n_{样品}^{25℃}$	$y(C_6H_{12})$	$n_{样品}^{25℃}$	$x(C_6H_{12})$
1					
2					
3					
4					
5					
6					

(3) 按特鲁顿规则计算乙醇和环己烷在实验大气压下的沸点，确定其恒沸温度和恒沸组成。按表 7-10 数据绘出实验大气压下乙醇-环己烷双液体系的沸点-组成图。

八、实验习题

(1) 取出的平衡气液相样品，为什么必须在密闭的容器中冷却后方可用以测定其折射率？

(2) 平衡时，气液两相温度是否应该一样？实际是否一样？对测量有何影响？

(3) 如何判断气液已达到平衡状态？

(4) 为什么工业上常生产 95%的酒精？只用精馏含水酒精的方法是否可以获得无水酒精？

【附注】

表 7-10　25 ℃时环己烷-乙醇体系的折光率

x(乙醇)	x(环己烷)	n_D^{25}
1.00	0	1.35935
0.8992	0.1008	1.36867
0.7948	0.2052	1.37766
0.7089	0.2911	1.38412
0.5941	0.4059	1.39216
0.4983	0.5017	1.39836
0.4106	0.5948	1.40342
0.2987	0.7103	1.40890
0.2050	0.7950	1.41356
0.1030	0.8970	1.41855
0	1.00	1.42338

实验 44　凝固点降低法测定物质的摩尔质量

一、实验目的

(1) 了解凝固点降低法测相对分子质量的原理。
(2) 了解测定凝固点的方法。
(3) 掌握溶液凝固点的测定技术。
(4) 测定水的凝固点降低值，计算溶质的相对分子质量。
(5) 通过实验加深对稀溶液依数性的理解。

二、实验原理

1. 凝固点降低法测相对分子质量的原理

当稀溶液凝固析出纯固体溶剂时，溶液的凝固点低于纯溶剂的凝固点，其降低值与溶液的质量摩尔浓度成正比，即

$$\Delta T = T_f^* - T_f = K_f b_B \tag{7-14}$$

式中，T_f^* 为纯溶剂的凝固点；T_f 为溶液的凝固点；b_B 为溶液中溶质 B 的质量摩尔浓度；K_f 为溶剂凝固点降低常数，它的数值仅与溶剂的性质有关。

若称取一定量的溶质 m_B(g) 和溶剂 m_A(g)，配成稀溶液，则此溶液的质量摩尔浓度为

$$b_B = \frac{m_B}{M_B m_A} \times 10^{-3} \tag{7-15}$$

式中，M_B 为溶质的相对分子质量。将该式代入式(7-14)，整理得

$$M_B = K_f \frac{m_B}{\Delta T m_A} \times 10^{-3} \tag{7-16}$$

若已知某溶剂的凝固点降低常数 K_f 值(表 7-11)，通过实验测定此溶液的凝固点降低值ΔT，即可计算溶质的相对分子质量 M_B。

表 7-11　几种溶剂的凝固点降低常数

溶剂	凝固点/℃	K_f/(kg · K/mol)
水	0	1.86
苯	5.5	5.12
环己烷	6.5	20.0
乙酸	16.6	3.9

2. 凝固点测量原理

通常测凝固点的方法是将溶液逐渐冷却到凝固点，但实际冷却到凝固点时，并不析出晶体，往往该溶液会成为过冷溶液。然后通过搅拌或加入晶种促使溶剂结晶，由于结晶时放出凝固热，体系温度回升，当放热与冷却散热达到平衡时，温度不再改变。此固液两相共存的平衡温度即为溶液的凝固点。

当溶液太过冷或制冷剂温度过低时，则放出的凝固热抵偿不了冷却散热，放热与冷却散热达不到平衡，此时温度不能回升到凝固点，导致溶液在温度低于凝固点时完全凝固，就得不到正确的凝固点。

从相律看，溶剂与溶液的冷却曲线形状不同。对纯溶剂两相共存时，自由度 $f^{*}=1-2+1=0$，冷却曲线出现水平线段，其形状如图 7-11(a)所示。对溶液两相共存时，自由度 $f^{*}=2-2+1=1$，温度仍可下降，由于溶剂凝固时放出凝固热，温度回升，但回升到最高点又开始下降，因此冷却曲线不出现水平线段，如图 7-11(b)所示。

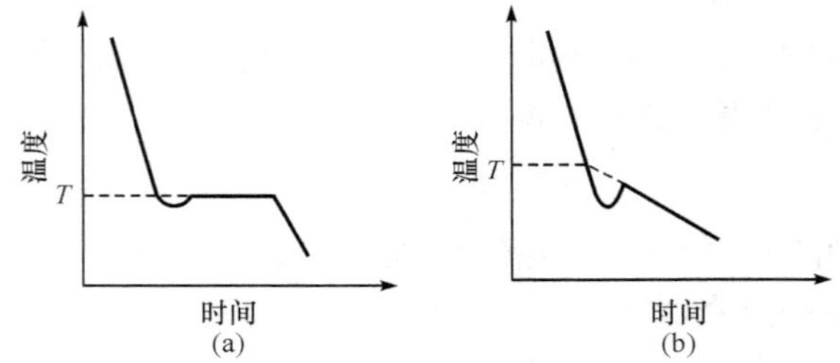

图 7-11　溶剂与溶液的冷却曲线

由于溶剂析出后，剩余溶液浓度增大，显然放出凝固热温度回升后的最高温度已不是原浓度溶液的凝固点，因此严格的做法是作冷却曲线，并按图 7-11(b)中所示方法加以校正。但由于冷却曲线不易测出，而真正的平衡浓度又难于直接测定，因此实验总是用稀溶液，通过控制条件使其溶液逐渐冷却到晶体析出量很少，然后以起始浓度代替平衡浓度，对测定结果也不会产生显著影响。

本实验要求测纯溶剂与溶液的凝固点之差，由于差值较小，测温需用较精密的仪器，已知超纯水的凝固点为 0 ℃，采用温差测量仪进行测温。记录室温读数 t，实验时温差测量仪进行测温的数据 Δt 与室温读数 t 的差即为 ΔT

$$\Delta T = \Delta t - t \tag{7-17}$$

三、实验前应思考的问题

(1) 制冷剂温度对实验结果有什么影响？

(2) 为什么要先测近似凝固点？

四、实验用品

(1) 仪器：凝固点测定仪，电子温差仪，电子分析天平，25 mL 移液管，洗耳球，滤纸，毛巾。

(2) 药品：尿素(或蔗糖)，粗盐，冰块，超纯水。

五、实验步骤

(1) 仪器安装如图 7-12 所示。

仔细阅读温差测量仪说明书，按图安装凝固点测定仪，注意测定管、搅拌棒都必须清洁、干燥，温差测量仪的探头、温度计都必须与搅拌棒有一定的空隙，防止搅拌时发生摩擦。

(2) 打开电源。

(3) 在冰槽中放入敲碎的冰块和自来水，加入适量的食盐，将冰槽温度调至−2～−3 ℃，将空气套管插入冰槽内。将传感器放入冰槽中，用手动搅拌器(外搅拌器)进行搅拌，待冰槽温度保持基本不变时，按温度温差仪上的“采零”键，用室温或自来水对温差采零，同时记录温度读数，设置温度温差仪的读数提示时间为 15 s。

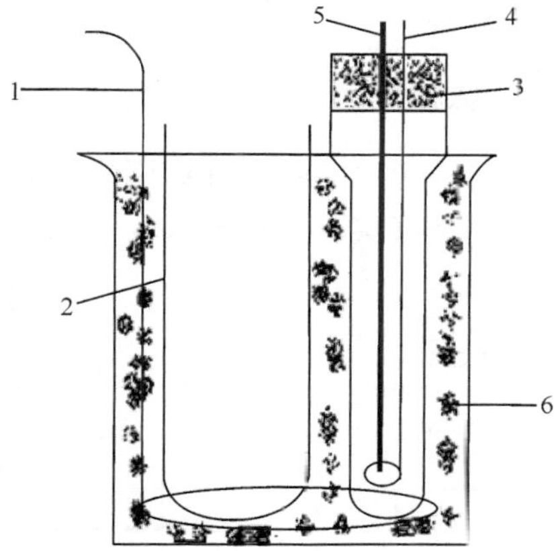

图 7-12　凝固点测定仪

1. 外搅拌器；2. 空气套管；3. 凝固点管；4. 内搅拌器；5. 传感器；6. 冰槽

(4) 用移液管吸取 25.00 mL 超纯水于凝固点管中，在电子分析天平上精确称量 0.35～0.40 g 尿素(或 1 g 蔗糖)，加入凝固点管的超纯水中，待溶质完全溶解后，安装探头、搅拌器和塞子。注意：探头应离开管底 0.5 cm 左右，不应与任何物质相碰，但也要保证探头浸到溶液中。

(5) 粗测凝固点。将凝固点管直接插入冰浴中，上下移动搅拌器，使溶液逐步冷却至数字温度温差仪上的数字不变，即为粗测凝固点。取出凝固点管，用手温热，使管中固体全部熔化。

(6) 凝固点管直接插入冰浴中，上下移动内搅拌器，使溶液冷却至粗测凝固点以上 0.5 ℃时，迅速将凝固点管取出擦干，插入空气套管中。注意：此时不要用手直接握凝固点管，应用毛巾隔开以免手温加热溶液。外套管尽量插入冰浴中，但不能让冰水浸到管中，以防渗水入管。外管是空气管，有助于消除由于溶液冷却过快造成的误差。仍均匀搅拌，每隔 15 s 温度温差仪的读数提示时记下相应的温差。至温度回升到一定程度不再改变，持续 1 min，则可停止实验，此温度即为溶液的凝固点。取出凝固点管用手温热，至管中固体全部熔化。

(7) 重复上述步骤(6)，测定溶液的凝固点，需进行精测 3 次，3 次测得的温度 ΔT 值绝对平均误差小于 0.01 ℃。

六、注意事项

(1) 搅拌速度的控制是做好本实验的关键，每次测定应按要求的速度搅拌，并且测溶剂与溶液凝固点时搅拌条件要完全一致。

(2) 在测量过程中，析出的固体越少越好，以减少溶液浓度的变化，才能准确测定溶液的凝固点。若溶液太过冷，溶剂凝固越多，溶液的浓度变化太大，会导致测量值偏低。

七、数据处理

(1) 由水的密度计算所取水的质量。

(2) 将实验数据列入表 7-12 中。

表 7-12　实验数据表

室温：________ ℃　　大气压：________ kPa

<table>
<tr><th rowspan="2">物质</th><th rowspan="2">质量/g</th><th colspan="3">凝固点温差测量值Δt</th><th rowspan="2">凝固点降低值$\Delta T=\Delta t-t$</th></tr>
<tr><th colspan="2">测量值</th><th>平均值</th></tr>
<tr><td rowspan="2">水</td><td rowspan="2"></td><td>1</td><td></td><td rowspan="4"></td><td rowspan="4"></td></tr>
<tr><td rowspan="2">2</td><td rowspan="2"></td></tr>
<tr><td rowspan="2">尿素</td><td rowspan="2"></td></tr>
<tr><td>3</td><td></td></tr>
</table>

(3) 由所得数据计算溶质的相对分子质量，并计算与理论值的相对误差。

八、实验习题

(1) 根据什么原则考虑加入溶质的量？太多或太少时如何影响？

(2) 当溶质在溶液中有解离、缔合和生成配合的情况时，对其摩尔质量的测定值有何影响？

(3) 用凝固点降低法测相对分子质量，选择溶剂时应考虑哪些因素？

实验 45　甲基红解离平衡常数的测定

一、实验目的

(1) 测定甲基红的酸解离平衡常数。

(2) 进一步掌握分光光度计和 pHS-3C 精密 pH 计的使用方法。

二、实验原理

甲基红(对-二甲氨基-邻-羧基偶氮苯)的分子式为

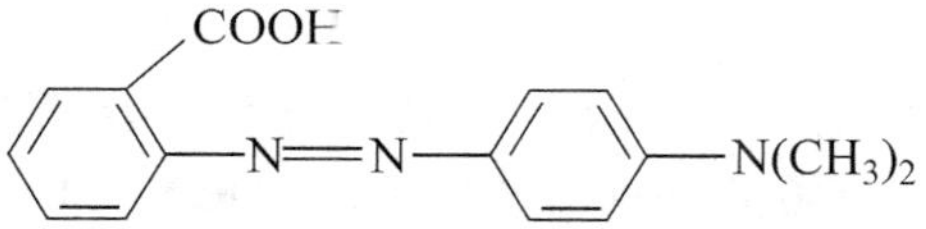

它是一种弱酸型的染料指示剂，具有酸(HMR)和碱(MR^-)两种形式，在溶液中部分电离，在碱性溶液中呈黄色，酸性溶液中呈红色。在酸性溶液中它以两种离子的形式存在，简单地写成

$$\underset{\text{甲基红的酸形式}}{HMR} \rightleftharpoons H^+ + \underset{\text{甲基红的碱形式}}{MR^-} \tag{7-18}$$

其解离平衡常数为

$$K = \frac{[H^+][MR^-]}{[HMR]} \tag{7-19}$$

$$pK = pH - \lg\frac{[MR^-]}{[HMR]} \tag{7-20}$$

由于 HMR 和 MR^-两者在可见光谱范围内均具有强的吸收峰，溶液离子强度的变化对它的酸解离平衡常数没有显著影响，而且在简单 CH_3COOH-CH_3COONa 缓冲体系中就很容易使颜色在 pH=4～6 范围内改变，因此比值$[MR^-]/[HMR]$可用分光光度法测定而求得。

对一化学反应平衡体系，分光光度计测得的吸光度包括各物质的贡献。式 $A=\lg(I_0/I)=acl$ 中，当 c 的单位为 mol/L，l 的单位为 cm 时，ε 为摩尔吸光系数。由此可推知甲基红溶液中总的吸光度为

$$A_A=\varepsilon_{A,HMR}[HMR]\times l+\varepsilon_{A,MR^-}[MR^-]\times l \tag{7-21}$$

$$A_B=\varepsilon_{B,HMR}[HMR]\times l+\varepsilon_{B,MR^-}[MR^-]\times l \tag{7-22}$$

式中，A_A、A_B 分别为在 HMR 和 MR^-的最大吸收波长处所测得的总的吸光度；$\varepsilon_{A,HMR}$、ε_{A,MR^-}和$\varepsilon_{B,HMR}$、ε_{B,MR^-}分别为在波长 λ_A 和 λ_B 下的摩尔吸光系数。

各物质的摩尔吸光系数值可由作图法求得。例如，首先配制 pH≈2 的具有各种浓度的甲基红酸性溶液，将在波长 λ_A 分别测定各溶液的吸光度对浓度作图，得到一条通过原点的直线。由直线斜率可求得$\varepsilon_{A,HMR}$ 值，其余摩尔吸光系数求法类同，从而求出$[MR^-]$与[HMR]的相对量。再测得溶液 pH，最后按 $pK=pH-\lg[MR^-]/[HMR]$ 即可求出 pK 值。

三、实验前应思考的问题

(1)实验过程中，采取哪些措施减少温度对测定结果的影响?

(2) 在吸光度测定中，应该怎样选用比色皿(吸收池)?

(3) 测量开始之前，为什么要按“100% T”键调零?

四、实验用品

(1) 仪器：723 分光光度计，pHS-3C 精密 pH 计，容量瓶，吸管，烧杯。

(2) 药品：标准甲基红溶液，0.01 mol/L CH_3COONa，0.01 mol/L HCl，0.1 mol/L HCl，0.02 mol/L CH_3COOH，0.04 mol/L CH_3COOH，蒸馏水。

五、实验步骤

使用仪器前应详细阅读说明书，了解仪器的结构、工作原理及各操作旋钮的作用。

1. 723 分光光度计仪器操作方法

723 分光光度计外观如图 7-13 所示。

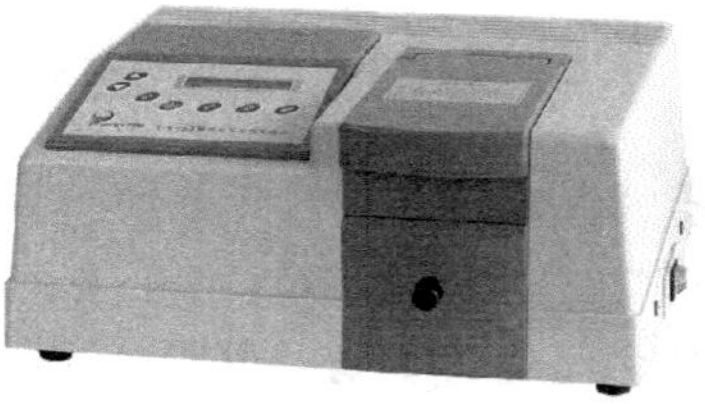

图 7-13　723 分光光度计

(1) 打开仪器电源开关，使仪器预热 20 min。仪器通电后，进入自检状态，自检结束后波长自动停在 560 nm 处，测量方式自动设定在透射比方式(%T)，并自动调 100%T 和 0%T。若仪器要与计算机连接，先打开仪器，再打开计算机，打开光谱应用软件，点击连接按钮即可，使其处于工作状态。

(2) “方式设定”键(MODE)：用于设置测试方式，透射比方式，吸光度方式和浓度直读方式。使用功能键，根据提示将标样的浓度值或因子输入仪器。按“方式设定”键将测试方式设置为吸光度方式。透射比方式，显示器显示“XXX nm，XXX. XT”；吸光度方式，显示器显示“XXX nm, X. XXXAbs”。

(3) “波长设定”键(△▽)：用于设置分析波长。按“波长设定”键设置所需要的波长，如 340 nm。

(4) “100%/0Abs”键：用于自动调节 100%T(100%透射比)或 0Abs(零吸光度)；当波长改变时，一定要调整 100%或 0Abs。

(5) “0%”键：用于自动调整 0%透射比。仪器开机后自检的过程中已经将 0%的参数保存在微处理器中，一般情况下无需使用此键；仪器长时间使用，需要调整 0%透射比。

(6) “功能”键(FUNC)：输入已知标准样的浓度值，按功能键一次；输入已知标准样品 *K* 因子，按功能键两次。

(7) 将参比溶液与被测溶液分别倒入比色皿中，用镜头纸将比色皿擦拭干净，光学面保持透明状态。

(8) 打开样品室盖，将盛有溶液的比色皿分别插入比色槽中，盖上样品盖；将参比溶液推入光路中，按“100% T”键调整 0Abs。

(9) 将被测溶液推入光路中，此时显示器显示的是被测样品的吸光度。

2. 测定甲基红酸式(HMR)和碱式(MR^-)的最大吸收波长

(1) A 液：取 0.50 mL 甲基红标准溶液于 50 mL 容量瓶中，加入 5 mL 0.1 mol/L HCl 溶液，用蒸馏水稀释至刻度，溶液的 pH 约为 2，甲基红以酸式 HMR 存在。

(2) B 液：取 1.00 mL 甲基红标准溶液于 50 mL 容量瓶中，加入 1 mL 20% NaHAc 溶液，用蒸馏水稀释至刻度，溶液的 pH 约为 8，甲基红以碱式 MR^-存在。

测定上述两种甲基红总浓度相等的溶液在 350～600 nm 的吸光度随波长的变化，找出最大吸收波长 λ_A、λ_B。

3. 检验 HMR 和 MR^-是否符合比尔定律并测定它们在 λ_A、λ_B 下的摩尔吸光系数

取部分 A 溶液和 B 溶液，分别用 0.01 mol/L 的 HCl 和 0.01 mol/L 的 CH_3COONa 稀释至它们原浓度的 0.75 倍、0.50 倍、0.25 倍，将稀释液及原浓度溶液制成一系列待测溶液(若待测溶液的体积均为 10 mL，应先计算各试剂的用量)。在波长 λ_A 和 λ_B 下测定这些溶液相对于水的吸光度。由吸光度对浓度作图，计算在 λ_A 下甲基红酸式(HMR)和碱式(MR^-)的 $\varepsilon_{A,HMR}$、ε_{A,MR^-}及在 λ_B 下的 $\varepsilon_{B,HMR}$、ε_{B,MR^-}。

4. 求不同 pH 下 HMR 和 MR^-的相对量

(1) 在四个 100 mL 的容量瓶中分别加入 10 mL 标准甲基红溶液和 25 mL 0.04 mol/L CH_3COONa 溶液，并分别加入 50 mL、25 mL、10 mL、5 mL 的 0.02 mol/L CH_3COOH，然后用蒸馏水稀释至刻度，制成一系列待测溶液。测定在 λ_A 和 λ_B 下各溶液的吸光度 A_A 和 A_B。

(2) 用 pHS-3C 型 pH 计测得各溶液的 pH。

(3) 由于在 λ_A 和 λ_B 下测得的吸光度是 HMR 和 MR^-吸光度的总和，因此溶液中 HMR 和 MR^-的相对量可以由式(7-21)与式(7-22)求得。

(4) 将此结果代入式(7-20)，即可计算得出甲基红的酸解离平衡常数 pK。

六、数据处理

(1) 找出 $\lambda_{A,max}$、$\lambda_{B,max}$。

(2) 测定 HMR 和 MR^-在 λ_A、λ_B 下的摩尔吸光系数。

当 $\lambda_{A,max}$=________nm 时，测得如下数据列入表 7-13 中。

表 7-13　实验记录

		0.75 倍	0.50 倍	0.25 倍	原溶液
$\varepsilon_{A,HMR}$（A 液）	第一次				
	第二次				
	第三次				
	平均				
ε_{A,MR^-}（B 液）	第一次				
	第二次				
	第三次				
	平均				

当 $\lambda_{B,max}$=________nm 时，测得如下数据列入表 7-14 中。

表 7-14　实验记录

		0.75 倍	0.50 倍	0.25 倍	原溶液
$\varepsilon_{B,HMR}$（A 液）	第一次				
	第二次				
	第三次				
	平均				
ε_{B,MR^-}（B 液）	第一次				
	第二次				
	第三次				
	平均				

(3) 在四个 100 mL 容量瓶中分别加入 10 mL 甲基红和 25 mL 0.01 mol/L CH_3COONa，再分别加入 50 mL、25 mL、10 mL、5 mL 的 0.02 mol/L CH_3COOH 后稀释至刻度，测定在 λ_A 和 λ_B 下各溶液的吸光度 A_A 和 A_B。

当 $\lambda_{A,max}$=________nm 时，测得如下数据列入表 7-15 中。

表 7-15　实验记录

		50 mL	25 mL	10 mL	5 mL
A_A	第一次				
	第二次				
	第三次				
	平均				

当 $\lambda_{B,max}$=________nm 时，测得如下数据列入表 7-16 中。

表 7-16　实验记录

		50 mL	25 mL	10 mL	5 mL
A_B	第一次				
	第二次				
	第三次				
	平均				

(4)记录实验数据，测定 pH，并计算出甲基红的解离平衡常数。由于 λ_A 和 λ_B 下所测得的吸光度是 HMR 和 MR^-的吸光度的总和，因此溶液中 HMR 和 MR^-的相对量由前面所述的关系式(7-21)与式(7-22)计算得到，从而计算出甲基红的解离平衡常数 pK(表 7-17)。

表 7-17　实验记录

恒温温度：________

序号	$c(MR^-)/c(HMR)$	$\lg[c(MR^-)/c(HMR)]$	pH	pK
1(50 mL)				
2(25 mL)				
3(10 mL)				
4(5 mL)				

七、实验习题

(1)为什么要用相对浓度？

(2)T 与 Abs 的数学关系是什么？

实验 46　乙酸乙酯皂化的反应速率常数及活化能的测定

一、实验目的

(1) 用电导法测定乙酸乙酯皂化反应速率常数及活化能。

(2) 了解二级反应的特点，学会用图解法求二级反应的速率常数。

(3) 了解电导率仪的构造，掌握其使用方法。

二、实验原理

乙酸乙酯皂化反应方程式为

$$CH_3COOCH_2CH_3 + OH^- = CH_3COO^- + CH_3CH_2OH$$

乙酸乙酯皂化反应中，反应物 NaOH 和生成物 CH_3COONa 都为强电解质，参加导电的离子有 OH^-、Na^+和 CH_3COO^-，由于反应体系是很稀的水溶液，可认为 CH_3COONa 是全部电离的，因此，反应前后 Na^+的浓度不变，随着反应的进行，仅仅是导电能力很强的 OH^-逐渐被导电能力弱的 CH_3COO^-所取代，致使溶液的电导逐渐减小，因此可用电导率仪测量皂化反应进程中电导率随时间的变化，从而达到跟踪反应物浓度随时间变化的目的。

通过测量电导率的方法测量其反应前后的浓度的变化，从而通过二级反应方程：

$$\frac{1}{c_{\mathrm{A}}} - \frac{1}{c_{\mathrm{A},0}} = kt \tag{7-23}$$

推导出反应速率常数与电导率的关系：

$$\kappa_t = \frac{1}{kta} \times (\kappa_0 - \kappa_t) + \kappa_\infty \tag{7-24}$$

通过实验测定不同时间溶液的电导率 κ_t 和起始溶液的电导率 κ_0，以 κ_t 对 $(\kappa_0 - \kappa_t)/t$ 作图可得一直线，其斜率等于 $1/(k \cdot a)$，截距为 κ_∞，由此可求得反应速率常数 k。

如果知道不同温度下的反应速率常数 k_2 和 k_1，根据阿伦尼乌斯公式，可计算出该反应的活化能 E_a 和反应半衰期。

$$\ln\frac{k_2}{k_1} = \frac{E_a}{R}\left(\frac{1}{T_1} - \frac{1}{T_2}\right) \tag{7-25}$$

三、实验前应思考的问题

(1) 为什么本实验要在恒温条件下进行，而且 $CH_3COOC_2H_5$ 和 NaOH 溶液在混合前还要预先恒温？

(2) 实验为什么采用超纯水，并避免接触空气及灰尘杂质落入？

(3) 为什么以 0.0100 mol/L NaOH 溶液的电导率就可认为是 κ_0?

(4) 如何配制指定浓度的溶液?

四、实验用品

(1) 仪器：DDS-11A 电导率仪，DJS-1 型铂黑电极，干燥样品管，分析天平，恒温水浴，停表，100 mL 容量瓶，25 mL、1 mL 移液管，100 mL 磨口三角瓶，大张滤纸，100 mL 烧杯，洗耳球，十字夹。

(2) 药品：氢氧化钠(A.R.)，乙酸乙酯(A.R.)，超纯水。

五、实验步骤

1. 配制与 NaOH 准确浓度(约 0.0200 mol/L)相等的乙酸乙酯溶液

首先查出室温下乙酸乙酯的密度，然后计算出配制 100 mL 0.0200 mol/L (与 NaOH 准确浓度相同)的乙酸乙酯水溶液所需的乙酸乙酯的体积 V，然后用 1 mL 移液管吸取 V mL 乙酸乙酯注入 100 mL 容量瓶中，稀释至刻度，即为 0.0200 mol/L 的乙酸乙酯水溶液。

2. 调节恒温槽和电导率仪

将恒温槽的温度调至(25.0±0.1) ℃[或(30.0±0.1) ℃]。按使用说明书安装电导率仪并调节好仪器。

3. κ_0 的测定

在干燥的 100 mL 磨口三角瓶中，用移液管加入 25 mL 配制的 0.0200 mol/L NaOH 溶液和同体积的超纯电导水，混合均匀后，倒出少量溶液洗涤电极，然后将剩余溶液倒入干燥样品管中(要盖过电极上沿约 2 cm)，恒温约 15 min，期间轻轻摇动数次，然后将电极插入溶液，开始测定溶液电导率。开始时电导率数据可能会变动，要等到数值不变为止，此数值即为 κ_0。测量时，每一种溶液都必须重复 3 次并取平均值。然后取出电极浸于另一盛有超纯水的样品管中，并置于恒温槽恒温。

4. κ_t 的测定

用移液管移取 25 mL 0.0200 mol/L 的 $CH_3COOC_2H_5$，加入干燥的 100 mL 磨口三角瓶中，用另一支移液管取 25 mL 0.0200 mol/L 的 NaOH，加入另一干燥的 100 mL 磨口三角瓶中。将两个三角瓶置于恒温槽中恒温 15 min，期间摇动数次。

将保温好的 NaOH 溶液迅速倒入盛有 $CH_3COOC_2H_5$ 的三角瓶中，同时开动停表开始计时，作为反应的开始时间，迅速将溶液混合均匀。

同时将铂黑电极从恒温的超纯水中取出并用少量该混合液淋洗电极三次，另取一干燥样品管，然后将该混合溶液倒入(溶液高度同前 3. κ_0 的测定)，测定溶液的电导率 κ_t，每隔 5 min 测量一次，半小时后，每隔 10 min 测量一次，反应进行到 1 h 后可停止测量。记下 κ_t 和对应的时间 t。

5. 另一温度下 κ_0 和 κ_t 的测定

调节恒温槽温度为(35.0±0.1) ℃[或(40.0±0.1) ℃]。重复上述 3、4 步骤，测定另一温度下的 κ_0 和 κ_t。但在测定 κ_t 时，每隔 5 min 测量一次，测其电导率。反应进行到 45 min 后可停止测量。记下 κ_t 和对应的时间 t。

实验结束后，关闭电源，取出电极，用超纯水洗净电极并置于装超纯水的烧杯中保存待用。

六、注意事项

(1)配好的 NaOH 溶液要防止空气中的 CO_2 气体进入。
(2)乙酸乙酯溶液和 NaOH 溶液浓度必须相同。
(3)乙酸乙酯溶液需临时配制，配制时动作要迅速，以减少挥发损失。
(4)记录电导率数据时，注意单位的换算。

七、数据处理

(1)实验数据记录。

室温：________ ℃　　　　大气压：________ Pa

κ_0(30 ℃)________　　　　κ_0(40 ℃)________

(2)将 t、κ_t、$\frac{\kappa_0-\kappa_t}{t}$ 数据列于表 7-19 和表 7-20 中。

表 7-19 实验数据

溶液温度：30 ℃

序号	t/min	κ_t	$\kappa_0-\kappa_t$	$(\kappa_0-\kappa_t)/t$
1	第 1 次实际测量时间			
2	5			
3	10			
4	15			
5	20			
6	25			
7	30			
8	40			
9	50			
10	60			

表 7-20　实验数据

溶液温度：40 ℃

序号	t/min	κ_0	$\kappa_0-\kappa_t$	$(\kappa_0-\kappa_t)/t$
1	第 1 次实际测量时间			
2	5			
3	10			
4	15			
5	20			
6	25			
7	30			
8	35			
9	40			
10	45			

(3) 以两个温度下的 κ_t 对 $(\kappa_0-\kappa_t)/t$ 作图，分别各得一直线。利用两直线上的截距求两温度下的 κ_∞。

(4) 由直线的斜率分别计算两温度下的速率常数 k 和反应半衰期 $t_{1/2}$。

(5) 由两温度下的速率常数，按阿伦尼乌斯公式，计算乙酸乙酯皂化反应的活化能。

八、实验习题

(1) 如果 $CH_3COOC_2H_5$ 和 NaOH 起始浓度不相等，应怎样计算 κ 值？

(2) 如何从实验结果验证乙酸乙酯皂化反应为二级反应？

(3) 为什么要使 $CH_3COOC_2H_5$ 和 NaOH 两种溶液的浓度相等？

实验 47　电导法测定乙酸的解离常数

一、实验目的

(1) 掌握电导法测定乙酸的解离平衡常数。

(2) 掌握电导率仪的使用方法。

二、实验原理

乙酸在水溶液中呈下列平衡：

$$\begin{array}{ccccc} HAc & \rightleftharpoons & H^+ & + & Ac^- \\ c(1-\alpha) & & c\alpha & & c\alpha \end{array}$$

式中，c 为乙酸浓度；α 为解离度，则解离平衡常数 K_c 为

$$K_c = c\alpha^2/(1-\alpha) \tag{7-26}$$

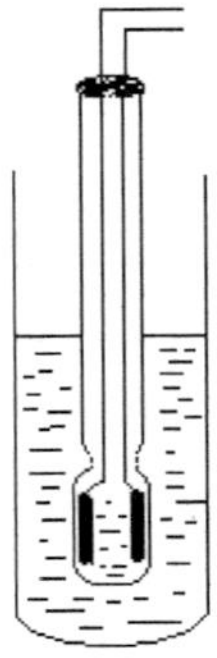

图 7-14 浸入式电导池

恒定温度下，K_c 为常数，通过测定不同浓度下的解离度就可求得平衡常数 K_c 值。

乙酸溶液的解离度可用电导法测定。将被测溶液注入电导池(样品管代替)中，如图 7-14 所示。

摩尔电导率用 Λ_m 表示，其单位为 S · m²/mol，则有

$$\Lambda_m = \frac{\kappa}{c} \tag{7-27}$$

式中，κ 为电导率。电解质溶液的电导率不仅与温度有关，还与溶液的浓度有关。

电解质的摩尔电导率随浓度的稀释而增加，无限稀释时的摩尔电导率以 Λ_m^∞ 表示。对于弱电解质来说，某一浓度时的摩尔电导率与无限稀释时的摩尔电导率之比为该浓度下的解离度 α

$$\alpha = \Lambda_m / \Lambda_m^\infty \tag{7-28}$$

Λ_m^∞ 可由式(7-29)计算：

$$\Lambda_m^\infty(\text{HAc}) = \lambda_m^\infty(\text{H}^+) + \lambda_m^\infty(\text{Ac}^-) \tag{7-29}$$

$$\Lambda_m^\infty(\text{H}^+, 25\ ℃) = 349.82\times10^{-4}\text{S}\cdot\text{m}^2/\text{mol}$$

$$\Lambda_m^\infty(\text{Ac}^-, 25\ ℃) = 40.90\times10^{-4}\text{S}\cdot\text{m}^2/\text{mol}$$

$$\lambda_m^\infty(\text{H}^+, T) = \lambda_m^\infty(\text{H}^+, 298.15\text{K})[1+0.042(t-25\ ℃)]$$

$$\lambda_m^\infty(\text{Ac}^-, T) = \lambda_m^\infty(\text{Ac}^-, 298.15\text{K})[1+0.02(t-25\ ℃)]$$

式中，t 为体系的温度，℃。

三、实验前应思考的问题

(1) 电导率测定中对使用的水有什么要求?

(2) 电导率仪使用时如何选择测量量程?

(3) 铂电极的使用有哪些应该注意的事项?

(4) DDS-11 型电导率仪使用的是直流电源还是交流电源?

(5) 测量过程为什么需要在恒温下进行?

(6) 每测定完一个浓度的数据，是否需要用蒸馏水冲洗样品管及电极？应该采取怎样的操作?

四、实验用品

(1) 仪器：DDS-11A/C 型电导率仪，铂电极，超级恒温水浴，10 mL 样品管，1 mL 移液管，25 mL 容量瓶。

(2) 药品：乙酸(A.R.)，超纯水。

五、实验步骤

(1) 调节恒温水槽。接通电源，调节搅拌旋钮使搅拌匀速转动，调节温度旋钮使其控制温度为 25 ℃。当继电器的红灯亮时，恒温水槽的加热器正在加热；当继电器的绿灯亮时，恒温水槽的加热器停止加热。恒温水槽的温度应以水银温度计的读数为准。

(2) 按图 7-4 所示装配好电导率仪。

(3) 配制 HAc 溶液。用移液管分别吸取 0.10 mL、0.20 mL、0.30 mL、0.40 mL、0.50 mL HAc 溶液放入 25 mL 的容量瓶中，均以蒸馏水或超纯水稀释至 25.00 mL。测定 HAc 溶液的电导率，用蒸馏水充分浸泡洗涤样品管和电极，再用少量待测液荡洗数次。然后注入待测液，使液面超过电极 1～2 cm，将样品管放入恒温槽中，恒温 5～8 min 后进行测量。

(4) 按溶液浓度由稀到浓的顺序，依次测定被测液的电导率。每测定完一个浓度的数据，用下一个被测液荡洗样品管和电极 3 次，再注入该被测液测定其电导率。

(5) 实验结束后，先关闭各仪器的电源，用蒸馏水充分冲洗样品管和电极，将电极浸入蒸馏水中备用。

六、注意事项

(1) 恒温水槽温度恒定后不能再调节搅拌速度。

(2) 继电器只能用来控温，不能用作电源开关，当实验结束后，一定要断开电源开关。

(3) 测定电导率时严禁用手触及样品管内壁和电极。

(4) 在选择电导率仪量程时，能在低一挡量程上测量的，不放在高一挡测量。

(5) 如果在测量中预先不知道被测溶液电导率的大小，应先把量程开关置于最大电导率测量挡，再适当改变“量程选择”开关于适当位置。

七、数据处理

查算出实验温度下 HAc 溶液的 Λ_m^∞ 的值，根据式(7-26)～式(7-28)，计算 HAc 溶液在所测浓度下的解离度 α 和解离平衡常数 K_c，求出 K_c 的平均值。计算 Λ_m 和 K_c 时，要注意浓度 c 的单位的区别。

八、实验习题

(1) 电导池常数(电极常数)是怎样确定的?

(2) 将实验测定的 K_c 值与文献值比较，试述误差的主要来源。

实验 48　界面移动法测定电解质溶液的离子迁移数

一、实验目的

(1) 掌握界面移动法测定电解质溶液离子迁移数的基本原理和操作方法。

(2) 通过求算 H^+的电迁移率，加深对电解质溶液有关概念的理解。

二、实验原理

当电流通过电解质溶液时，溶液中的正、负离子分别向阴、阳两极迁移，由于各种离子的迁移速度不同，各自所输送的电量也必然不同。每种离子所输送的电量分别用 Q_+、Q_-表示，其与通过溶液的总电量 Q 之比，称为该离子在此溶液中的迁移数。离子迁移数为 t_+与 t_-，则

$$t_+ = \frac{Q_+}{Q},\quad t_- = \frac{Q_-}{Q} \tag{7-30}$$

外加电场的作用下电解质溶液的导电是靠溶液内的离子定向迁移来实现的。通过溶液的总电量 Q 就是向两极迁移的阴、阳离子所输送电量的总和，则总电量 Q 为

$$Q = Q_+ + Q_- = It \tag{7-31}$$

式中，I 为外加电场电流强度；t 为通电时间。

离子的迁移数与离子的迁移速度有关，而离子的迁移速度与溶液中的电位梯度有关。因此，引入离子电迁移率的概念，来比较电解质溶液中不同离子的迁移速度，用 u_+、u_-表示，单位为 $m^2/(s \cdot V)$。它的物理意义为：当电解质溶液中电位梯度为 1 V/m 时的离子迁移速度。

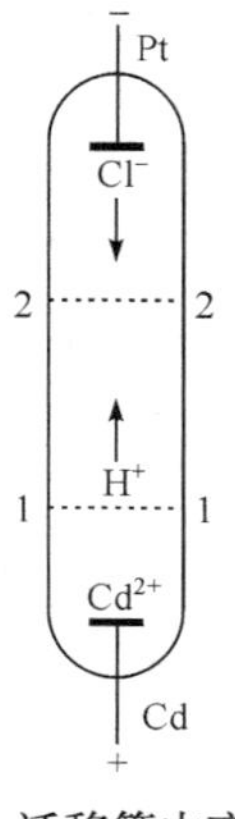

图 7-15　迁移管中离子迁移

本实验采用界面移动法测定 HCl 溶液中 H^+的迁移数，其原理如图 7-15 所示。

在一根垂直安置的有体积刻度的玻璃管中装入含甲基橙指示剂的 HCl 溶液，顶部插入 Pt 丝作阴极，底部插入 Cd 极作阳极。通电后，H^+向 Pt 极迁移，放出氢气，Cl^-向 Cd 极迁移，且在底部与由 Cd 电极氧化而生成的 Cd^{2+}形成 $CdCl_2$ 溶液，逐步替代 HCl 溶液。由于 Cd^{2+}的

电迁移率小于 H^+，因此底部的 Cd^{2+} 总是跟在 H^+ 后面向上迁移。因为 $CdCl_2$ 与 HCl 对指示剂呈现不同的颜色，在迁移管内形成了一个鲜明的界面。下层 Cd^{2+} 层为黄色，上层 H^+ 层为红色。这个界面移动的速度即为 H^+ 迁移的平均速度。

若溶液中 H^+ 浓度为 c_{H^+}，实验测得 t 时间内界面从 1-1 到 2-2 移动过的相应体积为 V，则根据式(7-30)和式(7-31)，H^+ 的迁移数为

$$t_{H^+}=\frac{c_{H^+}VF}{It} \tag{7-32}$$

式中，F 为法拉第常量，96485 C/mol。

通过离子迁移数的测定，用式(7-33)可求得离子的电迁移率

$$t_+=\frac{t_{H^+}\Lambda_m}{F},\quad u_-=\frac{t_-\Lambda_m}{F} \tag{7-33}$$

式中，Λ_m 为一定温度下溶液的摩尔电导率，单位为 $S\cdot m^2/mol$。

三、实验前应思考的问题

(1) 为什么通过界面移动速度就可以确定 H^+ 的移动速度？

(2) 实验过程中如何得到清晰的移动界面？

(3) 影响离子迁移数的因素主要有哪些？

四、实验用品

(1) 药品和材料：0.1 mol/L HCl 标准溶液，0.1%的甲基橙指示剂，Cd 棒(3 mm×30 mm)，Pt 丝。

(2) 仪器：带恒温水夹套迁移管，300 V 直流电源，100 Ω 标准电阻，毫安表，数字电压表，秒表。

仪器装置见图 7-16。

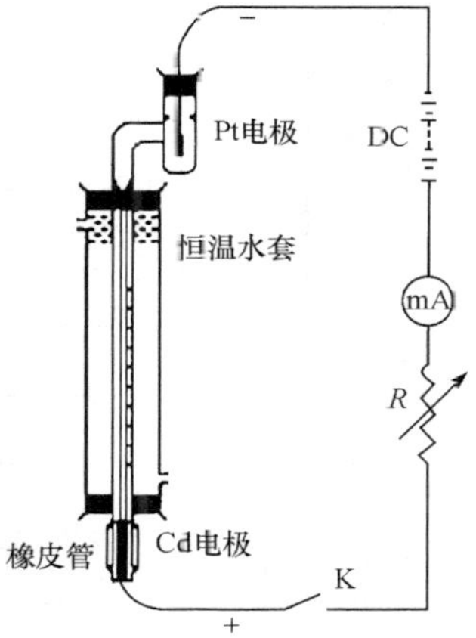

图 7-16　界面移动法实验装置

五、实验步骤

(1) 配制 0.1 mol/L HCl 标准溶液，0.1%的甲基橙指示剂。

(2) 按指示剂：酸=5：100(体积比)，配制含甲基橙指示剂的 HCl 标准溶液的混合溶液。

(3) 分别用去离子水与待测液先后淋洗迁移管的内壁两次，并检查迁移管是否漏水。

(4) 注入步骤(1)配制的含甲基橙指示剂的 HCl 标准溶液，装入溶液量以插入上端电极时能浸过电极为限。通恒温水使系统恒温于(25.0±0.1)℃。

(5) 按图 7-18 所示接好线路。图中 mA 表示数字电压表，R 为可变电阻，DC 为

直流电源，K 为开关。控制直流电源输出电压为 300V(注意：高压直流电危险)，调节电阻 R，使电流控制在 3 mA 左右。检查无误后，再开始实验。

(6)打开开关，随着电解的进行，一段时间后在迁移管下部就会形成一个清晰的界面，并渐渐向上移动，当界面移动到某一可清晰观测的刻度时，一般迁移管内界面移动到 0.2 mL 时开始计时，界面每移过 0.02 mL 记录相应的时间和数字电压表读数。直至界面移动到 0.5 mL 为止，将数据记录于表 7-21。

表 7-21　界面移动数据及数据处理表

界面移动体积/mL	时间 t/s	电压 U /mV	电流 $I=U/R_s$	$Q=It$ /mC	迁移数 t_{H^+}	平均迁移数 $\overline{t}_{H^+}$	Q(总) I-t 积分图	迁移率
0.2								
0.22								
0.24								
0.26								
0.28								
0.30								
0.32								
0.34								
0.36								
0.38								
0.40								
0.42								
0.44								
0.46								
0.48								
0.50								

六、注意事项

(1)不要颠倒电极的正负极。

(2)迁移管内不可有气泡。上端的塞子不能塞紧，要留有缝隙。

(3)为获得稳定的界面，防止管内两层液体间对流、扩散，电流不宜过高，应控制在 3 mA 左右。

(4) 镉化物有毒，要注意废液的处理。

七、数据处理

(1) 由测得电压 U 及标准电阻 R_s，求得电流 $I = U/R_s$，以此电流对相应的时间 t 作图，如图 7-17 所示，求出其包围的面积，即总电量 I_t。如为直线，可按梯形法求出面积。

(2) 用与总电量 I_t 对应的界面移过的体积 V，代入式 (7-34)，求得 t_{H^+}。

(3) 为了减小迁移管的体积未经校正及电源电压的波动带来的误差，通过取不同间隔的体积 V 及对应的电量 It，分别求得 t_{H^+}，取平均值，列于表 7-21。

(4) 已知 25.0 ℃时 0.1 mol/L HCl 溶液的摩尔电导率为 0.03913 $S \cdot m^2/mol$，根据式 (7-33) 用 t_{H^+} 平均值计算 H^+ 的迁移率。

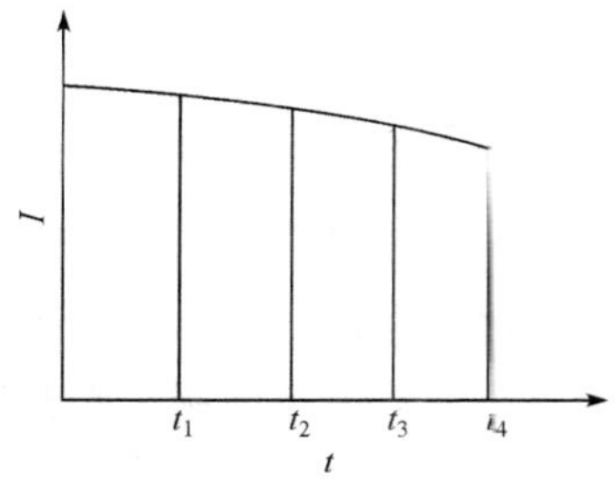

图 7-17　I-t 积分图

(5) 数据处理示例。

$$25\ ℃ \qquad c_{HCl}=0.1015\ moL/L，迁移体积\ V = 0.32\ cm^3$$

$$I\text{-}t\ 积分图上得\ It=3.81\ A \cdot s$$

$$t_{H^+}=c_{H^+}VF/(It)=0.1015\times0.32\times10^{-3}\times96485/3.81=0.82$$

$$u_{H^+}=t_{H^+}\Lambda_m/F=0.82\times0.03913/96485=3.33\times10^{-7}\ m^2/(S \cdot V)$$

八、实验习题

(1) 为什么在迁移过程中会得到一个稳定的界面？

(2) 如何求得 Cl^- 的迁移数？

实验 49　Ag^+ 催化 $S_2O_8^{2-}$ 与 Cr^{3+} 反应的动力学

一、实验目的

(1) 验证反应的速率方程式。

(2) 测定反应的速率常数。

(3) 掌握测量原理及分光光度计的正确使用。

二、实验原理

在 Ag^+ 催化剂的作用下，Cr^{3+} 被 $S_2O_8^{2-}$ 氧化为 $Cr_2O_7^{2-}$ 的反应是一个复杂反应，其反应式为

$$2Cr^{3+} + 3S_2O_8^{2-} + 7H_2O \xrightarrow{Ag^+} Cr_2O_7^{2+} + 6SO_4^{2-} + 14H^+ \tag{7-34}$$

根据 Ag^+溶液与 $S_2O_8^{2-}$混合，会慢慢形成黑色沉淀，而当 Cr^{3+}存在时沉淀不出现这一事实，推测反应式(7-34)可能是按以下两步进行，第一步是速率控制步骤，可能是 Ag^+被 $S_2O_8^{2-}$氧化为某一不稳定的氧化态中间物 Ag^{2+}，或是 $S_2O_8^{2-}$被 Ag^+还原到 SO_4^-自由基，即

$$S_2O_8^{2-} + Ag^+ \underset{k_2}{\overset{k_1}{\rightleftharpoons}} SO_4^{2-} + Ag^{2+} + SO_4^- \tag{7-35}$$

第二步是

$$3Ag^{2+} + 2Cr^{3+} + 3SO_4^- + 7H_2O \underset{k_2}{\overset{k_1}{\rightleftharpoons}} 3SO_4^{2-} + 3Ag^+ + 14H^+ + Cr_2O_7^{2-} \tag{7-36}$$

式(7-35)和式(7-36)的净结果得到反应式(7-34)。根据动力学推断，反应式(7-34)的速率由第一步控制，因此反应式(7-34)的速率方程式可写为

$$\begin{aligned} v &= -\frac{d[S_2O_8^{2-}]}{dt} = -\frac{3}{2}\frac{d[Cr^{3+}]}{dt} = 3\frac{d[Cr_2O_7^{2-}]}{dt} \\ &= k[S_2O_8^{2-}]^{n_1}[Ag^+]^{n_2}[Cr^{3+}]^{n_3} \end{aligned} \tag{7-37}$$

式中，v、k 分别为反应速率和速率常数；$[S_2O_8^{2-}]$、$[Cr^{3+}]$、$[Ag^+]$分别为过硫酸根、三价铬离子、银离子的浓度，单位是 mol/L；n_1、n_2、n_3 分别为相对于 $S_2O_8^{2-}$、Ag^+、Cr^{3+}的分级数。本实验将证明反应对 Cr^{3+}是零级，即 $n_3 = 0$，对 $S_2O_8^{2-}$和 Ag^+是一级，即 $n_1 = n_2 = 1$，而反应的总级数 $n = 1 + 1 = 2$。

根据 Cr^{3+}和 $Cr_2O_7^{2-}$的吸收光谱性质和 Cr^{3+}的顺磁性，可用分光光度法和顺磁法探索上述反应的动力学规律。本实验是采用 721 型分光光度计直接观测溶液的吸光度($[Cr^{3+}]$)随时间变化率来探索上述反应的动力学规律。

为方便起见，让反应在准零级下进行，因$[Ag^+]=[Ag^+]_0$，$[S_2O_8^{2-}]_0 \gg [Cr^{3+}]$(15～20 倍即可)，速率表示式(7-37)变为

$$v = -3d[Cr^{3+}]/2dt = k[S_2O_8^{2-}]^{n_1}[Ag^+]^{n_2}[Cr^{3+}]_0^{n_3} \gg k[S_2O_8^{2-}]_0^{n_1}[Ag^+]_0^{n_2}[Cr^{3+}]^{n_3} \tag{7-38}$$

式中，下标 0 表示这些物种的初始浓度。通过测定这些条件下$[Cr^{3+}]$随时间的变化率，并将$[Cr^{3+}]$对时间 t 作图，所得直线的斜率为 $d[Cr^{3+}]/dt$。

为了验证上述反应的速率方程式，必须测定相对于 $S_2O_8^{2-}$、Ag^+、Cr^{3+}的分级数 n_1、n_2、n_3。测定某一反应物的分级数，至少需进行两次实验(也可以进行多次实验采用作图法求级数)。例如，为了测定 $S_2O_8^{2-}$的分级数，可保持两次实验的 Ag^+和 Cr^{3+}的初始浓度相同，而改变 $S_2O_8^{2-}$的初始浓度，由式(7-38)可得

$$v_2/v_1=(d[Cr^{3+}]_{02}/dt)/(d[Cr^{3+}]_{01}/dt)=[S_2O_8^{2-}]_{02}^{n_1}/[S_2O_8^{2-}]_{01}^{n_1} \tag{7-39}$$

式中，下标 02、01 表示两次实验的初始浓度，将式(7-39)两边取对数并移项整理后得

$$n_1 = \lg(v_2/v_1)/\lg([S_2O_8^{2-}]_{02}/[S_2O_8^{2-}]_{01}) \tag{7-40}$$

同理，可求 Ag^+和 Cr^{3+}的级数 n_2、n_3。根据式(7-38)，由级数 n_1、n_2，反应速率 v 及 $[S_2O_8^{2-}]_0$、$[Ag^+]_0$ 可求出速率常数。

根据朗伯-比尔定律，式(7-38)可改写为

$$v = -\frac{3}{2}\frac{d[Cr^{3+}]}{dt} = -\frac{3}{2}\frac{dA}{dt}\frac{1}{\varepsilon l} \tag{7-41}$$

$$k = -\frac{3}{2}\frac{dA}{dt}\frac{1}{\varepsilon l}\frac{1}{[S_2O_8^{2-}]_0^{n_1}[Ag^+]_0^{n_2}} \tag{7-42}$$

式中，A、ε、l 分别为在一定波长下的吸光度、摩尔吸光系数、比色池的光径长度。

离子强度对液相离子间反应速率是有影响的。本实验反应物浓度的改变势必使反应系离子强度改变。为了消除离子强度不一致所带来的影响，根据离子强度计算公式，加入一定量的支持电解质 KNO_3，使离子强度相等：

$$I=(1/2)\sum c_i Z_i^2 \tag{7-43}$$

式中，c_i 为离子浓度，mol/L；Z_i 为 i 离子电荷。

反应液 1、2、3、4 号中 $K_2S_2O_8$ 是大量的，其他反应物的量较小，反应体系离子强度主要取决于 $K_2S_2O_8$，而 2 号反应液 $K_2S_2O_8$ 的量减少了一半，离子强度有较大变化，因此该号反应液需加入 KNO_3，使其离子强度与其他号反应液一致。

三、仪器与试剂

(1) 仪器：721 型分光光度计，磨口试管，1 mL、2 mL、3 mL 移液管，比色皿。

(2) 试剂：0.15 mol/L 溶液 $K_2S_2O_8$，0.15 mol/L $AgNO_3$ 溶液，0.20 mol/L $Cr_2(SO_4)_3$ 溶液，0.45 mol/L KNO_3 溶液，0.003 mol/L $K_2Cr_2O_7$。

四、实验步骤

(1) 启动 721 型分光光度计电源，并对其进行调零和校正吸光度 0.00。

(2) Cr^{3+}工作波长的测定。

Cr^{3+}吸收曲线的测定。在洁净的磨口试管中准确移入 1.0 mL Cr^{3+}溶液和 24 mL 二次蒸馏水，充分摇匀混合，然后用该溶液洗涤洁净的比色皿三次，最后将此溶液倒入比色池中，测定 Cr^{3+}溶液在 460～760 nm 的吸收曲线。

$K_2Cr_2O_7$ 吸收曲线的测定。测定 0.004 mol/L $K_2Cr_2O_7$ 溶液在 460～760 nm 的吸收曲线。

Cr^{3+}工作波长和摩尔吸光系数的确定。根据 Cr^{3+}吸收曲线和 $K_2Cr_2O_7$ 吸收曲线，确定 Cr^{3+}的工作波长。然后，在 2 支洁净的磨口试管中分别准确移入 0.5 mL、1.5 mL Cr^{3+}溶液并加入二次蒸馏水，定容至 25 mL，充分摇匀混合，在该工作波长下测定

其摩尔吸光系数。

(3) 在室温下测定四种不同浓度溶液的反应速率。

空白液配制：加入 20 mL $K_2S_2O_8$ 溶液，再加水至 25 mL。用此空白液对分光光度计进行调 100%。

反应液配制见表 7-22。

表 7-22　四种不同反应液的配制

序号	V/mL			
	$K_2S_2O_8$	$Cr_2(SO_4)_3$	$AgNO_3$	H_2O
1	20	2	2	1
2	10	2	2	待定
3	20	2	1	2
4	20	1	2	2
5(空白)	20	0	0	5

注：反应液配好后应及时测定，否则长时间放置，即使不加 $AgNO_3$ 催化剂，反应也会慢慢进行，影响测量结果。

动力学曲线测定。移取需要量的 $AgNO_3$ 溶液放入上述装有 $K_2S_2O_8$ 溶液、$Cr_2(SO_4)_3$ 溶液和蒸馏水的试管中，当放入一半时开始计时，摇匀，用此溶液洗涤比色池三次(比色池光径长度的选择应尽量使所有吸光度读数在 0.1～0.7)，每隔 3 min 左右测一次吸光度(或吸光度变化 0.020 左右记录一次时间)，直到溶液的吸光度和开始时相差 0.2 左右。

五、数据处理

(1) 图解法求 $Cr_2(SO_4)_3$ 溶液的摩尔吸光系数，Excel 操作方法见实验 46 数据处理部分。

(2) 在同一图中作出各反应液的吸光度 A 对时间 t 的图，线性回归求各直线的斜率，并按式(7-41)和式(7-42)求反应速率 v 及速率常数 k。

(3) 根据式(7-40)求 $S_2O_8^{2-}$、Ag^+、Cr^{3+}的分级数。此外，也可按照实验 46 组合图表所介绍的方法确定 Cr^{3+}的分级数。

实验 50　表面张力的测定(最大气泡法)

一、实验目的

(1) 了解表面张力的性质、表面能的意义及表面张力和吸附的关系。

(2) 掌握一种测定表面张力的方法——最大气泡法。

二、实验原理

(1)在温度、压力和组成恒定时，可逆地使表面增加 dA 所需对系统做的功称为表面功，可以表示为

$$-\delta W' = \sigma \mathrm{d}A$$

式中，σ称为表面自由能，J/m^2；若把σ看作界面上每单位长度边缘的力，通常称为表面张力，N/m。

(2)吉布斯用热力学的方法推导出在指定温度和压力下，吸附溶液表面张力及溶液浓度的关系：

$$\Gamma = -\frac{c}{RT}\left(\frac{\mathrm{d}\sigma}{\mathrm{d}c}\right)_T \tag{7-44}$$

式中，Γ 为表面超量，mol/m^2。从式(7-44)可以看出，只要测出不同浓度溶液的表面张力，以σ对 c 作图，在图中曲线上作不同浓度的切线，把切线斜率代入吉布斯吸附公式，即可求出不同浓度时气液界面上的吸附量。

在一定的温度下，吸附量与溶液浓度的关系由 Langmuir 等温式表示：

$$\frac{c}{\Gamma} = \frac{c}{\Gamma_\infty} + \frac{1}{K\Gamma_\infty}$$

式中，Γ_∞ 为饱和吸附量；K 为经验常数。利用 $\frac{c}{\Gamma}$-c 图，即可求出 Γ_∞。

假若在饱和吸附的情况下，在气液界面上铺满一单分子层，则可应用下式求出被测物分子的横截面积 S_0

$$S_0 = \frac{1}{\Gamma_\infty N}$$

式中，N 为阿伏伽德罗常数。

(3)单管式最大气泡法装置和原理图如图 7-18 所示。液体最大压力差可由数字

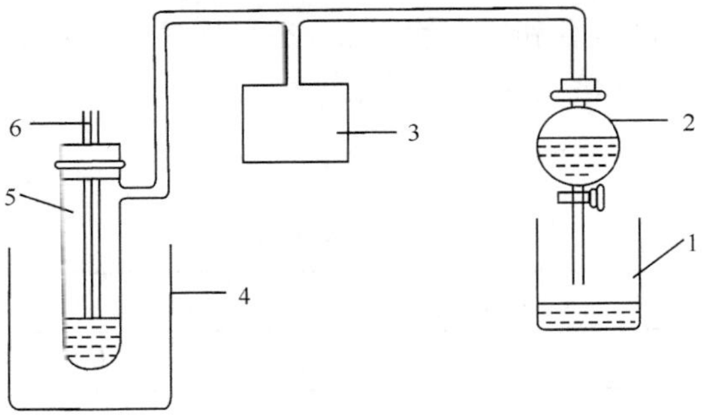

图 7-18　最大气泡法测定表面张力

1. 烧杯；2. 滴液漏斗；3. DP-A 数字式微压差量仪；4. 恒温装置；5. 带有支管的试管；6. 毛细管

式微压差量仪测量，$p_{最大}=p_{大气}-p_{系统}$。若用同一根毛细管，对两种表面张力分别为σ_1和σ_2的液体而言，则有下列关系：

$$\sigma_1=\frac{r}{2}\Delta p_1$$

$$\sigma_2=\frac{r}{2}\Delta p_2$$

$$\frac{\sigma_1}{\sigma_2}=\frac{\Delta p_1}{\Delta p_2}$$

则

$$\sigma_1=\sigma_2\Delta p_1/\Delta p_2=K\Delta p_1 \tag{7-45}$$

式中，K为常数。

因此，以已知表面张力的液体为标准，由式(7-45)即可求出其他液体的表面张力。

三、实验用品

仪器：恒温水槽，25 mL 烧杯，带有支管的试管，毛细管，100 mL 容量瓶，数字式微压差量仪。

四、实验步骤

(1)洗净仪器并安装好。用于测定仪器常数的水合溶液分别为 0.02 mol/L、0.05 mol/L、0.10 mol/L、0.15 mol/L、0.20 mol/L、0.25 mol/L、0.30 mol/L、0.35 mol/L 的正丁醇溶液，将其置于 25 ℃的恒温水槽中。

(2)在试管中注入适量去离子水，将干燥的毛细管垂直插到试管中，使毛细管的端点刚好与水面相切，打开溶液漏斗，控制滴液速度，使毛细管溢出气泡的速度为 5～10 s 1 个。通过手册查出 25 ℃时水的表面张力，利用式(7-46)算出K

$$K=\sigma_{H_2O}\Delta p \tag{7-46}$$

(3)用待测溶液洗净试管和毛细管，加入适量样品于试管中，按照测定仪器常数的方法，测定已知浓度的待测样品的压力差Δp。

五、数据处理

表 7-23　数据处理

水温______℃	σ_{H_2O}=______N/m	Δp_{H_2O}=______kPa
溶液：正丁醇	溶液温度：______℃	仪器：DP-A 数字式微压差量仪
c/(mol/L)		
Δp/kPa		

六、实验习题

(1)用最大气泡法测表面张力时为什么要读最大压力差?

(2)哪些因素影响表面张力的测定结果？如何减小以致消除这些因素对实验的影响?

(3)滴液漏斗放水的速度过快对实验结果有无影响？为什么?

实验 51　三液系(三氯甲烷-乙酸-水)相图绘制

一、实验目的

(1)熟悉相律和三角形坐标表示三组分相图的方法。

(2)用溶解度法绘制具有一对共轭溶液的三组分相图。

二、实验原理

在萃取时，具有一对共轭溶液的三组分相图对确定合理的萃取条件极为重要。在定温定压下，三组分体系的状态和组分之间的关系通常可用等边三角形坐标表示，如图 7-20 和图 7-21 所示。

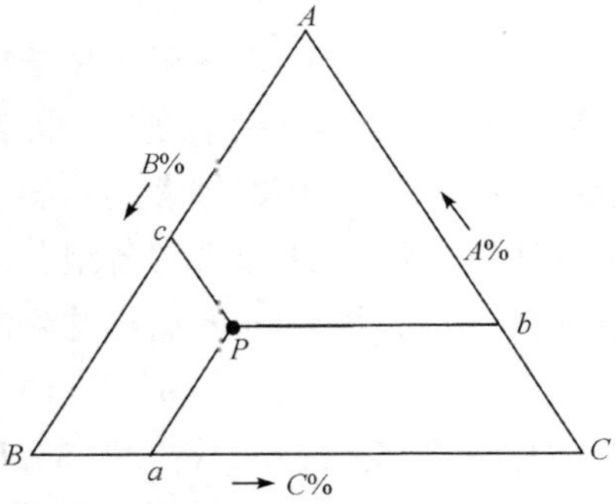

图 7-19　三角形坐标表示法

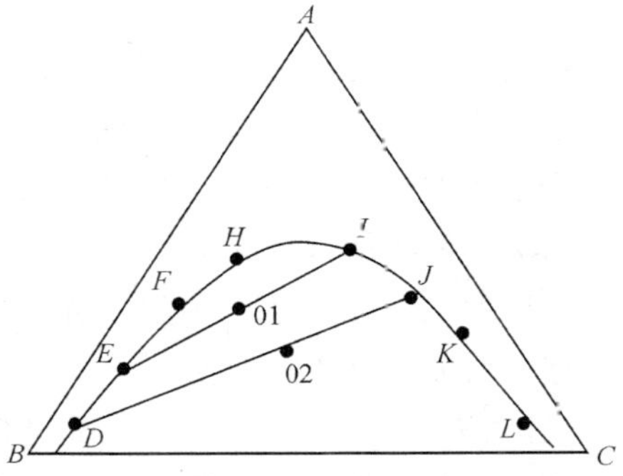

图 7-20　具有一对共轭溶液的三组分相图

等边三角形三顶点分别表示三个纯物质 A、B、C。*AB*、*BC*、*CA* 三边表示 A 和 B、B 和 C、C 和 A 所组成的二组分体系的组成。三角形内任一点则表示三组分体系的组成。例如，点 *P* 的组成为 *A*%=*Cb*，*B*%=*Ac*，*C*%=*Ba*。

具有一对共轭溶液的三组分体系的相图如图 7-21 所示。该三液系中，A 和 B、A 和 C 完全互溶，而 B 和 C 部分互溶。曲线 *DEFHIJKL* 为溶解度曲线。*EI* 和 *DJ* 是连接线。溶解度曲线外为单相区，曲线外为两相区。物系点落在两相区内，即分为两相。

绘制溶解度曲线的方法有许多种，本实验采用的方法是：将完全互溶的两组分(如氯仿和乙酸)按照一定的比例配制成均相溶液(图中 N 点)，再向清亮溶液中滴加另一组分(如水)，则系统点沿 BN 线移动，到 K 点时系统由清变浑。再往体系里加入乙酸，系统点则沿 AK 上升至 N'点而变清亮。再加入水，系统点又沿 BN'由 N'点移至 J 点而再次变浑，再滴加乙酸使之变清……如此往复，最后连接 K、J、I……即可得到互溶度曲线，如图 7-21 所示。

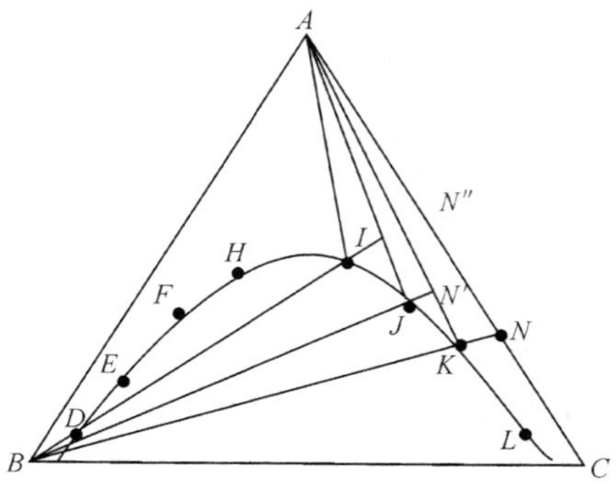

图 7-21

三、实验用品

(1) 仪器：50 mL 酸式滴定管，2 mL 刻度移液管，50 mL 碱式滴定管，5 mL 刻度滴定管，10 mL 刻度滴定管，100 mL 有塞锥形瓶，25 mL 有塞锥形瓶，60 mL 分液漏斗。

(2) 药品：氯仿(A.R.)，冰醋酸(A.R.)，0.5 mol/L 标准 NaOH 溶液。

四、实验步骤

(1) 在洁净的酸式滴定管内装水，移取 6 mL 氯仿及 1 mL 乙酸于干燥洁净的 100 mL 磨口锥形瓶中，然后慢慢滴入水，且不停地振摇，至溶液由清变浊，即为终点，记下水的体积。再向此瓶中加入 2 mL 乙酸。体系又成均相，继续用水滴至终点。同法再依次加入 3.5 mL、6.5 mL 乙酸，并分别用水滴定，记录各次各组分的用量。最后加入 40 mL 水，盖紧瓶塞，每隔 5 min 振摇一次，约 30 min 后将此溶液作测量连接线使用(溶液 Ⅰ)。

(2) 另取一干燥洁净的 100 mL 磨口锥形瓶，用移液管移入 1 mL 氯仿和 3 mL 乙酸。用水滴定至终点，以后依次添加 2 mL、5 mL、6 mL 乙酸。分别用水滴定至终点。记录各次各组分的用量。最后加入 9 mL 氯仿和 5 mL 乙酸，混合均匀，每隔 5 min 振摇一次，约 30 min 后作为测量另一根连接线使用(溶液 Ⅱ)。

(3) 称量 2 个 25 mL 磨口锥形瓶，待用。将溶液 Ⅰ 和溶液 Ⅱ 静置，待溶液分层后，用干燥洁净的移液管吸取溶液 Ⅰ 上层液 2 mL、下层液 2 mL，分别放入已经称量的 25 mL 磨口锥形瓶中，再称其质量。然后以酚酞为指示剂，用 0.5 mol/L 的 NaOH 溶液滴定至终点。

(4) 同步骤(3)，移取溶液 Ⅱ 上层液 2 mL 和下层液 2 mL，称量并滴定。

五、数据处理

表 7-24 溶液 I 数据处理

$V_{乙酸}$/mL	$V_{三氯甲烷}$/ mL	$V_{水}$/mL		
		$V_{末}$	$V_{初}$	ΔV
1.00				
3.00				
6.50				
13.00				

表 7-25 溶液 II 数据处理

$V_{乙酸}$/mL	$V_{三氯甲烷}$/mL	$V_{水}$/mL		
		$V_{末}$	$V_{初}$	ΔV
3.00				
5.00				
10.00				
16.00				

表 7-26 含量数据处理

溶液		$V_{氢氧化钠}$/mL			称量瓶质量/g	(溶液+称量瓶) 质量/g	溶液质量/g
		$V_{末}$	$V_{初}$	ΔV			
I	上						
	下						
II	上						
	下						

六、实验习题

(1) 如果连接线不通过物系点，其原因可能是什么？

(2) 在用水滴定溶液 II 的最后，溶液由清到浑浊的终点不明，这是为什么？

(3) 从质量的精密度来看，系统的百分组成用几位有效数字表示？

(4) 为什么说具有一对共轭溶液的三组分体系的相图对确定各区的萃取条件极为重要？

实验 52　自动电位滴定法测定柑橘类水果总有机酸的含量

一、实验用品

(1) 橙子，蜜橘，柚子，橘子，柠檬。

(2) 柠檬酸（纯度>99.0%），邻苯二甲酸氢钾（A.R.），氢氧化钠（A.R.）。试验用水为二次蒸馏水。

二、实验步骤

1. 氢氧化钠溶液的制备与标定

(1) 配制约 1000 mL 0.05 mol/L 的 NaOH 标准溶液。迅速称取 2.5 g 固体 NaOH，于 100 mL 烧杯中用少量的蒸馏水快速洗涤 2～3 次，加入少量蒸馏水溶解，转移至 1000 mL 带有橡胶塞的容量瓶中，洗涤，加水稀释定容，塞上橡胶塞，振荡、摇匀。

(2) 配制 250 mL 0.05 mol/L 邻苯二甲酸氢钾溶液。由计算可知 $m=cVM=0.05\times0.25\times204.21=2.5526$ (g)，将邻苯二甲酸氢钾放入 120 ℃烘箱中约 2 h 至恒量，冷却 25 min，称取三份（约 2.55 g，精确至 0.0001）置于 100 mL 烧杯中，分别加入 50 mL 水溶解，转移至 250 mL 容量瓶中稀释定容至刻度，振荡，充分摇匀。

(3) 氢氧化钠标准溶液的滴定。准确量取 20 mL 邻苯二甲酸氢钾溶液于 50 mL 的烧杯中，连接好磁力搅拌器和自动电位滴定仪，进行直接电位滴定。

2. 柠檬酸标准溶液滴定曲线的绘制

(1) 准确吸取 1.3565 g/L 的柠檬酸标准溶液 25.00 mL，置于 50 mL 烧杯中，连接好电位计和磁力搅拌器，用 25 mL 滴定管盛装 0.0497 mol/L 氢氧化钠标准溶液，进行直接电位滴定，记录滴定过程中用去的氢氧化钠的体积及其相对应的电位值，以消耗的碱液 V 对电位值 E 作图即为滴定曲线，见图 7-22。再以电位变化值ΔE 和碱液体积变化值ΔV 的比值为纵坐标，变化前后碱液的体积 V 为横坐标作 E-V 曲线的一次微分曲线$\Delta E/\Delta V-V$。

(2) 做空白实验，即准确量取 25.00 mL 蒸馏水，进行滴定。

3. 样品的制备与测定

(1) 将橙子、蜜橘、柚子、橘子、柠檬洗净去皮，取可食用部分切碎，按四分法取样于榨汁机中捣碎，称取 50 g（精确至 0.0001 g）浆液用蒸馏水洗入 500 mL 容量瓶中。

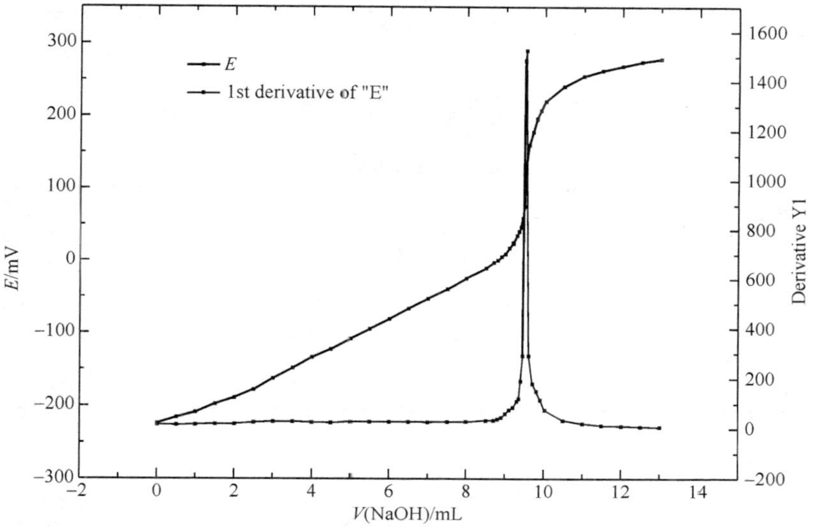

图 7-22 *E-V* 曲线法

(2)将装样品的容量瓶置于 80 ℃恒温水浴锅中恒温 30 min，并摇动数次促使其溶解，冷却后加水定容至刻度。摇匀，用经水洗、烘干的脱脂棉过滤，用于以下滴定实验。

(3)做稳定性和精密度实验。分别准确量取 25.00 mL 柑橘类水果汁置于 100 mL 烧杯中，加入 25.00 mL 蒸馏水连接好电位计和磁力搅拌器，用 25 mL 滴定管盛装 0.0497 mol/L 氢氧化钠标准溶液，进行自动电位滴定，记录滴定过程中用去的氢氧化钠的体积及其相对应的电位值，以消耗的碱液体积 *V* 对电位值 *E* 作图即为滴定曲线，再以电位变化值ΔE和碱液体积变化值ΔV的比值为纵坐标，变化前后碱液的体积 *V* 为横坐标作 *E-V* 曲线的一次微分曲线，同样作 *E-V* 曲线的二次微分曲线。每种水果做平行实验，计算每种水果的酸度(%)、平均酸度和 RSD(%)(相对标准偏差)。

4. 结果计算

$$酸度(\%)=c(\text{NaOH})V(\text{NaOH})K/m\cdot(V_1/V_2)\times100\%$$

式中，V_1为样品提取液总体积，mL；V_2为滴定时所取滤液体积，mL；*V*(NaOH)为滴定时所消耗 NaOH 标准溶液的体积，mL；*c*(NaOH)为 NaOH 标准溶液的浓度，mol/L；*K* 为将总酸换算为特定有机酸的系数，柠檬酸为 0.07；*m* 为样品质量，g。

5. 做加标回收实验

精确吸取 25.00 mL 样品滤液，准确加入 10.00 mL、12.00 mL、14.00 mL、

16.00 mL、18.00 mL 1.3565 g/L 的柠檬酸对照品溶液进行滴定，按下式计算其回收率。

$$回收率=(测量值-本底值)/加标量\times100\%$$

表 7-27　加标回收实验记录

项目	数值	项目	数值
样品量/mL		测量值/mg	
加标量/mL		样品的酸度	
加标量/mg		本底值/mg	
V(NaOH)/mL		回收率/%	

三、注意事项

(1) 若样品中有机酸含量过高，应在滴定前适当稀释，计算时将稀释倍数代入公式。

(2) 一般果蔬中含酸量较少，利用 0.1 mol/L NaOH 溶液进行滴定时，NaOH 所消耗的体积较少，容易引起误差。实际操作中，可以将 NaOH 适当稀释后使用。例如，用 0.05 mol/L 甚至 0.01 mol/L 的 NaOH 溶液进行滴定。

四、实验习题

(1) 园艺产品中的主要有机酸有哪些？计算时应如何选择折算系数？

(2) 如果邻苯二甲酸氢钾未烘干，使标准溶液浓度的标定结果偏高还是偏低？溶解邻苯二甲酸氢钾时加入 80 mL 水，是用量筒量取，还是用移液管移取？为什么？

第三部分

附　　录

附录一　国际相对原子质量表

原子序数	元素名称	元素符号	相对原子质量	原子序数	元素名称	元素符号	相对原子质量
1	氢	H	1.00794(7)	28	镍	Ni	58.6934(4)
2	氦	He	4.002602(2)	29	铜	Cu	63.546(3)
3	锂	Li	6.941(2)	30	锌	Zn	65.38(2)
4	铍	Be	9.0121831(3)	31	镓	Ga	69.723(1)
5	硼	B	10.811(7)	32	锗	Ge	72.64(1)
6	碳	C	12.0107(8)	33	砷	As	74.921595(6)
7	氮	N	14.0067(2)	34	硒	Se	78.971(8)
8	氧	O	15.9994(3)	35	溴	Br	79.904(1)
9	氟	F	18.998403163(6)	36	氪	Kr	83.798(2)
10	氖	Ne	20.1797(6)	37	铷	Rb	85.4678(3)
11	钠	Na	22.98976928(2)	38	锶	Sr	87.62(1)
12	镁	Mg	24.3050(6)	39	钇	Y	88.90584(2)
13	铝	Al	26.9815385(7)	40	锆	Zr	91.224(2)
14	硅	Si	28.0855(3)	41	铌	Nb	92.90637(2)
15	磷	P	30.973761998(5)	42	钼	Mo	95.95(1)
16	硫	S	32.065(5)	43	锝	Tc	98.9072(4)
17	氯	Cl	35.453(2)	44	钌	Ru	101.07(2)
18	氩	Ar	39.948(1)	45	铑	Rh	102.90550(2)
19	钾	K	39.0983(1)	46	钯	Pd	106.42(1)
20	钙	Ca	40.078(4)	47	银	Ag	107.8682(2)
21	钪	Sc	44.955908(5)	48	镉	Cd	112.414(4)
22	钛	Ti	47.867(1)	49	铟	In	114.818(3)
23	钒	V	50.9415(1)	50	锡	Sn	118.710(7)
24	铬	Cr	51.9961(6)	51	锑	Sb	121.760(1)
25	锰	Mn	54.938044(3)	52	碲	Te	127.60(3)
26	铁	Fe	55.845(2)	53	碘	I	126.90447(3)
27	钴	Co	58.933194(4)	54	氙	Xe	131.293(6)

续表

原子序数	元素名称	元素符号	相对原子质量	原子序数	元素名称	元素符号	相对原子质量
55	铯	Cs	132.90545196(6)	84	钋	Po	[208.9824]
56	钡	Ba	137.327(7)	85	砹	At	[209.9871]
57	镧	La	138.90547(7)	86	氡	Rn	[222.0176]
58	铈	Ce	140.116(1)	87	钫	Fr	[223.0197]
59	镨	Pr	140.90766(2)	88	镭	Re	[226.0245]
60	钕	Nd	144.242(3)	89	锕	Ac	[227.0277]
61	钷	Pm	144.9(2)	90	钍	Th	232.0377(4)
62	钐	Sm	150.36(2)	91	镤	Pa	231.03588(2)
63	铕	Eu	151.964(1)	92	铀	U	238.02891(3)
64	钆	Gd	157.25(3)	93	镎	Np	[237.0482]
65	铽	Tb	158.92535(2)	94	钚	Pu	[239.0642]
66	镝	Dy	162.500(1)	95	镅	Am	[243.0614]
67	钬	Ho	164.93033(2)	96	锔	cm	[247.0704]
68	铒	Er	167.259(3)	97	锫	Bk	[247.0703]
69	铥	Tm	168.93422(2)	98	锎	Cf	[251.0796]
70	镱	Yb	173.054(5)	99	锿	Es	[252.0830]
71	镥	Lu	174.9668(1)	100	镄	Fm	[257.0591]
72	铪	Hf	178.49(2)	101	钔	Md	[258.0984]
73	钽	Ta	180.94788(2)	102	锘	No	[259.1010]
74	钨	W	183.84(1)	103	铹	Lr	[262.1097]
75	铼	Re	186.207(1)	104	𬬻	Rf	[261.1088]
76	锇	Os	190.23(3)	105	𬭊	Db	[262.1141]
77	铱	Ir	192.217(3)	106	𬭳	S g	[266.1219]
78	铂	Pt	195.084(9)	107	𬭛	Bh	[264.1201]
79	金	Au	196.966569(5)	108	𬭶	Hs	[277]
80	汞	Hg	200.59(2)	109	鿏	Mt	[268]
81	铊	Tl	204.3833(2)	110	𫟼	Ds	[271]
82	铅	Pb	207.2(1)	111	𬬭	Rg	[272]
83	铋	Bi	208.98040(1)	112	鿔	Cn	[285]

注：(1)数据源自 2007 年 IUPAC 元素周期表，以 $^{12}C=12$ 为标准。

(2)[ ]内的相对原子质量为放射性元素(Z>108)的半衰期最长的同位素质量数。

(3)相对原子质量末位数的不确定度加注在其后的( )内。例如，8 号氧元素的相对原子质量 15.9994(3)是 15.9994±0.0003 的简写。

附录二 常用化合物的相对分子质量

化学式	相对分子质量	化学式	相对分子质量	化学式	相对分子质量
$AgCl$	143.32	CH_3COONH_4	77.08	$Hg_2(NO_3)_2$	525.19
$AgCN$	133.89	$FeCl_2$	126.75	$Hg_2(NO_3)_2 \cdot 2H_2O$	561.22
$AgSCN$	165.95	$FeCl_3$	162.21	HgO	216.59
Ag_2CrO_4	331.73	$FeCl_2 \cdot 4H_2O$	198.81	HgS	232.65
$AgNO_3$	169.87	$FeCl_3 \cdot 6H_2O$	270.3	$HgSO_4$	296.65
$AlCl_3$	133.34	$FeNH_4(SO_4)_2 \cdot 12H_2O$	482.18	Hg_2SO_4	497.24
$AlCl_3 \cdot 6H_2O$	241.43	$Fe(NO_3)_3$	241.86	$KAl(SO_4)_2 \cdot 12H_2O$	474.38
$Al(NO_3)_3$	213	$Fe(NO_3)_3 \cdot 9H_2O$	404	KBr	119
$Al(NO_3)_3 \cdot 9H_2O$	375.13	FeO	71.85	$KBrO_3$	167
Al_2O_3	101.96	Fe_2O_3	159.69	KCl	74.55
$Al_2(SO_4)_3$	342.14	Fe_3O_4	231.54	$KClO_3$	122.55
$Al_2(SO_4)_3 \cdot 18H_2O$	666.41	FeS	87.91	$KClO_4$	138.55
$BaCO_3$	197.34	$FeSO_4$	151.9	KCN	65.12
BaC_2O_4	225.35	$FeSO_4 \cdot 7H_2O$	278.01	$KSCN$	97.18
$BaCl_2$	208.24	$FeSO_4 \cdot (NH_4)_2SO_4 \cdot 6H_2O$	392.13	K_2CO_3	138.21
$BaCrO_4$	253.32	H_3BO_3	61.83	K_2CrO_4	194.19
BaO	153.33	$HCOOH$	46.03	$K_2Cr_2O_7$	294.18
$BaSO_4$	233.39	H_2CO_3	62.03	$K_3Fe(CN)_6$	329.25
CO_2	44.01	$H_2C_2O_4$	90.04	$K_4Fe(CN)_6$	368.35
CaO	56.08	$H_2C_2O_4 \cdot 2H_2O$	126.07	$KFe(SO_4)_2 \cdot 12H_2O$	503.24
$CaCO_3$	100.09	HCl	36.46	$KHC_2O_4 \cdot H_2O$	146.14
CaC_2O_4	128.1	HF	20.01	$KHSO_4$	136.16
$CaCl_2$	110.99	HNO_2	47.01	KI	166
$CaSO_4$	136.14	HNO_3	63.01	KIO_3	214
CuO	79.545	H_2O	18.02	$KIO_3 \cdot HIO_3$	389.91
Cu_2O	143.09	H_3PO_4	97.99	$KMnO_4$	158.03
CuS	95.61	H_2S	34.08	$KH_5C_8O_4$	204.22
$CuSO_4$	159.6	H_2SO_3	82.07	KNO_2	85.1
$CuSO_4 \cdot 5H_2O$	249.68	H_2SO_4	98.07	KNO_3	101.1
CH_3COOH	60.05	$HgCl_2$	271.5	K_2O	94.2
CH_3COONa	82.03	Hg_2Cl_2	472.09	KOH	56.11
$CH_3COONa \cdot 3H_2O$	136.08	$Hg(NO_3)_2$	324.6	K_2SO_4	174.25

续表

化学式	相对分子质量	化学式	相对分子质量	化学式	相对分子质量
$MgCO_3$	84.31	$Na_2B_4O_7$	201.22	$Pb(CH_3COO)_2$	325.3
$MgCl_2$	95.21	$Na_2B_4O_7 \cdot 10H_2O$	381.37	$Pb(CH_3COO)_2 \cdot 3H_2O$	379.3
$MgCl_2 \cdot 6H_2O$	203.3	$NaBiO_3$	279.97	$Pb(NO_3)_2$	331.2
MgC_2O_4	112.33	NaSCN	81.07	PbO	223.2
MgO	40.3	Na_2CO_3	105.99	PbO_2	239.2
$MgSO_4 \cdot 7H_2O$	246.47	$Na_2CO_3 \cdot 10H_2O$	286.14	$Pb_3(PO_4)_2$	811.54
$MnCO_3$	114.95	$Na_2C_2O_4$	134	PbS	239.3
$MnCl_2 \cdot 4H_2O$	197.91	NaCl	58.44	$PbSO_4$	303.3
$Mn(NO_3)_2 \cdot 6H_2O$	287.04	NaClO	74.44	SO_2	64.06
MnO	70.94	$NaHCO_3$	84	SO_3	80.06
MnO_2	86.94	$Na_2HPO_4 \cdot 12H_2O$	358.14	SiF_4	104.08
MnS	87	$NaNO_2$	68.99	SiO_2	60.08
$MnSO_4$	151	$NaNO_3$	84.99	$SnCl_2$	189.62
$MnSO_4 \cdot 4H_2O$	223.06	Na_2O	61.98	$SnCl_2 \cdot 2H_2O$	225.65
NO	30.01	Na_2O_2	77.98	$SnCl_4$	260.52
NO_2	46.01	NaOH	39.99	$SnCl_4 \cdot 5H_2O$	350.59
NH_3	17.03	Na_3PO_4	163.94	SnO_2	150.71
NH_4Cl	53.49	Na_2S	78.04	$ZnCO_3$	125.39
$(NH_4)_2CO_3$	96.09	$Na_2S \cdot 9H_2O$	240.18	ZnC_2O_4	153.4
$(NH_4)_2C_2O_4$	124.1	Na_2SO_3	126.04	$ZnCl_2$	136.29
$(NH_4)_2C_2O_4 \cdot H_2O$	142.11	Na_2SO_4	142.04	$Zn(CH_3COO)_2$	183.47
NH_4SCN	76.12	$Na_2S_2O_3$	158.1	$Zn(CH_3COO)_2 \cdot 2H_2O$	219.5
NH_4HCO_3	79.06	$Na_2S_2O_3 \cdot 5H_2O$	248.17	$Zn(NO_3)_2$	189.39
$(NH_4)_2MoO_4$	196.01	P_2O_5	141.94	$Zn(NO_3)_2 \cdot 6H_2O$	297.48
NH_4NO_3	80.04	$PbCO_3$	267.2	ZnO	81.38
$(NH_4)_2HPO_4$	132.06	PbC_2O_4	295.22	ZnS	97.44
$(NH_4)_2SO_4$	132.13	$PbCl_2$	278.1	$ZnSO_4$	161.44
NH_4VO_3	116.98	$PbCrO_4$	323.2	$ZnSO_4 \cdot 7H_2O$	287.54

附录三　常用酸碱溶液的密度及质量分数

1. 盐酸

HCl 质量分数/%	密度/(g/cm^3)	100 mL 水溶液中 HCl 质量/ g	HCl 质量分数/%	密度/(g/cm^3)	100 mL 水溶液中 HCl 质量/ g
1	1.0032	1.003	22	1.1083	24.38
2	1.0082	2.006	24	1.1087	26.85
4	1.0181	4.007	26	1.1290	29.35
6	1.0279	6.167	28	1.1392	31.90
8	1.0376	8.301	30	1.1492	34.48
10	1.0474	10.47	32	1.1593	37.10
12	1.0574	12.69	34	1.1691	39.75
14	1.0675	14.95	36	1.1789	42.44
16	1.0776	17.24	38	1.1885	45.15
18	1.0878	19.58	40	1.1980	47.92
20	1.0980	21.96			

2. 硝酸

HNO_3 质量分数/%	密度/(g/cm^3)	100 mL 水溶液中 HNO_3 质量/g	HNO_3 质量分数/%	密度/(g/cm^3)	100 mL 水溶液中 HNO_3 质量/g
1	1.0036	1.004	65	1.3931	90.43
2	1.0091	2.018	70	1.4134	98.94
3	1.0146	3.044	75	1.4337	107.5
4	1.0201	4.080	80	1.4521	116.2
5	1.0256	5.128	85	1.4686	124.8
10	1.0543	10.54	90	1.4826	133.4
15	1.0842	16.26	91	1.4850	135.1
20	1.1150	22.30	91	1.4873	136.8
25	1.1469	28.67	93	1.4892	138.5
30	1.1800	35.40	94	1.4912	140.2
35	1.2140	42.49	95	1.4932	141.9
40	1.2463	49.85	96	1.4952	143.5
45	1.2783	57.52	97	1.4974	145.2
50	1.3100	65.50	98	1.5008	147.1
55	1.3393	73.66	99	1.5056	149.1
60	1.3667	82.00	100	1.5129	151.3

3. 硫酸

H_2SO_4 质量分数/%	密度/(g/cm^3)	100 mL 水溶液中 H_2SO_4 质量/g	H_2SO_4 质量分数/%	密度/(g/cm^3)	100 mL 水溶液中 H_2SO_4 质量/g
1	1.0051	1.005	65	1.5533	101.0
2	1.0118	2.024	70	1.6105	112.7
3	1.0184	3.055	75	1.6692	125.2
4	1.0250	4.100	80	1.7272	138.2
5	1.0317	5.159	85	1.7786	151.2
10	1.0661	10.66	90	1.8144	163.3
15	1.1020	16.53	91	1.8195	165.6
20	1.1394	22.79	92	1.8240	167.8
25	1.1783	29.46	93	1.8279	170.2
30	1.2185	36.56	94	1.8312	172.1
35	1.2599	44.10	95	1.8337	174.2
40	1.3028	52.11	96	1.8355	176.2
45	1.3476	60.64	97	1.8364	178.1
50	1.3951	69.76	98	1.8361	179.9
55	1.4453	79.49	99	1.8342	181.6
60	1.4983	89.90	100	1.8305	183.1

4. 发烟硫酸

游离 SO_3 质量分数/%	密度/(g/cm^3)	100 mL 中游离 SO_3 质量/g	游离 SO_3 质量分数/%	密度/(g/cm^3)	100 mL 中游离 SO_3 质量/g
1.54	1.860	2.8	10.07	1.900	19.1
2.66	1.865	5.0	10.56	1.905	20.1
4.28	1.870	8.0	11.43	1.910	21.8
5.44	1.875	10.2	13.33	1.915	25.5
6.42	1.880	12.1	15.95	1.920	30.6
7.29	1.885	13.7	18.67	1.925	35.9
8.16	1.890	15.4	21.34	1.930	41.2
9.43	1.895	17.7	25.65	1.935	49.6

5. 乙酸

CH_3COOH 质量分数/%	密度/(g/cm³)	100 mL 水溶液中 CH_3COOH 质量/g	CH_3COOH 质量分数/%	密度/(g/cm³)	100 mL 水溶液中 CH_3COOH 质量/g
1	0.9996	0.9996	65	1.0666	69.33
2	1.0012	2.002	70	1.0685	74.80
3	1.0025	3.008	75	1.0696	80.22
4	1.0040	4.016	80	1.0700	85.60
5	1.0055	5.028	85	1.0689	90.86
10	1.0125	10.13	90	1.0661	95.95
15	1.0195	15.29	91	1.0652	96.93
20	1.0263	20.53	92	1.0643	97.92
25	1.0326	25.82	93	1.0632	98.88
30	1.0384	31.15	94	1.0619	99.82
35	1.0438	36.53	95	1.0605	100.7
40	1.0488	41.95	96	1.0588	101.6
45	1.0534	47.40	97	1.0570	102.5
50	1.0575	52.88	98	1.0549	103.4
55	1.0611	58.36	99	1.0524	104.2
60	1.0642	63.85	100	1.0498	105.0

6. 氢溴酸

HBr 质量分数/%	密度/(g/cm³)	100 mL 水溶液中 HBr 质量/g	HBr 质量分数/%	密度/(g/cm³)	100 mL 水溶液中 HBr 质量/g
10	1.0723	10.7	45	1.4446	65.0
20	1.1579	23.2	50	1.5173	75.80
30	1.2580	37.7	55	1.5953	87.70
35	1.3150	46.0	60	1.6787	100.7
40	1.3772	56.1	65	1.7675	114.9

7. 氢碘酸

HI 质量分数/%	密度/(g/cm³)	100 mL 水溶液中 HI 质量/g	HI 质量分数/%	密度/(g/cm³)	100 mL 水溶液中 HI 质量/g
20.77	1.1578	24.4	56.78	1.6998	96.6
31.77	1.2962	41.2	61.97	1.8218	112.80
42.7	1.4489	61.9			

8. 氢氧化铵

NH_3 质量分数/%	密度/(g/cm^3)	100 mL 水溶液中 NH_3 质量/g	NH_3 质量分数/%	密度/(g/cm^3)	100 mL 水溶液中 NH_3 质量/g
1	0.9939	9.94	16	0.9362	149.8
2	0.9895	19.79	18	0.9295	167.3
4	0.9811	39.24	20	0.9229	184.6
6	0.9730	58.38	22	0.9164	201.6
8	0.9651	77.21	24	0.9101	218.4
10	0.9575	95.75	26	0.9040	235.0
12	0.9501	114.0	28	0.8980	251.4
14	0.9430	132.0	30	0.8920	267.6

9. 氢氧化钾

KOH 质量分数/%	密度/(g/cm^3)	100 mL 水溶液中 KOH 质量/g	KOH 质量分数/%	密度/(g/cm^3)	100 mL 水溶液中 KOH 质量/g
1	1.0083	1.008	28	1.2695	35.55
2	1.0175	2.035	30	1.2905	38.72
4	1.0359	4.144	32	1.3117	41.97
6	1.0544	6.326	34	1.3331	45.33
8	1.0730	8.584	36	1.3549	48.78
10	1.0918	10.92	38	1.3765	52.32
12	1.1108	13.33	40	1.3991	55.96
14	1.1299	15.82	42	1.4215	59.70
16	1.1493	19.70	44	1.4443	63.55
18	1.1688	21.04	46	1.4673	67.50
20	1.1884	23.77	48	1.4907	71.55
22	1.2083	26.58	50	1.5143	75.72
24	1.2285	29.48	52	1.5382	79.99
26	1.2489	32.47			

10. 氢氧化钠

NaOH 质量分数/%	密度/(g/cm^3)	100 mL 水溶液中 NaOH 质量/g	NaOH 质量分数/%	密度/(g/cm^3)	100 mL 水溶液中 NaOH 质量/g
1	1.0095	1.010	10	1.1089	11.09
2	1.0207	2.041	12	1.1309	13.57
4	1.0428	4.171	14	1.1530	16.14
6	1.0648	6.389	16	1.1751	18.80
8	1.0869	8.695	18	1.1972	21.55

续表

NaOH 质量分数/%	密度/(g/cm³)	100 mL 水溶液中 NaOH 质量/g	NaOH 质量分数/%	密度/(g/cm³)	100 mL 水溶液中 NaOH 质量/g
20	1.2191	24.38	36	1.3900	50.04
22	1.2411	27.30	38	1.4101	53.58
24	1.2629	30.31	40	1.4300	57.20
26	1.2848	33.40	42	1.4494	60.87
28	1.3064	36.58	44	1.4685	64.61
30	1.3279	39.84	46	1.4873	68.42
32	1.3490	43.17	48	1.5065	72.31
34	1.3696	46.57	50	1.5253	76.27

11. 碳酸钠

Na_2CO_3 质量分数/%	密度/(g/cm³)	100 mL 水溶液中 Na_2CO_3 质量/g	Na_2CO_3 质量分数/%	密度/(g/cm³)	100 mL 水溶液中 Na_2CO_3 质量/g
1	1.0086	1.009	12	1.1244	13.49
2	1.0190	2.038	14	1.1463	16.05
4	1.0398	4.159	16	1.1682	18.50
6	1.0606	6.364	18	1.1905	21.33
8	1.0816	8.653	20	1.2132	24.26
10	1.1029	11.03			

12. 常用的酸和碱

溶液	密度/(g/cm³)	质量分数/%	物质的量浓度/(mol/L)	溶解度/(g/100 mL H_2O)
浓盐酸	1.19	37	12.0	44.0
恒沸点盐酸(252 mL 浓盐酸+200 mL 水)，沸点 110 ℃	1.10	20.2	6.1	22.2
10%盐酸(100 mL 浓盐酸+32 mL 水)	1.05	10	2.9	10.5
5%盐酸(50 mL 浓盐酸+380.5 mL 水)	1.03	5	1.4	5.2
1 mol/L 盐酸(41.5 mL 浓盐酸稀释到 500 mL)	1.02	3.6	1	3.6
恒沸点氢溴酸(沸点 126 ℃)	1.49	47.5	8.8	70.7
恒沸点氢碘酸(沸点 127 ℃)	1.7	57	7.6	97
浓硫酸	1.84	96	18	177
10%硫酸(25 mL 浓硫酸+398 mL 水)	1.07	10	1.1	10.7
0.5 mol/L 硫酸(13.9 mL 浓硫酸稀释到 500 mL)	1.03	4.7	0.5	4.9
浓硝酸	1.42	71	16	101
10%氢氧化钠	1.11	10	2.8	11.1
浓氨水	0.9	28.4	15	25.9

附录四　常见离子和无机化合物的颜色

1. 常见离子

序号	离子	颜色	序号	离子	颜色
1	$[Ti(H_2O)_6]^{4+}$	紫色	5	$[Fe(NCS)_n]^{3-n}$	血红色(n≤6)
	$[TiO(H_2O)_2]^{2+}$	橙色		$[Fe(CN)_6]^{4-}$	黄色
	TiO^{2+}	无色		$[Fe(CN)_6]^{3-}$	红棕色
2	$[V(H_2O)_6]^{2+}$	蓝紫色		$[FeCl_6]^{3-}$	黄色
	$[V(H_2O)_6]^{3+}$	绿色		$[Fe(C_2O_4)_3]^{3-}$	黄色
	VO^{2+}	蓝色	6	$[Co(H_2O)_6]^{2+}$	粉红色
	VO_2^+	黄色		$[Co(NH_3)_6]^{2+}$	土黄色
3	$[Cr(H_2O)_6]^{2+}$	蓝紫色		$[Co(NH_3)_6]^{3+}$	红棕色
	$[Cr(H_2O)_6]^{3+}$	天蓝色		$[Co(NCS)_4]^{2-}$	蓝色
	$[Cr(NH_3)_6]^{3+}$	黄色	7	$[Ni(H_2O)_6]^{2+}$	亮绿色
	$[CrCl(H_2O)_5]^{2+}$	蓝绿色		$[Ni(NH_3)_6]^{2+}$	蓝色
	$[CrCl_2(H_2O)_4]^+$	绿色		$[Ni(NH_3)_4]^{2+}$	蓝紫色
	$[Cr(OH)_4]^-$	亮绿色	8	$[Cu(H_2O)_4]^{2+}$	蓝色
	CrO_4^{2-}	黄色		$[Cu(NH_3)_4]^{2+}$	深蓝色
	$Cr_2O_7^{2-}$	橙色		$[Cu(OH)_4]^{2-}$	亮蓝色
4	$[Mn(H_2O)_6]^{2+}$	肉色		$[CuCl_3]^-$	无色
	MnO_4^{2-}	绿色		$[Cu(NH_3)_2]^+$	无色
	MnO_4^-	紫红色		$[CuCl_4]^{2-}$	黄色
5	$[Fe(H_2O)_6]^{2+}$	浅绿色	9	I^{3-}	浅棕黄色
	$[Fe(H_2O)_6]^{3+}$	淡紫色			

2. 无机化合物

类别	物质	颜色	类别	物质	颜色
氧化物	PbO_2	棕褐色	氧化物	TiO_2	白色
	Pb_3O_4	红色		V_2O_5	橙色或黄色
	Pb_2O_3	橙色		VO_2	深蓝色
	Sb_2O_3	白色		V_2O_3	黑色
	Bi_2O_3	黄色		VO	黑色

续表

类别	物质	颜色	类别	物质	颜色
氧化物	Cr_2O_3	绿色	氢氧化物	$Cd(OH)_2$	白色
	CrO_3	橙红色		$Mg(OH)_2$	白色
	MoO_2	紫色		$Al(OH)_3$	白色
	WO_2	棕红色		$Sn(OH)_2$	白色
	MnO_2	黑色		$Sn(OH)_4$	白色
	FeO	黑色		$Pb(OH)_2$	白色
	Fe_2O_3	棕红色		$Sb(OH)_3$	白色
	Fe_3O_4	红色		$Bi(OH)_3$	白色
	CoO	灰绿色		Sn(OH)Cl	白色
	Co_2O_3	黑色	硅酸盐	$Fe_2(SiO_3)_3$	棕红色
	NiO	暗绿色		$BaSiO_3$	白色
	Ni_2O_3	黑色		$CoSiO_3$	紫色
	CuO	黑色		$NiSiO_3$	翠绿色
	Ag_2O	褐色		$CuSiO_3$	蓝色
	CdO	棕黄色		$ZnSiO_3$	白色
	ZnO	白色		Ag_2SiO_3	黄色
	Hg_2O	黑色		Na_2SiO_3	浅黄色
	HgO	红色或黄色	硫酸盐	$CaSO_4$	白色
	Cu_2O	暗红色		$SrSO_4$	白色
氢氧化物	$Cr(OH)_3$	灰绿色		$BaSO_4$	白色
	$Mn(OH)_2$	白色		$PbSO_4$	白色
	MnO(OH)	棕黑色		$Cr_2(SO_4)_3$	桃红色
	$Fe(OH)_2$	白色		$Cr_2(SO_4)_3 \cdot 18H_2O$	紫色
	$Fe(OH)_3$	红棕色		$Cr_2(SO_4)_3 \cdot 6H_2O$	绿色
	$Co(OH)_2$	粉红色		$[Fe(NO)]SO_4$	深棕色
	CoO(OH)	褐色		$(NH_4)_2FeSO_4 \cdot 6H_2O$	浅绿色
	$Ni(OH)_2$	绿色		$NH_4Fe(SO_4)_2 \cdot 12H_2O$	浅紫色
	NiO(OH)	黑色		$CoSO_4 \cdot 7H_2O$	红色
	CuOH	黄色		$CuSO_4 \cdot 5H_2O$	蓝色
	$Cu(OH)_2$	浅蓝色		Hg_2SO_4	黄色
	$Zn(OH)_2$	白色		$HgSO_4 \cdot HgO$	白色

续表

类别	物质	颜色	类别	物质	颜色
氯化物	BiOCl	白色	碳酸盐	$Hg_2(OH)_2CO_3$	红褐色
	SbOCl	蓝紫色		Ag_2CO_3	白色
	$TiCl_3 \cdot 6H_2O$	紫色或绿色		Hg_2CO_3	浅黄色
	$CrCl_3 \cdot 6H_2O$	绿色	铁氰化合物	$Mn_2[Fe(CN)_6]$	白色
	$FeCl_3 \cdot 6H_2O$	棕黄色		$KFe[Fe(CN)_6]$	深蓝色
	$CoCl_2$	蓝色		$Co_2[Fe(CN)_6]$	绿色
	$CoCl_2 \cdot 2H_2O$	紫红色		$Ni_2[Fe(CN)_6]$	浅绿色
	$CoCl_2 \cdot 6H_2O$	粉红色		$Zn_2[Fe(CN)_6]$	白色
	$Co(OH)Cl$	蓝色		$Cu_2[Fe(CN)_6]$	棕红色
	CuCl	白色		$Ag_4[Fe(CN)_6]$	白色
	AgCl	白色		$K_2Ba[Fe(CN)_6]$	白色
	Hg_2Cl_2	白色		$Pb_2[Fe(CN)_6]$	白色
	$Hg(NH_2)Cl$	白色		$Cd_2[Fe(CN)_6]$	白色
碳酸盐	$CaCO_3$	白色	铬酸盐	$CaCrO_4$	黄色
	$Mg_2(OH)_2CO_3$	白色		$SrCrO_4$	浅黄色
	$SrCO_3$	白色		$BaCrO_4$	黄色
	$BaCO_3$	白色		$PbCrO_4$	黄色
	$Pb_2(OH)_2CO_3$	白色		Ag_2CrO_4	砖红色
	$Bi(OH)CO_3$	白色		Hg_2CrO_4	棕色
	$MnCO_3$	白色		$HgCrO_4$	红色
	$FeCO_3$	白色		$CdCrO_4$	黄色
	$CdCO_3$	白色	磷酸盐	$Ca_3(PO_4)_2$	白色
	$C_2(OH)_2CO_3$	红色		$CaHPO_4$	白色
	$Ni_2(OH)_2CO_3$	浅绿色		$BaHPO_4$	白色
	$Cu_2(OH)_2CO_3$	蓝色		$MgNH_4PO_4$	白色
	$Zn_2(OH)_2CO_3$	白色		$FePO_4$	浅黄色
	$Cd_2(OH)_2CO_3$	白色		Ag_3PO_4	黄色

续表

类别	物质	颜色	类别	物质	颜色
硫化物	SnS	褐色	拟卤化物	Ni(CN)$_2$	黄色
	SnS_2	黄色		AgCN	浅绿色
	PbS	黑色		AgSCN	白色
	As_2S_5	黄色		Cu(SCN)$_2$	白色
	As_2S_3	黄色		CuCN	白色
	Sb_2S_3	橙色		Cu(CN)$_2$	白色
	Sb_2S_5	橙色	碘化物	PbI_2	黄色
	Bi_2S_3	黑色		SbI_3	黄色
	Bi_2S_5	黑褐色		BiI_3	褐色
	MnS	肉色		CuI	白色
	FeS	黑色		AgI	黄色
	Fe_2S_3	黑色		Hg_2I_2	黄绿色
	CoS	黑色		HgI_2	红色
	NiS	黑色	溴化物	$PbBr_2$	白色
	Cu_2S	黑色		AgBr	淡黄色
	Ag_2S	黑色	其他化合物	二丁二酮肟合镍(Ⅱ)	桃红色
	ZnS	白色		Hg_2ONH_2I	棕红色
	CdS	黄色		$(NH_4)_3PO_4 \cdot 12MoO_3 \cdot 6H_2O$	黄色
	HgS	红色或黑色		$BaSO_3$	白色
草酸盐	CaC_2O_4	白色		BaS_2O_3	白色
	BaC_2O_4	白色		$NaBiO_3$	浅黄色
	PbC_2O_4	白色		$Ag_2S_2O_3$	白色
	FeC_2O_4	浅黄色			
	$Ag_2C_2O_4$	白色			

附录五　常用指示剂

1. 酸碱指示剂(18～25 ℃)

指示剂名称	pH 变色范围	颜色变化	溶液配制方法
甲基紫 (第一变色范围)	0.13～0.5	黄→绿	1 g/L 水溶液
甲基紫 (第二变色范围)	1.0～1.5	绿→蓝	1 g/L 水溶液
百里酚蓝（麝香草酚蓝) (第一变色范围)	1.2～2.8	红→黄	1 g 指示剂溶于 100 mL 20% 乙醇
甲基紫 (第三变色范围)	2.0～3.0	蓝→紫	1 g/L 水溶液
甲基橙	3.1～4.4	红→黄	1 g/L 水溶液
溴酚蓝	3.0～4.6	黄→蓝	1 g 指示剂溶于 100 mL 20% 乙醇
刚果红	3.0～5.2	蓝紫→红	1 g/L 水溶液
溴甲酚绿	3.8～5.4	黄→蓝	0.1 g 指示剂溶于 100 mL 20% 乙醇
甲基红	4.4～6.2	红→黄	1 g/L 60%乙醇溶液
溴酚红	5.0～6.8	黄→红	0.1 g 指示剂溶于 100 mL 20% 乙醇
溴百里酚蓝	6.0～7.6	黄→蓝	0.05 g 指示剂溶于 100 mL 20%乙醇
中性红	6.8～8.0	红→亮黄	0.1 g 指示剂溶于 100 mL 60% 乙醇
酚红	6.8～8.0	黄→红	0.1 g 指示剂溶于 100 mL 20% 乙醇
甲酚红	7.2～8.8	亮黄→紫红	0.1 g 指示剂溶于 100 mL 50% 乙醇
百里酚蓝(麝香草酚蓝) (第二变色范围)	8.0～9.0	黄→蓝	1 g 指示剂溶于 100 mL 20% 乙醇
酚酞	8.2～10.0	无色→紫红	1 g/L 60%乙醇溶液
百里酚酞	9.4～10.6	无色→蓝	0.1 g 指示剂溶于 100 mL 90% 乙醇

2. 金属指示剂

指示剂名称	解离平衡和颜色变化	溶液配制方法
铬黑 T (EBT)	$pK_{a_2}=6.3$ $pK_{a_3}=11.55$ $H_2In^- \rightleftharpoons HIn^{2-} \rightleftharpoons In^{3-}$ 紫红　蓝　橙	5 g/L 水溶液
二甲酚橙 (XO)	$pK_a=6.3$ $H_3In^{4-} \rightleftharpoons H_2In^{5-}$ 黄　红	2 g/L 水溶液
钙指示剂	$pK_{a_2}=7.4$ $pK_{a_3}=13.5$ $H_2In^- \rightleftharpoons HIn^{2-} \rightleftharpoons In^{3-}$ 酒红　蓝　酒红	5 g/L 乙醇溶液
磺基水杨酸	$pK_{a_2}=2.7$ $pK_{a_3}=13.1$ $H_2In^- \rightleftharpoons HIn^{2-} \rightleftharpoons In^{3-}$ 无色	10 g/L 水溶液
K-B 指示剂	$pK_{a_1}=8$ $pK_{a_2}=13$ $H_2In \rightleftharpoons HIn^- \rightleftharpoons In^{2-}$ 红　蓝　紫红 （酸性铬蓝 K）	0.2 g 酸性铬蓝 K 与 0.4 g 萘酚绿 B 溶于 100 mL 水中

附录六　实验室常用试剂的配制方法

1. 常用缓冲液的配制

缓冲溶液组成	pK_a	缓冲液 pH	缓冲溶液配制方法
氨基乙酸-盐酸	2.35（pK_{a_1}）	2.3	取氨基乙酸 150 g 溶于 500 mL 水中，加浓盐酸溶液 80 mL，加水稀释至 1 L
磷酸-柠檬酸盐	—	2.5	取 $Na_2HPO_4 \cdot 12H_2O$ 113 g 溶于 200 mL 水中，加柠檬酸 387 g，溶解，过滤后，加水稀释至 1 L
一氯乙酸-氢氧化钠	2.86	2.8	取一氯乙酸 200 g 溶于 200 mL 水中，加 NaOH 40 g，溶解后，加水稀释至 1 L
邻苯二甲酸氢钾-盐酸	2.95（pK_{a_1}）	2.9	取 500 g 邻苯二甲酸氢钾溶于 500 mL 水中，加浓盐酸溶液 80 mL，加水稀释至 1 L
甲酸-氢氧化钠	3.76	3.7	取 95 g 甲酸和 NaOH 40 g 溶于 500 mL 水中，溶解，加水稀释至 1 L
乙酸-乙酸钠	4.74	4.7	取无水乙酸钠 83 g 溶于水中，加冰醋酸 60 mL，溶解，加水稀释至 1 L

续表

缓冲溶液组成	pK_a	缓冲液 pH	缓冲溶液配制方法
六亚甲基四胺-盐酸	5.15	5.4	取六亚甲基四胺 40 g 溶于 200 mL 水中，加浓盐酸 10 mL，加水稀释至 1 L
tris-HCl	8.21	8.2	取 25 g tris[三羟甲基氨基甲烷 $CNH_2(HOCH_3)_3$]试剂溶于水中，加浓盐酸 8 mL，加水稀释至 1 L
氨-氯化铵	9.26	9.2	取氯化铵 54 g 溶于水中，加浓氨水 63 mL，加水稀释至 1 L

2. 特种试剂的配制

试剂名称	浓度 /(mol/L)	配制方法	备注
银氨溶液	—	1.5 mL 2% $AgNO_3$+(滴入)2% NH_3(aq)，振荡，至生成的沉淀完全溶解为止	现用现配，储于棕色瓶中
费林试剂	—	A 液：3.5 g $CuSO_4\cdot5H_2O$+100 mL 水 B 液：17 g $KNaC_4H_4O_6\cdot4H_2O$+15～20 mL 热水+20 mL 25% NaOH + 水(至 100 mL)	A、B 液分别储存；临用前取 A、B 液等体积混合
席夫试剂(品红亚硫酸溶液)	—	(1) 0.50 g 品红的盐酸盐晶体+100 mL 热水，冷却后，通入 SO_2，使溶液呈无色，加水至 500 mL (2) 0.20 g 品红的盐酸盐晶体+100 mL 热水，冷却后，加 2 g $NaHSO_3$、2 mL 浓 HCl，搅匀后，至红色褪去	(1)、(2)法中当配制完毕时，如呈粉红色，可加入 0.5 g 活性炭，搅拌后过滤；试剂储于严密的棕色瓶中
淀粉溶液	—	1 g 可溶性淀粉+10 mL 水，搅匀，边搅拌边加入 20 mL 热水中，煮沸 1 min，冷却，过滤	现用现配，如保存可加入 0.5 g KI 及 2～3 滴氯仿
碘化钾淀粉溶液	—	100 mL 淀粉溶液+1 g KI	不得显蓝色，现用现配
漂白粉溶液	—	1 g 漂白粉+水(至 100 mL)→搅匀，取上层清液	现用现配
次氯酸钠溶液	—	含 10%～14%(*w*/*V*)有效氯	用时与等量水混合
钼酸铵试剂	—	45 g $(NH_4)_6Mo_7O_{24}\cdot4H_2O$ 或 40 g 纯 MoO_3+[70 mL NH_3(aq)+140 mL 水]；完全溶解后，再缓缓加入 250 mL 浓 HNO_3 和 500 mL 水的混合液中，边加边搅拌，最后加水至 1 L。放置 1～2 日，倾取上层清液备用	—
溴水 Br_2+H_2O	—	在带有良好磨口塞的玻瓶内，将市售溴约 50 g(16 mL)注入 1 L 水中。在 2 h 内经常剧烈振荡；每次振荡之后微开塞子，使积聚的溴蒸气放出。在储存瓶底总有过量的溴。将溴水倒入试剂瓶时，剩余的溴应留于储存瓶中而不倒入试剂瓶(倾倒溴和溴水时应在通风橱中进行)	为了防止操作时溴蒸气灼伤，应戴上乳胶或橡胶手套，也可以将凡士林涂于手上

续表

试剂名称	浓度/(mol/L)	配制方法	备注
碘液 I_2+H_2O	—	将 1.3 g 碘和 5 g 碘化钾溶解于尽可能少量的水中，待碘完全溶解后(充分搅动)，再加水稀释至 1 L。如此所配成的碘液其浓度为 0.01 mol/L	—
三氯化铋 $BiCl_3$	0.1	溶解 31.6 g $BiCl_3$ 于 330 mL 6 mol/L HCl 中，加水稀释至 1 L	—
三氯化锑 $SbCl_3$	0.1	溶解 22.8 g $SbCl_3$ 于 330 mL 6 mol/L HCl 中，加水稀释至 1 L	
氯化亚锡 $SnCl_2$	0.1	溶解 22.6 g $SnCl_2 \cdot 2H_2O$ 于 330 mL 6 mol/L HCl 中，加水稀释至 1 L，加入数粒纯锡，以防氧化	—
硝酸汞 $Hg(NO_3)_2$	0.1	溶解 33.4 g $Hg(NO_3)_2 \cdot H_2O$ 于 0.6 mol/L HNO_3 中，加水稀释至 1 L	—
硝酸亚汞 $Hg_2(NO_3)_2$	0.1	溶解 56.1 g $Hg_2(NO_3)_2 \cdot 2H_2O$ 于 0.6 mol/L HNO_3 中，加水稀释至 1 L，并加入少许金属汞	—
碳酸铵 $(NH_4)_2CO_3$	1	96 g 研细的 $(NH_4)_2CO_3$ 溶于 1 L 2 mol/L 氨水	—
硫酸铵 $(NH_4)_2SO_4$	饱和	50 g $(NH_4)_2SO_4$ 溶于 100 mL 热水，冷却后过滤	—
硫酸亚铁 $FeSO_4$	0.5	溶解 69.5 g $FeSO_4 \cdot 7H_2O$ 于适量水中，加入 5 mL 18 mol/L H_2SO_4，再用水稀释至 1 L，置入小铁钉数枚	—
六羟基锑酸钠 $Na[Sb(OH)_6]$	0.1	溶解 12.2 g 锑粉于 50 mL 浓 HNO_3 中微热，使锑粉全部作用成白色粉末，用倾析法洗涤数次，再加入 50 mL 6 mol/L NaOH，使之溶解，稀释至 1 L	—
六硝基钴酸钠 $Na_3[Co(NO_2)_6]$	—	溶解 230 g $NaNO_2$ 于 500 mL H_2O 中，加入 165 mL 6 mol/L HAc 和 30 g $Co(NO_3)_2 \cdot 6H_2O$，放置 24 h，取其清液，稀释至 1 L，并保存在棕色瓶中。此溶液应呈橙色，若变成红色，表示已分解，应重新配制	—
硫化钠 Na_2S	2	溶解 240 g $Na_2S \cdot 9H_2O$ 和 40 g NaOH 于水中，稀释至 1 L	—
钼酸铵 $(NH_4)_6Mo_7O_{24} \cdot 4H_2O$	0.1	溶解 124 g $(NH_4)_6Mo_7O_{24} \cdot 4H_2O$ 于 1 L 水中，将所得溶液倒入 1 L 6 mol/L HNO_3 中，放置 24 h，取其澄清液	—
硫化铵 $(NH_4)_2S$	3	取一定量氨水，将其均分为两份，往其中一份通硫化氢至饱和，而后与另一份氨水混合	—
铁氰化钾 $K_3[Fe(CN)_6]$	—	取铁氰化钾 0.7～1 g 溶解于水，稀释至 100 mL(使用前临时配制)	—
铬黑 T	—	将铬黑 T 和烘干的 NaCl 按 1∶100(质量比)的比例研细，混合均匀，储于棕色瓶中	—
二苯胺	—	1 g 二苯胺在搅拌下溶于 100 mL 密度为 1.84 g/cm^3 的硫酸或 100 mL 密度为 1.70 g/cm^3 的磷酸中(该溶液可保存较长时间)	—

续表

试剂名称	浓度/(mol/L)	配制方法	备注
镍试剂	—	溶解 10 g 镍试剂(二乙酰二肟)于 1 L 95%的乙醇中	—
镁试剂	—	溶解 0.01 g 镁试剂于 1 L 1 mol/L NaOH 溶液中	—
铝试剂	—	1 g 铝试剂溶于 1 L 水中	—
镁铵试剂	—	将 100 g $MgCl_2 \cdot 6H_2O$ 和 100 g NH_4Cl 溶于水中，加 50 mL 浓氨水，用水稀释至 1 L	—
奈氏试剂	—	溶解 115 g HgI_2 和 80 g KI 于水中，稀释至 500 mL，加入 500 mL 6 mol/L KOH 溶液，静置后，取其清液，保存在棕色瓶中	—
五氰亚硝酰合铁(Ⅲ)酸钠 $Na_2[Fe(CN)_5NO]$	—	10 g 亚硝酰铁氰酸钠溶解于 100 mL 水中。保存于棕色瓶内，如果溶液变绿就不能用	—
格里斯试剂	—	(1)在加热下溶解 0.5 g 对氨基苯磺酸于 50 mL 30% HAc 中，储于暗处保存 (2)将 0.4 g 1-萘胺与 100 mL 水混合煮沸，在从蓝色沉淀中倾出的无色溶液中加入 6 mL 80% HAc	使用前将(1)、(2)两液等体积混合
打萨宗(双硫腙)	—	溶解 0.1 g 打萨宗于 1 L CCl_4 或 $CHCl_3$ 中	—
甲基红	—	1 L 60%乙醇中溶解 2 g	—
甲基橙	0.1%	1 L 水中溶解 1 g	—
酚酞	—	1 L 90%乙醇中溶解 1 g	—
溴甲酚蓝(溴甲酚绿)	—	0.1 g 该指示剂与 2.9 mL 0.05 mol/L NaOH 一起搅匀，用水稀释至 250 mL；或 1 L 20%乙醇中溶解 1 g 该指示剂	—
石蕊	—	2 g 石蕊溶于 50 mL 水中，静置一昼夜后过滤。在滤液中加 30 mL 95%乙醇，再加水稀释至 100 mL	—
氯水	—	在水中通入氯气直至饱和，该溶液使用时临时配制	—
溴水	—	在水中滴入液溴至饱和	—
碘水	0.01%	溶解 1.3 g 碘和 5 g KI 于尽可能少量的水中，加水稀释至 1 L	—
品红溶液	—	0.1%的水溶液	—
淀粉溶液	0.2%	将 0.2 g 淀粉和少量冷水调成糊状，倒入 100 mL 沸水中，煮沸后冷却即可	—
NH_3-NH_4Cl 缓冲溶液	—	20 g NH_4Cl 溶于适量水中，加入 100 mL 氨水(密度为 0.9 g/cm^3)，混合后稀释至 1 L，即为 pH=10 的缓冲溶液	—

附录七　实验室常用洗液

洗液名称	配制方法	洗液特点	使用注意事项
铬酸洗液	5%～12%的洗液 500 mL。取 20～60 g 工业品 $K_2Cr_2O_7$ 置于 40～140 mL 水中（逐渐加少量水溶解，以能溶解为度），加热溶解，冷却，缓慢加入浓 H_2SO_4 340 mL，边加边搅拌，冷后装瓶备用。洗液为红褐色	强酸性，具有很强的氧化能力。用于去除油污	配制和使用时要特别小心，以防腐蚀皮肤和衣服；废液不可随便排放，简便的处理方法是在废液中加入硫酸亚铁，使六价铬还原成三价铬（无毒），再排放；废液若呈现黑绿色，则表示已失效
碱性高锰酸钾洗液	4 g 高锰酸钾溶于少量水中，加入 100 mL 10%氢氧化钠溶液	作用缓慢，适于洗涤油腻及有机物	洗后玻璃器皿上残留的二氧化锰沉淀物，可用浓盐酸或亚硫酸钠溶液处理
碱性乙醇洗液	1 L 95%的乙醇溶液，加入 157 mL 氢氧化钠(或氢氧化钾饱和溶液约 50%)	遇水分解力很强，适用于洗涤油脂、焦油和树脂等	具有易燃性和挥发性，使用时注意防挥发和防火；久放失效；对磨口瓶塞有腐蚀作用
磷酸钠洗液	于 470 mL 水中加入 57 g 磷酸钠(Na_3PO_4)和 28.5 g 油酸钠($C_{17}H_{33}COONa$)	洗涤炭的残留物	在洗液中浸泡几分钟，再刷洗
纯酸或纯碱洗液	纯酸洗液：浓盐酸、浓硫酸和浓硝酸，纯碱洗液：10%以上的氢氧化钠、氢氧化钾或碳酸钠溶液	洗液的使用要根据器皿上污垢的性质	在洗液中浸泡几分钟，再刷洗
硝酸-过氧化氢洗液	15%～20%硝酸和 5%过氧化氢	洗涤特别顽固的化学污物	久存易分解，现用现配；储于棕色瓶中
有机溶剂	汽油、甲苯、二甲苯、丙酮、乙醇、三氯甲烷、乙醚等	只有无法使用刷子的小件或特殊形状的仪器才使用有机溶剂洗涤	在洗液中浸泡，去除后再淋洗

附录八　常用溶剂的物理常数

编号	溶剂名称	沸点/℃	相对密度	折光率	在水中溶解度/%	温度/℃
1	石油醚	沸程范围不同，分为 30～60、60～90、90～120	0.64～0.66	—	—	—
2	乙醇	78.5	0.7893	1.3616	—	—
3	甲醇	65.0	0.7914	1.3288	—	—
4	丙酮	56.2	0.7899	1.3588	—	—
5	乙酸	117.9	1.0492	—	—	—

续表

编号	溶剂名称	沸点/℃	相对密度	折光率	在水中溶解度/%	温度/℃
6	乙酸酐	139.5	1.0820	—	—	—
7	乙醚	34.5	0.7138	1.3526	7.830	15
8	二氯甲烷	40.0	1.3266	1.4242	—	—
9	二氯乙烷	83.5	1.2350	1.4167	0.860	15
10	氯仿	61.7	1.4832	—	0.810	20
11	四氯化碳	76.5	1.5940	1.4600	0.077	15
12	正己烷	68.7	0.6590	1.3750	0.014	15.5
13	庚烷	98.0	0.6840	1.3870	0.005	15.5
14	甲苯	110.6	0.8650	1.4960	0.048	10
15	苯	80.1	0.8787	1.5011	0.175	20
16	对二甲苯	138.0	0.8660	1.4950	—	—
17	邻二甲苯	138～139	0.8680	1.4970	0.011	20
18	苯酚	182.0	1.0710	—	—	—
19	硝基苯	210.8	1.2037	1.5510	0.180	15
20	氯苯	132.0	1.1070	1.5240	0.049	30
21	二硫化碳	46.3	1.2632	1.6319	0.120	15
22	*N,N*-二甲基甲酰胺	149～156	0.9487	1.4305	—	—
23	二甲基亚砜	189(熔点 18.5)	1.1000	1.4783	—	—
24	吡啶	115.5	0.9819	1.5095	—	—
25	二氧六环	101.5(熔点 12)	1.0336	1.4424	—	—
26	四氢呋喃	67(64.5)	0.8892	1.4050	—	—
27	正丁醇	117.2	0.8089	1.3990	7.810	20
28	异丁醇	108.1	0.8060	1.3976	8.500	20
29	正戊醇	137.3	0.8144	1.4101	2.600	20
30	异戊醇	130.0	0.8090	1.4060	2.750	18
31	乙酸乙酯	77.1	0.9003	1.3723	—	—
32	乙酸戊酯	149.3	0.8800	—	0.170	20
33	乙酸异戊酯	143.0	0.8680	—	0.170	20

附录九 常用溶剂的纯化方法

溶剂名称	纯化方法
石油醚	石油醚是低级烷烃的混合物。石油醚中常含有少量沸点与烷烃相近的不饱和烃，难以用蒸馏法进行分离，此时可用浓硫酸和高锰酸钾将其除去 纯化方法： 用 150 mL 分液漏斗加入 100 mL 石油醚，将 10 mL 浓硫酸分两次洗涤，再用 10%硫酸与高锰酸钾配制的饱和溶液洗涤，直至水层中紫色不再消失为止。用蒸馏水洗涤两次后，将石油醚倒入干燥的锥形瓶中，加入无水氯化钙干燥 1 h。蒸馏，收集需要规格的馏分。若需绝对干燥的石油醚，可加入钠丝(与纯化无水乙醚相同)
乙醇	对无水乙醇质量的要求不同，制备无水乙醇有不同的方法 要求制备 98%～99%的乙醇，纯化方法： (1)利用苯、水和乙醇形成低共沸混合物的性质，将苯加入乙醇中，进行分馏，在 64.9 ℃时蒸出苯、水、乙醇的三元恒沸混合物，多余的苯在 68.3 ℃与乙醇形成二元恒沸混合物被蒸出，最后蒸出乙醇。工业多采用此法 (2)用生石灰脱水。在 100 mL 95%乙醇中加入新鲜的块状生石灰 20 g，回流 3～5 h，然后进行蒸馏 要求制备 99%以上的乙醇，纯化方法： (1)在 100 mL 99%乙醇中，加入 7 g 金属钠，待反应完毕，再加入 27.5 g 邻苯二甲酸二乙酯或 25 g 草酸二乙酯，回流 2～3 h，然后进行蒸馏。金属钠虽能与乙醇中的水作用，产生氢气和氢氧化钠，但所生成的氢氧化钠又与乙醇发生平衡反应，因此单独使用金属钠不能完全除去乙醇中的水，须加入过量的高沸点酯，如邻苯二甲酸二乙酯与生成的氢氧化钠作用，抑制上述反应，从而达到进一步脱水的目的 (2)在 60 mL 99%乙醇中，加入 5 g 镁和 0.5 g 碘，待镁溶解生成醇镁后，再加入 900 mL 99%乙醇，回流 5 h 后，蒸馏，可得到 99.9%乙醇 乙醇具有非常强的吸湿性，在操作时动作要迅速，尽量减少转移次数以防止空气中的水分进入，同时所用仪器必须事前干燥好
甲醇	试剂甲醇含有 0.02%丙酮和 0.1%水，工业甲醇中杂质的含量达 0.5%～1% 纯化方法： 将甲醇用分馏柱分馏，收集 64 ℃的馏分，再用镁去水(与制备无水乙醇相同)。可制得甲醇纯度达 99.9%以上。甲醇有毒，处理时应防止吸入其蒸气
丙酮	丙酮常含有少量的水及甲醇、乙醛等还原性杂质 纯化方法： (1)于 250 mL 丙酮中加入 2.5 g 高锰酸钾回流，若高锰酸钾紫色很快消失，再加入少量高锰酸钾继续回流，至紫色不褪为止。然后将丙酮蒸出，用无水碳酸钾或无水硫酸钙干燥，过滤后蒸馏，收集 55～56.5 ℃的馏分。用此法纯化丙酮，须注意丙酮中含还原性物质不能太多，否则会过多消耗高锰酸钾和丙酮，使处理时间增长 (2)也可将 100 mL 丙酮装入分液漏斗中，先加入 4 mL 10%硝酸银溶液，再加 3.6 mL 1 mol/L 氢氧化钠溶液，振摇 10 min，分出丙酮层，再加入无水硫酸钾或无水硫酸钙进行干燥。最后蒸馏收集 55～56.5 ℃馏分。此法比方法(1)要快，但硝酸银较贵，只宜做少量纯化用

续表

溶剂名称	纯化方法
乙酸乙酯	乙酸乙酯一般含量为95%～98%，含有少量水、乙醇和乙酸 纯化方法： 于1000 mL乙酸乙酯中加入100 mL乙酸酐、10滴浓硫酸，加热回流4 h，除去乙醇和水等杂质，然后进行蒸馏。馏液用20～30 g无水碳酸钾振荡，再蒸馏。产物沸点为77 ℃，纯度达99%以上
乙醚	乙醚含有2%乙醇和0.5%水。久藏的乙醚常含有少量过氧化物 过氧化物的检验和除去： 在干净试管中放入2～3滴浓硫酸、1 mL 2%碘化钾溶液(若碘化钾溶液已被空气氧化，可用稀亚硫酸钠溶液滴到黄色消失)和1～2滴淀粉溶液，混合均匀后加入乙醚，出现蓝色即表示有过氧化物存在 除去过氧化物用新配制的硫酸亚铁稀溶液(配制方法是$FeSO_4 \cdot H_2O$ 60 g，100 mL水和6 mL浓硫酸)。将100 mL乙醚和10 mL新配制的硫酸亚铁溶液放在分液漏斗中洗数次，至无过氧化物为止 醇的检验：乙醚中放入少许高锰酸钾粉末和一粒氢氧化钠。如有醇，放置后氢氧化钠表面附有棕色树脂 水的检验：用无水硫酸铜检验 除去水的方法：将100 mL乙醚放在干燥锥形瓶中，加入20～25 g无水氯化钙，瓶口用软木塞塞紧，放置一天以上，并间断摇动，然后蒸馏，收集33～37 ℃的馏分。用压钠机将1 g金属钠直接压成钠丝放于盛乙醚的瓶中，用带有氯化钙干燥管的软木塞塞住。或在木塞中插一末端拉成毛细管的玻璃管，这样既可防止潮气浸入，又可使产生的气体逸出。放置至无气泡发生即可使用。放置后，若钠丝表面已变黄变粗时，需再蒸一次，然后再压入钠丝
氯仿	氯仿在日光下易氧化成氯气、氯化氢和光气(剧毒)，故氯仿应储于棕色瓶中。市场上供应的氯仿多用1%乙醇作稳定剂，以消除产生的光气。氯仿中乙醇的检验可用碘仿反应；游离氯化氢的检验可用硝酸银的醇溶液 纯化方法： (1)除去乙醇可将氯仿用其二分之一体积的水振摇数次，分离下层的氯仿，用氯化钙干燥24 h，然后蒸馏 (2)另一种方法，将氯仿与少量浓硫酸一起振动两三次。200 mL氯仿用10 mL浓硫酸，分去酸层以后的氯仿用水洗涤，干燥，然后蒸馏 除去乙醇后的无水氯仿应保存在棕色瓶中并避光存放，以免光化作用产生光气
二氯甲烷	使用二氯甲烷比氯仿安全，因此常用其代替氯仿作为比水重的萃取剂。普通的二氯甲烷一般能直接作萃取剂用 纯化方法： 用5%碳酸钠溶液洗涤，再用水洗涤，最后用无水氯化钙干燥，蒸馏收集40～41 ℃的馏分，保存在棕色瓶中
吡啶	分析纯的吡啶含有少量水分，可供一般实验用 纯化方法： 将吡啶与粒状氢氧化钾(钠)一同回流，然后隔绝潮气蒸出备用。干燥的吡啶吸水性很强，保存时应将容器口用石蜡封好
正己烷	己烷是从天然汽油、直馏汽油和轻馏分中获得的，故杂质是沸点相近的烃类、苯和水 纯化方法： 去除沸点相近的化合物非常困难 除去苯可用等体积的硝化剂[58%(质量分数)浓硫酸；25%(质量分数)浓硝酸，17%(质量分数)水的混合物]一起摇动，放置8 h后分层，分去混酸，分别依次用浓硫酸、碱和水洗涤 水分的除去可用无水氯化钙、金属钠、五氧化二磷和分子筛等，最后分馏精制

续表

溶剂名称	纯化方法
甲苯	甲苯是由煤焦油的分馏或石油的芳构化而获得的，其中混有苯、二甲苯、烷烃及微量的甲基噻吩等 纯化方法： 用浓硫酸洗涤除去噻吩。为了防止发生磺化反应，温度必须控制在30 ℃以下。分去硫酸层后，再加入新的硫酸洗涤，直到硫酸不再呈色为止。依次加入10%碳酸钠水溶液和水洗涤，无水氯化钙干燥，蒸馏 甲苯中的微量水分可用金属钠或五氧化二磷作干燥剂除去。实验室中用到氢化钙回流2～3 h，再分馏精制
苯	苯常含有少量水和噻吩 噻吩的检验：取1 mL苯加入2 mL溶有2 mg吲哚醌的浓硫酸，振荡片刻，若呈现浅蓝绿色，即表示有噻吩存在 纯化方法： 噻吩的沸点84 ℃，与苯接近，不能用蒸馏的方法除去。将苯装入分液漏斗中，加入苯体积七分之一的浓硫酸，振摇使噻吩磺化，弃去酸液，再加入新的浓硫酸，重复操作几次，直到酸层呈现无色或淡黄色并检验无噻吩为止。再将无噻吩的苯依次用10%碳酸钠溶液和水洗至中性，然后用氯化钙干燥，蒸馏，收集80 ℃的馏分，最后用金属钠脱去微量的水得无水苯
二硫化碳	二硫化碳具有高度的挥发性和易燃性，为有毒化合物，能使血液神经组织中毒，使用时应避免与其蒸气接触 纯化方法： (1)纯度要求不高时，在二硫化碳中加入少量无水氯化钙干燥几小时，在水浴55～65 ℃下加热蒸馏，收集馏分 (2)如制备较纯的二硫化碳，在试剂级的二硫化碳中加入0.5%高锰酸钾水溶液洗涤三次。除去硫化氢再用汞不断振荡以除去硫。最后用2.5%硫酸汞溶液洗涤，除去所有的硫化氢(洗至没有恶臭为止)，再经氯化钙干燥，蒸馏，收集馏分
N, *N*-二甲基甲酰胺	*N*, *N*-二甲基甲酰胺(DMF)含有少量水分。常压蒸馏时会分解，产生二甲胺和一氧化碳。在有酸或碱存在时，加快分解。在室温加入固体氢氧化钾(钠)放置数小时后，就有部分分解 纯化方法： 先用硫酸钙、硫酸镁、氧化钡、硅胶或分子筛干燥，然后减压蒸馏，收集76 ℃/4800 Pa(36 mmHg)的馏分。若含水较多时，可加入其体积约1/10的苯，在常压80 ℃以下蒸去水和苯，再用无水硫酸镁或氧化钡干燥，最后进行减压蒸馏。纯化后的*N*, *N*-二甲基甲酰胺要避光储存。*N*, *N*-二甲基甲酰胺中如有游离胺存在，可用2，4-二硝基氟苯产生的颜色来检查
二甲基亚砜	二甲基亚砜(DMSO)能与水混合，与某些物质(如氢化钠、高碘酸或高氯酸镁等)混合时可能发生爆炸，应予注意 纯化方法： (1)可用分子筛长期放置加以干燥，然后减压蒸馏，收集76 ℃/1600 Pa(12 mmHg)馏分。蒸馏时，温度不可高于90 ℃，否则会发生歧化反应生成二甲砜和二甲硫醚 (2)还可用氧化钙、氢化钙、氧化钡或无水硫酸钡进行干燥，然后减压蒸馏 (3)也可通过部分结晶的方法进行纯化
二氧六环	二氧六环能与水任意混合，常含有少量二乙醇缩醛与水，久储的二氧六环可能含有过氧化物(鉴定和除去参阅乙醚) 纯化方法： 在500 mL二氧六环中加入8 mL浓盐酸和50 mL水，回流6～10 h，在回流过程中，慢慢通入氮气以除去生成的乙醛。冷却后，加入固体氢氧化钾，直到不能再溶解为止，分去水层，再用固体氢氧化钾干燥24 h。然后过滤，在金属钠存在下加热回流8～12 h，最后在金属钠存在下蒸馏，压入钠丝密封保存

续表

溶剂名称	纯化方法
四氢呋喃	四氢呋喃与水能混溶，并常含有少量水分及过氧化物 纯化方法： 1000 mL 四氢呋喃加 2～4 g 氢化铝锂，在隔绝潮气下回流除去其中的水和过氧化物，然后蒸馏，收集 66 ℃的馏分(蒸馏时不要蒸干，将剩余少量残液倾倒出)。精制后的液体加入钠丝并应在氮气气氛中保存。处理四氢呋喃时，先用少量进行试验，确定其中只有少量水和过氧化物，作用不致过于激烈时，再进行纯化。四氢呋喃中的过氧化物可用酸化的碘化钾溶液来检验。若过氧化物较多，应另行处理为宜

附录十　常用基准物质的干燥条件和应用

标定对象	基准物质		干燥后组成	干燥条件
	名称	化学式		
酸	碳酸氢钠	$NaHCO_3$	Na_2CO_3	270～300 ℃
	十水合碳酸钠	$Na_2CO_3 \cdot 10H_2O$	Na_2CO_3	270～300 ℃
	无水碳酸钠	Na_2CO_3	Na_2CO_3	270～300 ℃
	碳酸氢钾	$KHCO_3$	K_2CO_3	270～300 ℃
	硼砂	$Na_2B_4O_7 \cdot 10H_2O$	$Na_2B_4O_7 \cdot 10H_2O$	放在装有 NaCl 和蔗糖饱和溶液的干燥器中
碱	邻苯二甲酸氢钾	$KHC_8H_4O_4$	$KHC_8H_4O_4$	110～120 ℃
	氨基磺酸钠	$HOSO_2NH_2$	$HOSO_2NH_2$	在真空 H_2SO_4 干燥器中保存 48 h
碱或 $KMnO_4$	二水合草酸	$H_2C_2O_4 \cdot 2H_2O$	$H_2C_2O_4 \cdot 2H_2O$	室温空气干燥
还原剂	重铬酸钾	$K_2Cr_2O_7$	$K_2Cr_2O_7$	120 ℃
	溴酸钾	$KBrO_3$	$KBrO_3$	180 ℃
	碘酸钾	KIO_3	KIO_3	180 ℃
	铜	Cu	Cu	室温干燥器中保存
氧化剂	草酸钠	$Na_2C_2O_4$	$Na_2C_2O_4$	105 ℃
	三氧化二砷	As_2O_3	As_2O_3	硫酸干燥器中保存
EDTA	碳酸钙	$CaCO_3$	$CaCO_3$	110 ℃
	氧化锌	ZnO	ZnO	800 ℃
	锌	Zn	Zn	室温干燥器中保存
$AgNO_3$	氯化钠	NaCl	NaCl	500～550 ℃
	氯化钾	KCl	KCl	500～550 ℃
氯化物	硝酸银	$AgNO_3$	$AgNO_3$	硫酸干燥器中保存

参 考 文 献

北京大学化学系物理化学教研室. 1995. 物理化学实验. 北京: 北京大学出版社.
北京师范大学无机化学教研室等. 2001. 无机化学实验. 3 版. 北京: 高等教育出版社.
蔡炳新，陈贻文. 2007. 基础化学实验. 2 版. 北京: 科学出版社.
东北师范大学等校. 2011. 物理化学实验. 2 版. 北京: 高等教育出版社.
复旦大学. 2011. 物理化学实验. 3 版. 北京: 高等教育出版社.
傅献彩，沈文霞，姚天扬等. 2011. 物理化学(上下册). 5 版. 北京: 高等教育出版社.
高占先. 2004. 有机化学实验. 4 版. 北京: 高等教育出版社.
顾良证. 1986. 物理化学实验. 南京: 江苏科学技术出版社.
广西师范大学等. 1991. 基础物理化学实验. 南宁: 广西师范大学出版社.
何玉萼，龚茂初，陈耀强. 1993. 物理化学实验. 成都: 四川大学出版社.
华东理工大学无机化学教研室. 2007. 无机化学实验. 北京: 高等教育出版社.
华中师范大学，东北师范大学，陕西师范大学等. 2015. 分析化学实验. 4 版. 北京: 高等教育出版社.
兰州大学. 2010. 有机化学实验. 3 版. 北京: 高等教育出版社.
李爱珍. 2001. 紫外分光光度法测定银黄含化片中绿原酸和黄芩苷的含量. 国际医药卫生导报, (07C): 79.
罗澄源，向明礼. 2004. 物理化学实验. 4 版. 北京: 高等教育出版社.
清华大学化学系物理化学实验编写组. 1991. 物理化学实验. 北京: 清华大学出版社.
孙尔康，徐维清，邱金恒. 1998. 物理化学实验. 南京: 南京大学出版社.
唐玉海. 2010. 有机化学实验. 北京: 高等教育出版社.
王萍萍. 2011. 基础化学实验教程. 北京: 科学出版社.
武汉大学. 2011. 分析化学实验(上册). 5 版. 北京: 高等教育出版社.
曾昭琼. 2000. 有机化学实验. 3 版. 北京: 高等教育出版社.
周朵，王敬平. 2010. 无机化实验. 北京: 化学工业出版社.
Crockford H D. 1980. 物理化学实验. 刘瑞麟等译. 北京: 人民教育出版社.